基礎物理学シリーズ——4

清水忠雄・矢崎紘一・塚田　捷

監修

物理数学 II

——対称性と振動・波動・場の記述——

塚田　捷

著

朝倉書店

まえがき

本書では，基礎物理学シリーズ第３巻『物理数学Ｉ』に引き続き，物理学の理論的アプローチで必要とされる数学的な概念と，理論解析のための基礎を概説する．理論物理における数学的な道具立ては一見して多岐に渡るが，その中でも重要なものは互いに密接に関係しており，体系的に構成されている．本書で扱われる問題は，このような物理数学の主要な側面をカバーしているが，それらのキーワードを眺観し，互いの関連付けを行うと図Ａのようになる(『物理数学Ｉ』で扱われた項目の中で，本書の主題と関係するものの位置付けも示してある)．本書では，『物理数学Ｉ』で扱った複素関数論や常微分方程式などを除く，さまざまな物理数学の基礎的なコンセプトを，総体として相互の深い連環を重視しつつ述べることを目的とする．

第１章は線形空間と線形写像を題材として，それ以降の各章で議論されるテーマの糸口を与える導入章である．第２章以降では，第１章で扱われた簡単な線形空間の数学的基礎が，一般的な問題へとより発展し，深められた形で議論されることになる．例えば，第２章から第４章では群論の基礎について学ぶが，これは線形写像という演算全体の集合のもつ数学的な構造を体系的に記述するために有効である．また，第１章で学ぶ有限次元線形空間における２次形式の最大・最小問題は第６章の変分法として，また n 次元線形写像の固有値問題は第８章のスツルム-リウヴィル系の固有値問題へと発展させられる．第１章の舞台となる有限次元の線形空間を，無限大の次元へと拡張すると，第８章で導入されるヒルベルト空間の概念が導かれる．このとき，有限次元線形空間における固有ベクトルによる展開は，ヒルベルト空間における任意関数の固有関数による展開可能性の問題へと発展させられて，本書の主要なテーマを構成するであろう．すなわち，有限次元線形空間の固有ベクトルは対称線形写像で方向を変えないベクトルであるが，これは次元が無限大の連続極限ではスツルム-リウヴィル型２階微分方程式(第８章)，あるいはフレッドホルム型積分方程式(第10章)の固有関数へと移行するものである．

任意関数の完全規格化直交関数系による展開は，物理数学における中心テーマであり，量子力学の数学的な道具立てを理解するために必須である．第8章では，種々の(特異)スツルム-リウヴィル系の固有関数としての直交多項式系や，三角関数系を紹介するが，特に後者による展開は，(狭義の)フーリエ級数展開とよばれ，実験と理論とを問わず物理学の最も重要な基礎を与える．有限区間のフーリエ級数展開を無限大の領域に拡張したものがフーリエ変換であり，またこれを初期値問題にふさわしい形式に特化したものが，ラプラス変換である．いずれも自然現象の理論解析のための必須な方法論となっており，第9章において詳細な解説を行う．

波動やポテンシャル場など，場の量やその動力学の記述は，物理学の多くの場面で必要となる．これを統一的に議論することも本書の目的であり，そのため，場の量の微分形式や積分形式における重要な関係を，まず第5章において説明する．

場の量を決定する方程式は，多くの場合第11章，12章で述べる波動方程式，ラプラス方程式，ポアソン方程式，ヘルムホルツ方程式など標準的な2階偏微分方程式の境界問題や固有値問題と関係づけられる．これらの方程式の性質を解析し，解を求めるために，第12章で導入するグリーン関数の手法が有効である．これは，第8章や第10章におけるスツルム-リウヴィル系の解析のために導入したグリーン関数の一般次元への拡張となっている．

点対称や軸対称など，対称性のよい空間における上記の場の基礎方程式の解を求めるために，適切な座標系を選んで変数分離の手法を用いることが有効である．変数分離によって，3次元系の固有関数は1つずつの独立な座標ごとの固有関数の積に分解できるからである．このとき個々の座標の固有関数は，1次元の(特異)スツルム-リウヴィル系の固有関数となる．それらの固有関数系の多くは，第8章で議論する直交多項式系であるが，いくつかの具体的な例について第13章で述べよう．

場の量が有界な空間領域に閉じ込められているとき，これは離散的な値をとる固有値に対応する固有関数によって展開することができる．しかし，無限の空間に分布する場の量やそこを伝播する波については，離散固有値の固有関数展開では不可能であり，散乱波を用いる定式化がよりふさわしい．量子力学のシュレーディンガー方程式では漸近領域での条件から，固有値に対応するエネルギーパラ

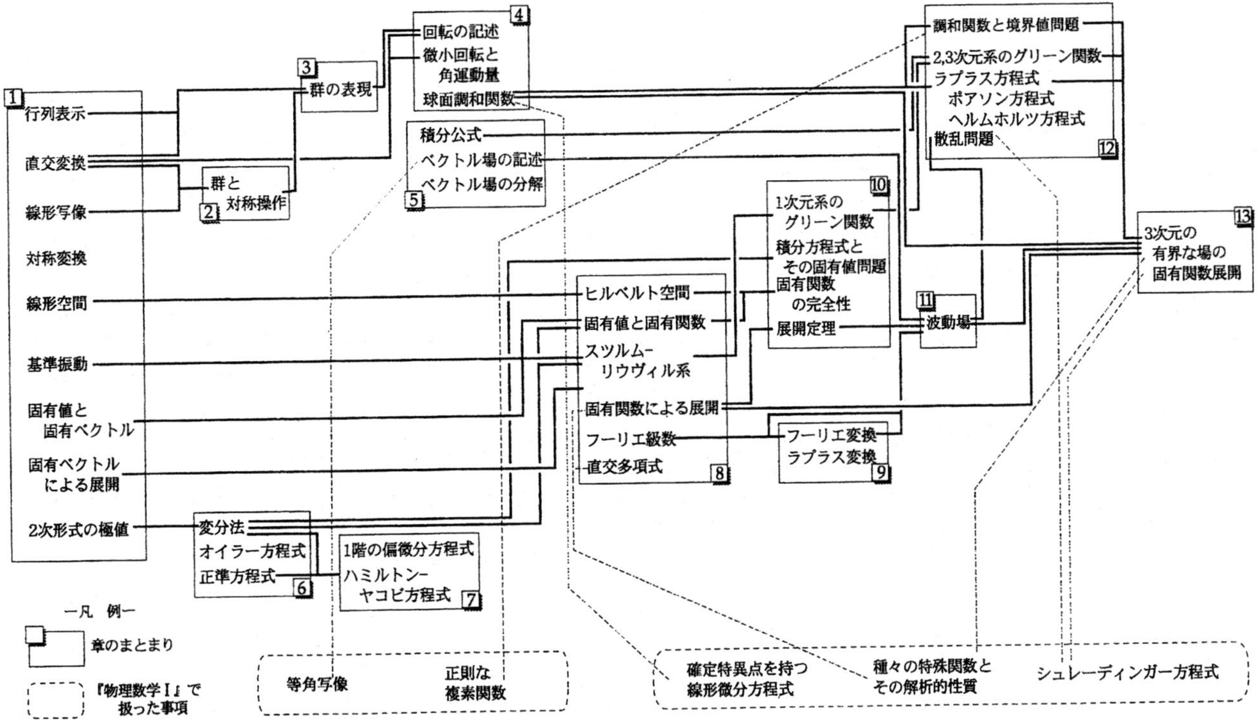

図 A　本書で扱う事項の相関

メータが決定されるのであり，第12章で述べるグリーン関数を用いた方法が有効である．

1次元の波動場では，ダランベール解などの古典的な解析も有効で，これから任意関数のフーリエ級数展開を直観的に導くことができる．第11章ではこれと関係して，1次元系における伝播する波の多重反射による干渉と，それによる固有状態(定在波)の形成について議論しよう．さらに3次元と2次元の波についての解析を行う．

物理学においては，2階の偏微分方程式と並んで，1階の偏微分方程式もその重要な基礎となる．第7章ではその一般論を述べると共に，古典力学の正準変換理論で重要なハミルトン-ヤコビ理論の考察を行う．この正準理論は，古典力学の変分による定式化と深く関係している事情は，第6章で詳しく説明される．

2003年10月

塚田　捷

目　　次

1

線形写像と2次形式

1.1　線形写像と行列表示

微少な力や刺激が系に与えられると，系の性質もわずかに変化するが，その変化量は加えられた力や刺激に比例する．これは線形応答とよばれ，物理学の最も重要な概念の1つである．線形とは性質の変化が加わる刺激の大きさに比例すること，あるいはいくつかの種類の刺激が同時に加わるとき，性質の変化量は個々の刺激が別々に加わった場合の変化量の和になっていることを意味する．刺激による応答を，刺激のないときの状態から刺激を受け，変化した状態への写像として考えると，線形写像の概念が導かれる．

簡単な図形の写像の例から，線形写像を説明することにしよう．ビニールの膜に図形を描いておき，膜をわずかに引っ張ると像は変形する．これは線形写像の例である．その性質を調べるためにビニール膜に図1.1のようなベクトルを書いて，真横に引っ張ることを考えよう．

ベクトルが真横に書いてあれば，このベクトルの大きさはある割合(uとしよう)だけのびるが，方向は変化しない．しかし，縦方向に書いてあればその長さも方向も変化しない．斜めにベクトルが書いてあると，このベクトルは大きさも方向も変化する．このように膜をのばすことによる図形の変化は，元の図形から別の図形への写像関係を定義する．次に膜を縦方向にvという割合で引っ張ってみよう．今度は立て向きのベクトルは引き延ばされるが，横方向のベクトルは不変である．この2つの特別なベクトルは引き延ばした後で，方向の変化がないが，それ以外の向きのベクトルは方向が変化する．この2つの操作を引き続いて行うとはじめに膜に書いておいた図形は別の図形に写像される．このような写像は，引っ張りが小さい限り線形写像であると見なせる．

横方向に割合uで縦方向に割合vで膜を引き延ばすときの例に基づいて，線形写像の一般的な性質を探ってみよう．横方向のベクトル$c\boldsymbol{e}_1$(横方向の単位ベ

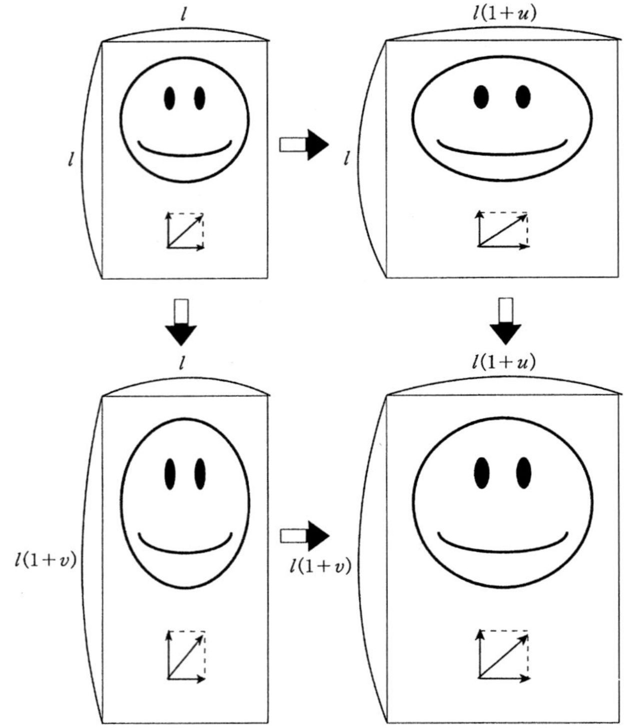

図 1.1　線形写像の性質

クトルを $\boldsymbol{e}_1$ とする）は，$(1+u)c\boldsymbol{e}_1$ に，縦方向のベクトル $c\boldsymbol{e}_2$（縦方向の単位ベクトルを $\boldsymbol{e}_2$ とする）は $(1+v)c\boldsymbol{e}_2$ になることは明らかであろう．この線形写像によって，ベクトル $\boldsymbol{a}$ はベクトル $\boldsymbol{a}'=f(\boldsymbol{a})$ に移されるものとしよう．任意のベクトル $\boldsymbol{a}$ は $\boldsymbol{a}=p\boldsymbol{e}_1+q\boldsymbol{e}_2$ と表せるから，線形写像の性質によって

$$\begin{aligned} f(\boldsymbol{a}) &= f(p\boldsymbol{e}_1+q\boldsymbol{e}_2)=f(p\boldsymbol{e}_1)+f(q\boldsymbol{e}_2) \\ &= pf(\boldsymbol{e}_1)+qf(\boldsymbol{e}_2) \end{aligned}$$

のように写像される．ここで $f(\boldsymbol{e}_1)=(1+u)\boldsymbol{e}_1$, $f(\boldsymbol{e}_2)=(1+v)\boldsymbol{e}_2$ は，それぞれの単位ベクトルの像である．この性質は任意次元の線形写像についても，一般的にいえることである．すなわち，n 次元空間のベクトル $\boldsymbol{a}$ をその基底 $\{\boldsymbol{e}_i\}$ $(i=1, \cdots, n)$ によって

$$\boldsymbol{a}=\sum_{i=1}^{n} c_i\boldsymbol{e}_i \tag{1.1}$$

と書くと，

$$f(\boldsymbol{a})=\sum_{i=1}^{n} c_i f(\boldsymbol{e}_i) \tag{1.2}$$

と書かれることがわかる．それぞれの単位ベクトル $\boldsymbol{e}_i$ の像 $f(\boldsymbol{e}_i)$ は，同じ n 次元ベクトル空間に属するから，適当な係数 $\{A_{ij}\}$ $(i, j=1, 2, \cdots, n)$ を用いて

$$f(\boldsymbol{e}_i)=\sum_{j=1}^{n} A_{ji}\boldsymbol{e}_j \tag{1.3}$$

と表される．したがって，$\boldsymbol{a}$ の像を単位ベクトル系 $\{\boldsymbol{e}_i\}$ で $f(\boldsymbol{a})=\sum_i d_i\boldsymbol{e}_i$ と展開すれば，(1.2), (1.3) 式から

$$f(\boldsymbol{a})=\sum_{j=1}^{n}\left(\sum_{i=1}^{n} A_{ji}c_i\right)\boldsymbol{e}_j \tag{1.4}$$

となり，その係数 $\boldsymbol{d}=(d_1, d_2, \cdots, d_n)^t$ は，$\{A_{ij}\}$ を要素とする行列 $\mathbf{A}$ と $\boldsymbol{a}$ の展開係数のベクトル $\boldsymbol{c}=(c_1, c_2, \cdots, c_n)^t$ によって

$$\boldsymbol{d}=\mathbf{A}\boldsymbol{c} \tag{1.5}$$

と表される*1)．

この式は元の係数ベクトル $\boldsymbol{c}$ と像の係数ベクトル $\boldsymbol{d}$ の間に，1 次変換の関係を定める．すなわち $n\times n$ 行列 $\mathbf{A}$ は線形写像 f を $\{\boldsymbol{e}_i\}$ という基底系について，展開係数間の 1 次変換によって表現するものである．f が定まると $\mathbf{A}$ がただ 1 通りに決まり，また $\mathbf{A}$ を指定すると対応した f が定まり，この関係は 1 対 1 の関係にある．

$$f \leftrightarrow \mathbf{A} \tag{1.6}$$

n 次元空間の線形写像はベクトル $\boldsymbol{a}$ を，その像 $f\{\boldsymbol{a}\}$ に対応させる関数関係であり，基底の取り方によらない．しかし，上に述べた変換行列 $\mathbf{A}$ は基底系に依存する．$\{\boldsymbol{e}_i\}$ と異なる基底系を選んだときは，変換行列はどのように変化するだろうか？　(1.3) 式によれば，$\mathbf{A}$ の行列要素は基底系 $\{\boldsymbol{e}_i\}$ では

$$A_{ij}=\boldsymbol{e}_i\cdot f(\boldsymbol{e}_j) \tag{1.7}$$

で与えられる．ただし，右辺は 2 つのベクトル $\boldsymbol{e}_i$ と $f(\boldsymbol{e}_j)$ の内積である．一方，別の基底系 $\{\boldsymbol{p}_i\}$ では，この変換行列は

---

*1)　本書では $\begin{pmatrix} d_1 \\ d_2 \\ \vdots \\ d_n \end{pmatrix}$ を $(d_1, d_2, \cdots, d_n)^t$ と書いている．ベクトルも行列の特別な場合だとすれば，縦ベクトルは n 行 1 列の行列で，1 行 n 列の行列である横ベクトルの転置行列だからである．

$$\tilde{A}_{ij}=\boldsymbol{p}_i\cdot f(\boldsymbol{p}_j) \tag{1.8}$$

のように，表されるだろう．基底系 $\{\boldsymbol{p}_i\}$ は，基底系 $\{\boldsymbol{e}_i\}$ によって

$$\boldsymbol{p}_i=\sum_{j=1}^{n}S_{ij}\boldsymbol{e}_j \tag{1.9}$$

と表されるとしよう．このとき，

$$\boldsymbol{p}_i\cdot\boldsymbol{p}_j=\sum_{l,m=1}^{n}S_{il}S_{jm}\boldsymbol{e}_l\cdot\boldsymbol{e}_m=\sum_{l=1}^{n}S_{il}S_{jl}=\delta_{ij} \qquad (1\leq i,j\leq n) \tag{1.10}$$

の性質から，変換行列 $\{S_{ij}\}$ は1つの直交行列であり，転置行列が逆行列になることがわかる．したがって，

$$\boldsymbol{e}_i=\sum_{j=1}^{n}S_{ji}\boldsymbol{p}_j \tag{1.11}$$

となっている．(1.9)，(1.11) 式を (1.8) 式に代入すれば

$$\tilde{\mathbf{A}}=\mathbf{SAS}^{-1} \tag{1.12}$$

の関係を，容易に確かめることができる．

2つの線形写像 f と g をこの順序で引き続いて行うと，新しい線形写像が定義できる．この線形写像を gf と書くと，対応する係数の1次変換は変換 f, g に対応するそれぞれの行列を $\mathbf{A}, \mathbf{B}$ とするとき，その積 $\mathbf{BA}$ で表される．別の単位ベクトル系での変換行列についても，もとの単位ベクトル系との変換行列 S を用いて，$\mathbf{SBAS}^{-1}=\mathbf{SBS}^{-1}\mathbf{SAS}^{-1}=\tilde{\mathbf{B}}\tilde{\mathbf{A}}$ と表されるので，この関係は単位ベクトル系の取り方によらない．

1次変換の行列 $\mathbf{A}$ の行列式 $|\mathbf{A}|$ については，$|\tilde{\mathbf{A}}|=|\mathbf{SAS}^{-1}|=|\mathbf{S}||\mathbf{A}||\mathbf{S}^{-1}|=|\mathbf{A}|$ が成り立つ．ここで，$|\mathbf{S}|=|\mathbf{S}^{-1}|=1$ を用いた．したがって，1次変換の行列式は，基底ベクトル系の変換によって不変である．そこで，この行列式は座標系によらない変換の性質を表すと考えられる．例えば3次元系の場合について考えてみる．3つの互いに直交するベクトル $\boldsymbol{e}_1, \boldsymbol{e}_2, \boldsymbol{e}_3$ の像を，$\boldsymbol{v}_1, \boldsymbol{v}_2, \boldsymbol{v}_3$ とすると，$\boldsymbol{e}_1, \boldsymbol{e}_2, \boldsymbol{e}_3$ の作る辺の長さ1の立方体 V_0 は，$\boldsymbol{v}_1, \boldsymbol{v}_2, \boldsymbol{v}_3$ とそれらに平行な辺でできる平行6面体 V に写像される (図1.2)．

この平行六面体の体積 V は外積の定義によって $\boldsymbol{v}_3\cdot(\boldsymbol{v}_1\times\boldsymbol{v}_2)$ であるが，これは $\{\boldsymbol{e}_i\}$ 系を $\{\boldsymbol{v}_i\}$ 系に変換する行列式 $|\mathbf{A}|$ に等しい．このことからわかるように，1次変換における変換行列の行列式は，写像される図形の体積の拡大率を与える．ただし，体積には $\boldsymbol{v}_1$ から $\boldsymbol{v}_2$ へ右ネジを回すと $\boldsymbol{v}_3$ 方向に進む場合には正の，逆の場合には負の符号をつけるものとする．

n 次元の場合には，3次元空間の立方体の概念を拡張して，$\boldsymbol{e}_1, \boldsymbol{e}_2, \cdots, \boldsymbol{e}_n$ の像

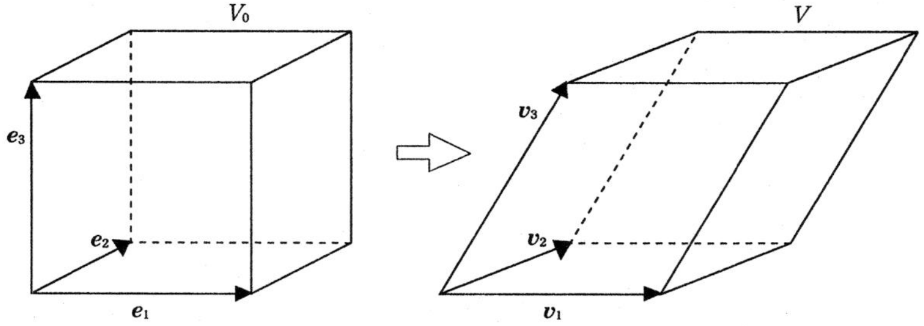

図 1.2 e_1, e_2, e_3 から v_1, v_2, v_3 への写像

ベクトル $v_1, v_2, \cdots, v_n$, およびそれらに平行な辺からなる平行 $n(n-1)$ 面体の体積が変換行列の行列式になる．このようにして線形写像の変換行列 $\mathbf{A}$ の性質の中で，どのような座標系による表現 $\widetilde{\mathbf{A}}=\mathbf{SAS}^{-1}$ でも不変に保たれる量は，線形写像に固有な，ある幾何学的性質を反映する．別の重要な例は行列のトレース $\mathrm{tr}\,|\mathbf{A}|$ であるが，その意味づけについては後に述べよう．

ビニール膜を引っ張る模型の例では，膜を引っ張る方向に単位ベクトルが向いていたが，一般的にそうなるわけではない．膜が未知な勝手な方向に引っ張られているとき，対応する線形写像の性質から，その引っ張りの方向を決めることができるだろうか？　先の例では，引っ張りの方向に引いたベクトルはその方向は不変に保たれる．そのような方向を $\boldsymbol{a}=\sum_{i=1}^{n} c_i \boldsymbol{e}_i$ とするとき

$f(\boldsymbol{a})=\lambda \boldsymbol{a}$ となるはずだから，行列 $\mathbf{A}$ と係数ベクトル $\boldsymbol{c}$ の関係は

$$\mathbf{A}\boldsymbol{c}=\lambda \boldsymbol{c} \tag{1.13}$$

でなければならない．一般に行列 $\mathbf{A}$ が，0 でないベクトル $\boldsymbol{c}$ について，上のような関係を満たすためには，λ は勝手な値を取ることを許されず

$$\det(\lambda-\mathbf{A})=0 \tag{1.14}$$

の n 個の解のうちの 1 つでなければならない．これを行列 $\mathbf{A}$ の固有値とよび，固有値を決定する方程式 (1.14) を永年方程式という．n 個の固有値 $\lambda_1, \lambda_2, \cdots, \lambda_n$ の 1 つ 1 つに対応して，0 でないベクトル $\boldsymbol{c}_i\,(i=1, n)$ が求まるが，これを固有ベクトルとよぶ．ただし n 重根については，同一の値を n 個と数えることにする．$\boldsymbol{c}_i$ は λ_i に対応する固有ベクトルとよばれるが，いくつかの固有値の値が一致するときは，対応する固有ベクトルの選び方には任意性がある．しかし，以下ではそれらが互いに直交するように選ぶものとする．

物理学に登場する系では，線形写像を定める行列 $\mathbf{A}$ が対称行列となる場合が

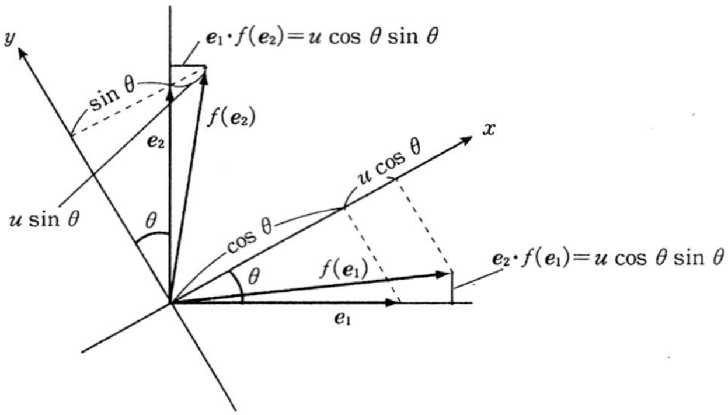

図 1.3　拡大率 u による引き延ばし

多い．複素数に拡張された系では $\mathbf{A}$ がエルミート (Hermite) 行列となる場合といってもよい．これらの性質は

$$\mathbf{A}^{\dagger} = \mathbf{A} \tag{1.15}$$

で表される．$\mathbf{A}^{\dagger}$ は行列 $\mathbf{A}$ のエルミート共役行列とよばれ，$\mathbf{A}$ の行と列を交換し，複素共役量で置き換えた行列である．$\mathbf{A}$ の行列要素がすべて実数のときは，エルミート共役行列は転置行列になる．(1.15) 式はエルミート共役行列 (実数行列では転置行列) が自分自身と等しいことを意味している．このような行列をエルミート行列，あるいは実数行列の場合には対称行列という．

ビニール膜の引っ張りによる線形写像が，対称行列で表されることは次のようにしてわかる．図 1.3 のように，$\boldsymbol{e}_1$ 軸と角度 θ をなす x 方向に拡大率 u で引き延ばす場合を考えよう．

ベクトル $\boldsymbol{e}_1$ の引き延ばす方向の成分 (x 成分) の大きさは，$\cos\theta$ であるが，この成分ベクトルが u 倍されものを，$\boldsymbol{e}_1$ に加えるとベクトル $\boldsymbol{e}_1$ の像 $f(\boldsymbol{e}_1)$ が得られる．この像ベクトルの $\boldsymbol{e}_2$ 成分の大きさは $u\cos\theta\sin\theta$ に等しい．したがって $\boldsymbol{e}_2 \cdot f(\boldsymbol{e}_1) = u\cos\theta\sin\theta$ である．同じように，ベクトル $\boldsymbol{e}_2$ の像を考えるとその $\boldsymbol{x}$ 成分が拡大率 u で引き延ばされる．拡大された部分の長さは $u\sin\theta$ であるので，拡大されて生じた成分ベクトルとベクトル $\boldsymbol{e}_1$ の内積は $u\sin\theta\cos\theta$ で，これは $\boldsymbol{e}_1 \cdot f(\boldsymbol{e}_2)$ に等しい．すなわち $\boldsymbol{e}_1 \cdot f(\boldsymbol{e}_2) = \boldsymbol{e}_2 \cdot f(\boldsymbol{e}_1)$ であるが，これは変換行列が対称行列であることを示している．3 次元系の物体を微少に歪ませるときの線形写像でも，その変換行列が対称行列になることを示せる．このように変換行列が対称行列で表される線形写像 (変換) を対称写像 (変換) という．

エルミート行列または対称行列の重要な性質は，固有値がすべて実数であること，また異なる固有値に属する固有ベクトルが直交することである．これは次のように示せる．$\boldsymbol{c}$ と $\boldsymbol{d}$ を，あるエルミート行列 $\mathbf{A}$ の固有値 λ, μ のそれぞれに対応する固有ベクトルであるとしよう．すなわち

$$\mathbf{A}\boldsymbol{c}=\lambda\boldsymbol{c}, \qquad \mathbf{A}\boldsymbol{d}=\mu\boldsymbol{d} \tag{1.16}$$

これらは n 行 1 列の行列であるが，1 番目の式に左から横ベクトル，すなわち 1 行 n 列の行列 $\boldsymbol{d}^\dagger=(d_1^*, d_2^*, \cdots, d_n^*)$ をかける．また 2 番目の式についてはそのエルミート共役行列 (1 行 n 列) $\boldsymbol{d}^\dagger\mathbf{A}^\dagger=\mu^*\boldsymbol{d}^\dagger$ に右から，ベクトル $\boldsymbol{c}$ (n 行 1 列の行列) をかける．それらの結果は，それぞれ $\boldsymbol{d}^\dagger\mathbf{A}\boldsymbol{c}=\lambda\boldsymbol{d}^\dagger\boldsymbol{c}$, $\boldsymbol{d}^\dagger\mathbf{A}\boldsymbol{c}=\mu^*\boldsymbol{d}^\dagger\boldsymbol{c}$ となる．するとこれらを辺々引き算して

$$(\lambda-\mu^*)\boldsymbol{d}^\dagger\boldsymbol{c}=0 \tag{1.17}$$

の関係が得られる．$\boldsymbol{c}=\boldsymbol{d}$, $\lambda=\mu$ とすれば，$\boldsymbol{d}^\dagger\boldsymbol{c}=|\boldsymbol{c}|^2\neq0$ から $\lambda=\lambda^*$，すなわち固有値が実数であることが示される．$\lambda\neq\mu$ の場合，$\lambda-\mu^*=\lambda-\mu\neq0$ だから (1.17) 式により $\boldsymbol{d}^\dagger\boldsymbol{c}=\boldsymbol{d}^*\cdot\boldsymbol{c}=0$ となり，ベクトル $\boldsymbol{c}$ とベクトル $\boldsymbol{d}$ とが，直交することが示される．すなわち対称行列またはエルミート行列の異なる固有値に対応する固有ベクトルは直交する．

方程式 (1.14) が多重根をもつ場合，同じ値の固有値に対応するベクトルが複数存在することになる．r をその多重度として，これらを $\boldsymbol{x}_1, \boldsymbol{x}_2, \cdots, \boldsymbol{x}_r$ としよう．このとき r 個の固有ベクトルは直交するとは限らないが，互いに独立である．このとき，$\boldsymbol{x}_1, \cdots, \boldsymbol{x}_r$ の適当な線形結合をとって

$$\tilde{\boldsymbol{x}}_s=\sum_{i=1}^{r}c_{si}\boldsymbol{x}_i$$

を作ると，$\tilde{\boldsymbol{x}}_s$ ($s=1, 2, \cdots, r$) は互いに直交し，かつ規格化されたベクトルに選ぶことができる．これを実現する標準的な方法はシュミット (Schmidt) の直交化法とよばれるが，これについては付録 A に述べる．これまでの議論をまとめると，実対称行列またはエルミート行列の固有値は実数であり，固有ベクトルはすべて互いに直交するように選ぶことができる．

さてビニール膜の引っ張りで述べた 2 次元線形写像の例に戻って，固有ベクトルの意味を考えよう．ビニール膜が方向はわからないが 1 方向から引っ張られている場合，その方向を線形写像の変換行列から知るには，どうしたらよいだろうか？　上記の議論からわかるように，引っ張り方向はどれかの固有ベクトルの方向と一致するはずである．物理的な理由から，これは最大の固有値に対応する方

向である．これに直交するもう1つの固有ベクトルの方向は，引っ張り方向と直交する方向である．この方向で縮みがなければ，それに対応する固有値は1であるが，縮みが起これば固有値は1より減少するであろう．

1.2　2次形式の極値問題

N 次元の実数ベクトル $\boldsymbol{x}$ に対して，その2次形式とは一般に

$$L(\{x_i\})=\sum_{i,j=1}^{N} a_{ij}x_ix_j=\boldsymbol{x}^{\dagger}\mathbf{A}\boldsymbol{x} \tag{1.18}$$

と書かれる関数である．ここで x_i は $\boldsymbol{x}$ の第 i 成分，$\mathbf{A}$ は実数 a_{ij} を i,j 要素とする行列であるが，$a_{ij}=a_{ji}$ を仮定しても一般性を破らないので $\mathbf{A}$ は対称行列としておく．なぜなら $a_{ij}\neq a_{ji}$ の場合，$\tilde{a}_{ij}=(1/2)(a_{ij}+a_{ji})$ としても，(1.18) 式は不変であり，$\tilde{a}_{ij}=\tilde{a}_{ji}$ だから a_{ij} の代わりに $\tilde{a}_{ij}$ を用いて，2次形式を表せばよいからである．

さて，2次形式 (1.18) が条件

$$\sum_{i=1}^{N} x_i^2=\boldsymbol{x}^{\dagger}\boldsymbol{x}=1 \tag{1.19}$$

のもとで取る最大値および最小値は，どのように決めることができるだろうか？これが本節で考える問題である．2次元の場合を例にして，この問題の図形的な意味を考えてみる．2次形式の値が定数になる点の集合は，楕円や双曲線などの2次曲線とよばれるものである．図1.4に示すように定数値を少しずつ変化させると，2次形式の等高線が得られる．

一方，条件式 (1.19) は単位円を表すが，これも図に太い実線で示した．円を

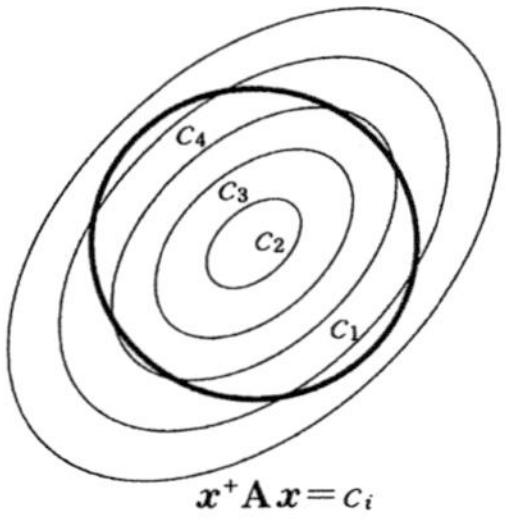

(a)

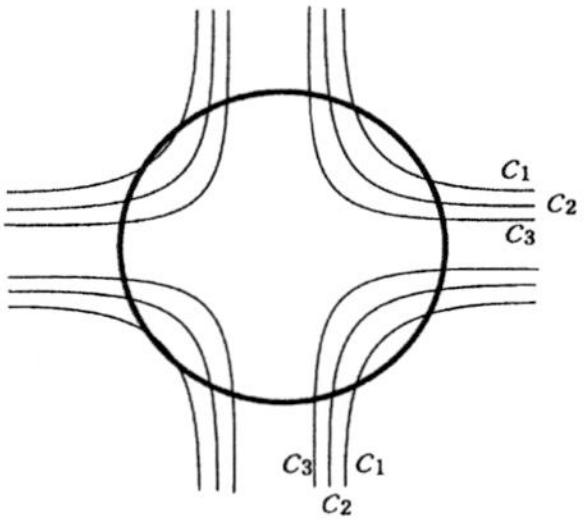

(b)

図1.4　2次形式の等高線（2次曲線）

一周しながらこれと交わる等高線の値をたどっていくと，途中で最大値や最小値を取りながら連続的に変化する．2 次形式の等高線が楕円群を表す場合，図形で見る限り，最小値は楕円が円に内接する場合，最大値は外接する場合に得られることは明らかだが，このような性質を解析的にきめる方法を本節で学ぼう．

上記の問題は条件つきの極値問題であるが，これを解析的に解くにはラグランジュ (Lagrange) の未定乗数法を用いるのが便利である．すなわち，2 次形式 (1.18) の条件 (1.19) のもとでの極値は，新しい未定乗数 λ を変数 $\{x_i\}$ $(i=1, 2, \cdots, N)$ に付加して，$N+1$ 個の変数に対して関数

$$M(\{x_i\}, \lambda)=L(\{x_i\})-\lambda\left(\sum_{i=1}^{N} x_i^2-1\right) \tag{1.20}$$

が取る極値と同じになる．また極値と対応する $\{x_i\}$ の値も同じである．ラグランジュの未定乗数法については，付録 B で述べる．

そこで (1.20) 式を x_i $(i=1, \cdots, N)$ について微分すると

$$\frac{\partial M}{\partial x_i}=\frac{\partial L}{\partial x_i}-2\lambda x_i=0 \tag{1.21}$$

であるが，(1.18) 式から $\partial L/\partial x_i=2\sum_{j=1}^{N} a_{ij}x_j$ であるので，(1.21) 式は

$$\sum_{j=1}^{N} a_{ij}x_j=\lambda x_i \qquad (j=1, 2, \cdots, N) \tag{1.22}$$

すなわち，固有方程式 (永年方程式)

$$\mathbf{A}\boldsymbol{x}=\lambda\boldsymbol{x} \tag{1.23}$$

と同じである．また (1.20) 式を，λ で微分した値を 0 とすれば，条件 (1.19) が満たされなければならないことがわかる．したがって，2 次形式 $L(\{x_i\})$ の (1.19) 式の条件下での極値は，(1.22) 式より

$$\sum_{ij=1}^{N} x_i a_{ij} x_j=\lambda\sum_{i=1}^{N} x_i^2=\lambda \quad \text{または} \quad \boldsymbol{x}^\dagger\mathbf{A}\boldsymbol{x}=\lambda\boldsymbol{x}^\dagger\boldsymbol{x}=\lambda \tag{1.24}$$

となり，$\mathbf{A}$ の固有値のいずれかでなければならない．前節で述べたようにこのような λ はすべて実数で $\lambda_1\leq\lambda_2\leq\cdots\leq\lambda_N$ のような N 個であるが，その中の最小のもの λ_1 が $L(\{x_i\})$ の最小値であり，最大のもの λ_N が最大値となる．

1.3　固有ベクトルによる展開

N 次元エルミート行列または対称行列 $\mathbf{A}$ の N 個の固有ベクトル $\boldsymbol{u}_i$ $(i=1, 2, \cdots, N)$ は，互いに直交するから，それらを規格化しておけば，すなわち，各ベ

クトルの大きさを1に取れば

$$\boldsymbol{u}_i^\dagger \boldsymbol{u}_j = \delta_{ij} \qquad (i, j = 1, 2, \cdots N) \tag{1.25}$$

であるように選ぶことができる．このとき任意の(複素)ベクトル $\boldsymbol{x}$ は，固有ベクトルの基底を用いて

$$\boldsymbol{x} = \sum_{i=1}^{N} c_i \boldsymbol{u}_i \tag{1.26}$$

と表せる．特に $\boldsymbol{x}$ のノルムが1のときは

$$\boldsymbol{x}^\dagger \boldsymbol{x} = \sum_{i=1}^{n} |c_i|^2 = 1 \tag{1.27}$$

となっている．このように固有ベクトルで展開した x を (1.18) 式に代入すれば

$$L(\boldsymbol{x}) = \sum_{i=1}^{N} \lambda_i |c_i|^2 \tag{1.28}$$

となるので，(1.27) 式を考慮すれば L の最大値，最小値が $\mathbf{A}$ の固有値の中の最大値，最小値に対応することは明らかである．$\lambda_1 \leq \lambda_2 \leq \cdots \leq \lambda_N$ として $c_1=1$，他を 0 とすれば $L(\boldsymbol{x})=\lambda_1$，$c_N=1$，他を 0 とすれば $L(\boldsymbol{x})=\lambda_N$ だからである．

次に変換行列 $\mathbf{A}$ については，次のような展開が可能であることを示そう．

$$\mathbf{A} = \sum_{i=1}^{N} \lambda_i \boldsymbol{u}_i \boldsymbol{u}_i^\dagger \tag{1.29}$$

ただし一般に $\mathbf{uv}^\dagger$ は ij 要素が $u_i v_j^+$ である行列で，1列 N 行の行列 $\mathbf{u}$ と N 列1行の行列 $\mathbf{v}^\dagger$ の行列としての積である．これは行列の直積とよばれるものの1つであるが，詳しくは3.4節で述べる．(1.29) 式が正しいことは，次のようにわかる．任意のベクトル $\boldsymbol{a}$ を基底系 $\{\boldsymbol{u}_i\}$ で展開し，$\boldsymbol{a} = \sum_i c_i \boldsymbol{u}_i$ とするとき，これに (1.29) 式の左辺をかけると $\mathbf{A}\boldsymbol{a} = \sum_i c_i \mathbf{A} \boldsymbol{u}_i = \sum_i \lambda_i c_i \boldsymbol{u}_i$ であるが，(1.29) 式の右辺をかけると

$$\left(\sum_i \lambda_i \boldsymbol{u}_i \boldsymbol{u}_i^\dagger\right) \sum_j c_j \boldsymbol{u}_j = \sum_{ij} \lambda_i c_j \boldsymbol{u}_i \delta_{ij} = \sum_i \lambda_i c_i \boldsymbol{u}_i$$

であり，両者はいつでも一致するからである．

1.4 基　準　振　動

行列の固有値や固有ベクトルは，線形物理学の諸分野で基本的な役割を果たすが，微少振動系の物理の中で，その例を示そう．N 個の同じ質量 m の質点が，バネで結ばれた図1.5のような系を考えよう．

いくつかの質点は壁ともバネで結ばれているとする．釣り合いの位置からわず

図 1.5　質量 m の N 個の質点をバネで結んだ系

かに各質点をずらしたときの振動を考える．質点 i の平衡位置からのずれを $\boldsymbol{x}_i$ とすると，質点 i と j を結ぶバネ定数を $\mathbf{k}_{ij}$，質点 i と壁とを結ぶバネ定数を $\mathbf{k}_i$ として，全体のバネの歪みエネルギーは

$$V(\{\boldsymbol{x}_i\})=\frac{1}{2}\sum_{ij}(\boldsymbol{x}_i-\boldsymbol{x}_j)\mathbf{k}_{ij}(\boldsymbol{x}_i-\boldsymbol{x}_j)+\frac{1}{2}\sum_i\boldsymbol{x}_i\,\mathbf{k}_i\boldsymbol{x}_i=\frac{1}{2}\boldsymbol{x}\mathbf{A}\,\boldsymbol{x} \tag{1.30}$$

と表される．ただし

$$\boldsymbol{x}=(x_1,\,y_1,\,z_1,\,\cdots,\,x_N,\,y_N,\,z_N)^t$$
$$A_{i\mu,j\nu}=-k_{i\mu,j\nu}-k_{j\nu,i\mu}\qquad(i\neq j)$$
$$A_{i\mu,i\nu}=\sum_j k_{i\mu,j\nu}+\sum_j k_{j\nu,i\mu}+k_{i\mu,\nu}\qquad(i=j)$$

である．ベクトル $\boldsymbol{x}$ は，この質点系の変位を全体として記述するベクトルである．このような変位ベクトルで表されるような変位をしているとき，各質点に働く力は

$$\mathbf{F}=-\frac{\partial V(\boldsymbol{x})}{\partial\boldsymbol{x}}=-\mathbf{A}\,\boldsymbol{x} \tag{1.31}$$

あるいは成分で書けば，

$$F_{i\mu}=-\frac{\partial V(\{\boldsymbol{x}_i\})}{\partial x_{i\mu}}=-\sum_{j\nu}A_{i\mu,j\nu}x_{j\nu} \tag{1.31$'$}$$

で与えられる．そこで，変位 $\boldsymbol{x}$ に対応する力が，これに比例するような場合を考えてみよう．その条件は比例定数を $-\lambda$ とすると

$$\mathbf{F}=-\lambda\boldsymbol{x}=-\mathbf{A}\,\boldsymbol{x} \tag{1.32}$$

となることから，このような変位は行列 **A** の固有ベクトルで与えられる．さてこの固有値 λ は正数でなければならない．なぜなら **F** は，平衡状態からの変位をもとに戻そうとする復元力であって，これは変位と逆向きに働くはずだからである．λ の値がもし負であれば，対応する変位はその向きに働く力を感じてますます変位が増大して，系は不安定になってしまう．

さて変位の時間変化は，運動方程式 $m\ddot{\boldsymbol{x}}=\mathbf{F}$ から

$$\ddot{\boldsymbol{x}}=-\frac{\lambda}{m}\boldsymbol{x} \tag{1.33}$$

で決定されることがわかる．(1.33) 式を満足するような運動は，次式で与えられる．

$$\boldsymbol{x}=\boldsymbol{c}_0\cos\left(\sqrt{\frac{\lambda}{m}}t+\theta\right) \tag{1.34}$$

ここで，係数ベクトル $\boldsymbol{c}_0$ と位相 θ は，時刻 $t=0$ での変位 $\boldsymbol{x}(0)=\boldsymbol{c}_0\cos\theta$ と，初速度 $\dot{\boldsymbol{x}}(0)=-\sqrt{\lambda/m}\boldsymbol{c}_0\sin\vartheta$ で決まる．この運動の特徴はすべての質点の変位と速度は時間とともに，一定の角振動数 $\omega=\sqrt{\lambda/m}$ で振動し，各質点の相対的な変位は同じ比率に保たれることである．このような特別な振動を基準振動とよぶ．基準振動の変位は行列 **A** の固有ベクトルのどれかと一致しなければならない．もし質点が一列に紐状に並んでいたとすると，このような振動は紐の定在波に対応する．

1.5　一般の線形写像

これまでは，線形写像(1次変換)を定義する (1.3) 式の行列 **A** が対称行列，またはエルミート行列になる場合，すなわち対称写像の場合を考察してきたが，ここでは一般の線形写像の性質を考えよう．

一般に n 次元空間の線形写像では，座標のベクトル $\mathrm{P}=(x_1, x_2, \cdots, x_n)^t=\boldsymbol{x}$ で表される点が，別の点(像という) $\mathrm{Q}=(y_1, y_2, \cdots, y_n)^t=\boldsymbol{y}$ に移される．この対応関係は1対1で，座標は次の1次式で表される．

$$\begin{aligned}
y_1&=a_{11}x_1+\cdots+a_{1n}x_n\\
y_2&=a_{21}x_1+\cdots+a_{2n}x_n\\
&\ \ \vdots\\
y_n&=a_{n1}x_1+\cdots+a_{nn}x_n
\end{aligned} \tag{1.35}$$

あるいは，ベクトルと行列による表示では

$$\boldsymbol{y}=\mathbf{A}\boldsymbol{x} \tag{1.36}$$

となる．

1 次変換あるいは線形写像の本質は，次の性質にある．

①2 つのベクトル $\boldsymbol{x}_1, \boldsymbol{x}_2$ について，その和 $\boldsymbol{x}_1+\boldsymbol{x}_2$ の像 $\mathbf{A}(\boldsymbol{x}_1+\boldsymbol{x}_2)$ は，各ベクトルの像の和 $\mathbf{A}\boldsymbol{x}_1+\mathbf{A}\boldsymbol{x}_2$ に等しい．

$$\mathbf{A}(\boldsymbol{x}_1+\boldsymbol{x}_2)=\mathbf{A}\boldsymbol{x}_1+\mathbf{A}\boldsymbol{x}_2 \tag{1.37}$$

②ベクトルのスカラー倍の像は，そのベクトルの像の同じ値のスカラー倍に等しい．

$$\mathbf{A}(c\boldsymbol{x})=c\mathbf{A}\boldsymbol{x} \tag{1.38}$$

変換 $\boldsymbol{x}\to\boldsymbol{y}=\mathbf{A}\boldsymbol{x}$ が座標成分に関する (1.35) 式で定義されるとき，(1.37), (1.38) 式は明らかである．一方，(1.37), (1.38) 式を満たす変換を座標で表示すれば (1.35) 式になることは 1.1 節で述べた．

ところで，線形写像が 1 対 1 の対応関係となるためには，変換行列 $\mathbf{A}$ の行列式が 0 であってはならない．なぜなら，異なるベクトル $\boldsymbol{x}_1$ と $\boldsymbol{x}_2$ が共に，同じベクトル $\boldsymbol{y}$ に写像されるとすると，

$$\mathbf{A}\boldsymbol{x}_1-\mathbf{A}\boldsymbol{x}_2=\mathbf{A}(\boldsymbol{x}_1-\boldsymbol{x}_2)=0 \tag{1.39}$$

となるはずである．このとき必ず，$\boldsymbol{x}_1-\boldsymbol{x}_2=0$ となるのは，$|\mathbf{A}|\neq 0$ の場合だけで，$|\mathbf{A}|=0$ のときは $\boldsymbol{x}_1=\boldsymbol{x}_2$ となるとは限らないからである．

簡単のため，2 次元空間すなわち平面の線形写像の 1 つである回転の例を取り上げよう．適当に図形を描いた平面を，固定した 1 点のまわりに角度 θ だけ回転すると，1 つの線形写像が得られる．このとき，元の点の座標を (x, y)，写像

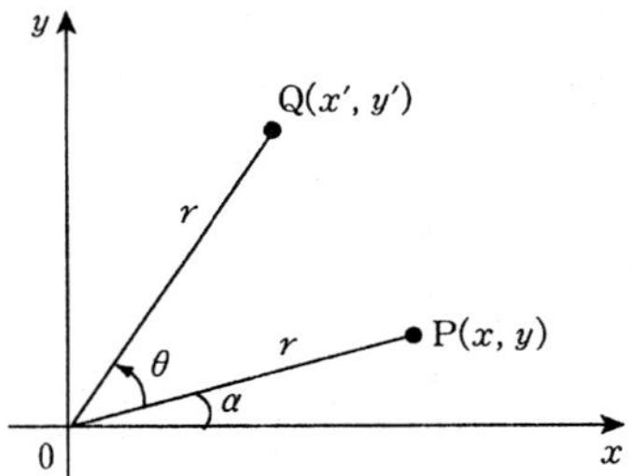

図 1.6　平面における回転

された点の座標を (x', y') とすると，図 1.6 のように

$$x = r\cos\alpha, \qquad y = r\sin\alpha$$
$$x' = r\cos(\theta+\alpha) = r\cos\theta\cos\alpha - r\sin\theta\sin\alpha$$
$$y' = r\sin(\theta+\alpha) = r\sin\theta\cos\alpha + r\cos\theta\sin\alpha$$

となっているので，次の関係式

$$\left.\begin{aligned} x' &= \cos\theta\ x - \sin\theta\ y \\ y' &= \sin\theta\ x + \cos\theta\ y \end{aligned}\right\} \tag{1.40}$$

が得られる．この場合の変換行列は

$$\mathbf{A} = \begin{pmatrix} \cos\theta & -\sin\theta \\ \sin\theta & \cos\theta \end{pmatrix} \tag{1.41}$$

となっており，対称行列にはならない．行列 (1.41) の第 1 列 $\begin{pmatrix} \cos\theta \\ \sin\theta \end{pmatrix}$ は，x 軸方向の単位ベクトルの像であり，第 2 列 $\begin{pmatrix} -\sin\theta \\ \cos\theta \end{pmatrix}$ は y 軸方向の単位ベクトルの像である．

この例や，1.1 節で述べたことからわかるように，変換行列 $\mathbf{A}$ の第 i 列のベクトル $\boldsymbol{a}_i$ は，n 次元空間の第 i 軸方向の単位ベクトルの像を表している．また，すでに述べたように行列 $\mathbf{A}$ の行列式 $|\mathbf{A}|$ は，これらの n 個の単位ベクトルの像が形成する平行 $n(n-1)$ 面体の体積を表している．(1.41) 式の行列式が 1 なのは，写像された単位ベクトルが互いに直交し，長さが 1 に保たれるからである．

N 次元空間の回転によっても，各座標軸の単位ベクトルの長さは保たれ，直交する．すなわち，列ベクトル $\boldsymbol{a}_i$ について

$$\left.\begin{aligned} &\boldsymbol{a}_i^2 = 1 \\ &\boldsymbol{a}_i\cdot\boldsymbol{a}_j = 0 \qquad (i \neq j) \end{aligned}\right\} \tag{1.42}$$

である．これは，行列 $\boldsymbol{A}$ が直交行列であることを意味している．逆に，変換行列 $\mathbf{A}$ が直交行列であるような線形写像は，回転または回転と鏡映の組み合わせであることが示せる．前者は行列式が 1 である場合，後者は行列式が -1 の場合である．これを直交写像とよぶ．

対称写像では，固有値はすべて実数であり，その大きさは主軸方向への像の拡大率を表していた．直交写像における固有値は，どのような性質を持っているのだろうか？　例として，2 次元平面での回転に対する変換行列 (1.41) 式を考える．

固有値 λ と固有ベクトル $\boldsymbol{u}$ は

$$\mathbf{A}\boldsymbol{u}=\lambda\boldsymbol{u} \tag{1.43}$$

によって，定まる．このとき，$\det(\lambda-\mathbf{A})=0$ の解は，

$$\lambda_{\pm}=e^{\pm i\theta} \tag{1.44}$$

であるが，対応する固有ベクトル $\boldsymbol{u}_{\pm}=\begin{pmatrix}1\\ \pm i\end{pmatrix}$ は，実ベクトルに選ぶことはできない．一般の次元においても直交写像の固有値は，1 または絶対値が 1 の複素数であることが示せる．

すなわち，(1.43) 式をエルミート変換した $1\times n$ 行列は，

$$\boldsymbol{u}^{\dagger}\mathbf{A}^{\dagger}=\lambda^{*}\boldsymbol{u}^{\dagger} \tag{1.45}$$

である．この式の両辺を，それぞれ (1.43) 式の両辺に左からかけると

$$\boldsymbol{u}^{\dagger}\mathbf{A}^{\dagger}\boldsymbol{A}\boldsymbol{u}=|\lambda|^2\boldsymbol{u}^{\dagger}\boldsymbol{u}=|\lambda|^2|\boldsymbol{u}|^2 \tag{1.46}$$

左辺は，$\mathbf{AA}^{\dagger}=\mathbf{I}$ (単位行列) なので，結局

$$(1-|\lambda|^2)|\boldsymbol{u}|^2=0 \tag{1.47}$$

となり，$|\lambda|^2=1$ が示された．

線形写像 a を線形写像 b に続けて行うと，やはりある線形写像 c が得られるが，これを

$$c=ab \tag{1.48}$$

と書く．このとき a, b, c それぞれの線形写像の変換行列を $\mathbf{A}, \mathbf{B}, \mathbf{C}$ と書けば

$$\boldsymbol{C}=\mathbf{AB} \tag{1.49}$$

が成立する．$\mathbf{A}, \mathbf{B}$ のそれぞれが直交行列なら，その積 $\mathbf{AB}$ も直交行列であり，$|\mathbf{AB}|=|\mathbf{A}||\mathbf{B}|$ であることから，回転操作を引き続いて行っても回転となることもわかる．これらの性質は n 次の線形写像や，n 次元空間の回転操作全体の集合が「群」をなすことと関係するが，これらについては，第 2 章から第 4 章で詳しく述べる．

一般に写像によって保たれる性質や量は，写像の特徴を表現するものであるが，上記の行列式の値や絶対値が 1 に保たれる性質もその例である．一般の線形写像では，直線は直線に，2 次曲線は 2 次曲線に変換される．

演 習 問 題

1.1 (1.3) 式により 3 次元の線形写像を定義する変換行列を $\mathbf{A}$ とする．$\mathbf{A}$ をその列ベクトルによって，$\mathbf{A}=(\boldsymbol{a}_1, \boldsymbol{a}_2, \boldsymbol{a}_3)$ と表すとき，① 単位ベクトル $\boldsymbol{e}_1, \boldsymbol{e}_2, \boldsymbol{e}_3$ は $\boldsymbol{a}_1, \boldsymbol{a}_2, \boldsymbol{a}_3$

に変換されること，② 任意の直方体は，体積が $\boldsymbol{a}_1\cdot(\boldsymbol{a}_2\times\boldsymbol{a}_3)$ 倍の平行六面体に変換されること，③ $\mathbf{A}$ の行列式は $\boldsymbol{a}_1\cdot(\boldsymbol{a}_2\times\boldsymbol{a}_3)$ に等しいことを示せ．

1.2　2次元の線形写像において，変換行列の行列式はどのような量に対応するか．

1.3　実対称行列の固有ベクトルの成分は，実数に選べることを示せ．

1.4　変換行列が $\begin{pmatrix}1 & 2\\ 2 & 2\end{pmatrix}$ で与えられる線形写像について，固有値と固有ベクトルをすべて求めよ．

1.5　N 次元の対称行列 $\mathbf{A}$ は，その固有値 λ_i と規格化された固有ベクトル $\boldsymbol{a}_i$ によって，$\mathbf{A}=\sum\lambda_i\boldsymbol{a}_i\boldsymbol{a}_i{}^t$ と表すことができる．このとき $\mathbf{A}^n\,(n=2,3,4,\cdots)$ および $\mathbf{A}^{-1}$ はどのように与えられるか？　ただし，$\lambda_i\neq 0\,(i=1,2,\cdots N)$ とする．

1.6　x,y,z の2次形式

$$x^2+2xy+3y^2+yz+z^2+3zx$$

が $x^2+y^2+z^2=1$ の球面上で取る極値はどのような方程式を満たすか．

1.7　x と y の2次形式 $x^2+2xy+4y^2$ が一定値 c^2 に等しいとき，x^2+y^2 の最大値と最小値を求めよ．

1.8　基底ベクトル $\boldsymbol{e}_1, \boldsymbol{e}_2, \boldsymbol{e}_3$ の表示による3次元空間の線形写像が行列 $\mathbf{A}$ で表現されたとする．同じ線形写像を別の基底 $\boldsymbol{p}_1, \boldsymbol{p}_2, \boldsymbol{p}_3$ を用いて表せ．

1.9　図で示される系の基準振動を求めよ．ただし，物体の質量はすべて等しく m，4つのバネ定数もすべて等しく $\mathbf{k}$ であるとする．

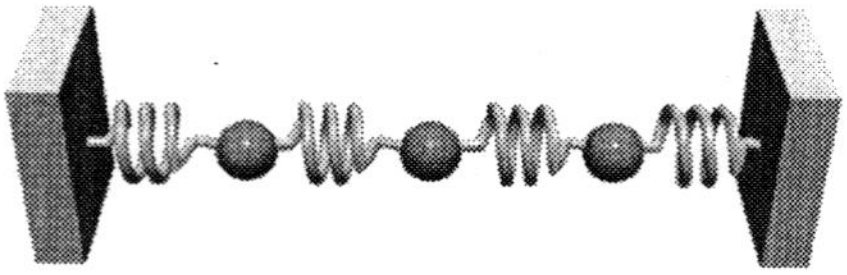

1.10　$\mathbf{AB}=\mathbf{BA}$ のとき，$\mathbf{A}$ のある固有ベクトル $\boldsymbol{a}$ を $\mathbf{B}$ によって変換したベクトル $\mathbf{B}\boldsymbol{a}$ も，$\mathbf{A}$ の同じ固有値に対応する固有ベクトルでもあることを示せ．

1.11　2次元の任意の線形写像は，回転と対称写像の積として表せることを示せ．

2

群と対称操作

2.1 群の概念

「群」は純粋数学はもちろんのこと，物理学のさまざまな分野においても，基本的な概念であり，物理数学の重要な基礎である．「群」とは，どのようなものであろうか？　次に述べる定義によると，数やベクトルの集合は加減の演算について「群」をなしており，数や図形に対する操作の集合についても群が定義される．本章では物理系の対称性や，演算や操作などの普遍的構造を記述するための基本的概念である群について学ぼう．

集合 G が「群」をなすとは，集合を構成する元（要素ともいう）の間に演算が定義されており，この演算に関して以下のような性質が満たされることをいう．

1)　演算の定義：　集合 G の任意の 2 つの元 a, b の間に，演算

$$c=ab \tag{2.1}$$

が定義される（この演算を以後，積という）．ただし，c は集合 G の元であり，a と b を決めるとただ 1 通りに定まる．b は a と同じであってもよい．このとき aa を a^2 と書く．一般のべきについても，同様である．一般には，積は演算の順序によるので，ab と ba は，同じとは限らない．

2)　結合法則：　積について，次の規則が成り立つ．

$$(ab)c=a(bc) \tag{2.2}$$

3)　単位元の存在：　集合 G の中に，ある元 e が存在して，任意の G の元 a に対して

$$ae=ea=a \tag{2.3}$$

となる．

4)　逆元の存在：　G の任意の元 a に対して，ある元 a^{-1} が存在して，

$$aa^{-1}=e \quad \text{および} \quad a^{-1}a=e \tag{2.4}$$

となる．

群に含まれる元の数を群の位数とよび，これが有限の場合を有限群，無限大の場合を無限群とよぶ．また2つの元 a, b の積が，その演算順序によらず，常に $ab=ba$ である場合を，可換群またはアーベル(Abel)群とよぶ．

2.2 群の例

整数全体あるいは実数全体の集合が，通常の加算の演算に関して群をなすことはすぐにわかる．この場合の単位元は0であり，また a の逆元は $-a$ である．しかし，これらの集合は乗算に関しては，群ではない．0という元に対しては逆元が存在しないからである．しかし，実数全体の集合から0を除いた集合は，乗算に関して群をなしている．

次に，1つの平面図形または多面体などの立体図形を，それ自身に重ね合わせる対称操作全体のなす集合を考えよう．ある対称操作 b に引き続き，対称操作 a を行うという対称操作 c もこの集合の元でなければならず，この操作はただ1通りに決まっている．c を a と b との積 $c=ab$ と定義すると，この演算について群の性質1)～4)が満たせることは，容易にわかる．このような，図形をそれ自身に重ね合わせる操作の群は，物理学の中でもきわめて重要な役割を占める．

例として，正三角形をそれ自身に重ね合わせる操作の集合を考えよう．このような操作は，正三角形の中心の周りの角度120度(c)，および240度の回転(c^2)(これは角度 -120 度の回転と同じである)中心と1つの頂点を結ぶ直線による鏡映(R_a, R_b, R_c)(三角形の表裏を区別しないときは，この直線を中心とした180度の回転と同じ)，および何もしないという操作(e)からなる．これらの元 a と b の積 ab を，a を行，b を列に取った表2.1で表す．

ただし，直線 R_a, R_b, R_c は，三角形にではなく，空間に固定されているものとする(図2.1)．

表2.1　C_{3v} 群の乗積表

	e	c	c^2	R_a	R_b	R_c
e	e	c	c^2	R_a	R_b	R_c
c	c	c^2	e	R_c	R_a	R_b
c^2	c^2	e	c	R_b	R_c	R_a
R_a	R_a	R_b	R_c	e	c	c^2
R_b	R_b	R_c	R_a	c^2	e	c
R_c	R_c	R_a	R_b	c	c^2	e

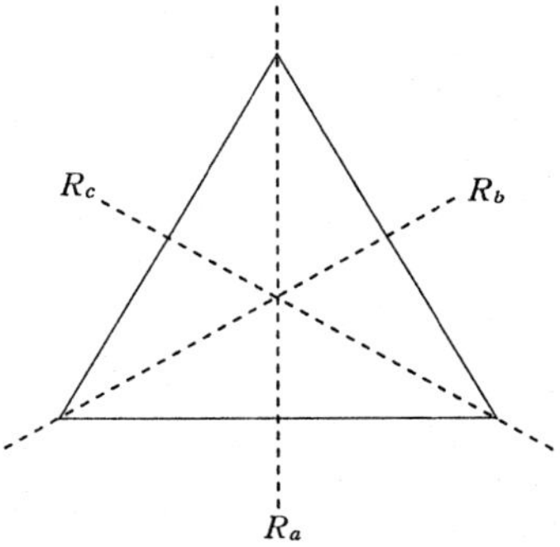

図 2.1 R_a, R_b, R_c の回転軸

表 2.1 は群の演算を定義する乗積表の例である．どの行あるいは列についても，同じ元はただ 1 個しか存在しない．逆に，このような条件を満たす乗積表から，群の演算を定義できる．

第 1 章で述べた n 次元空間の線形写像全体の集合も，群をなす．ただしこの場合，線形写像 b に引き続き線形写像 a を行うことを，a と b の積 c を用いて

$$c=ab \tag{2.5}$$

と定義しておこう．この積が 1 つの線形写像であり，結合則が成り立つことは明らかである．単位元は何も変化させない操作であり，線形写像 a；$\boldsymbol{x}\rightarrow\boldsymbol{x}'$ の逆元は，a^{-1}；$\boldsymbol{x}'\rightarrow\boldsymbol{x}$ として，ただ 1 通り定義される．

線形写像 a, b, c に対応する変換行列をそれぞれ，$\mathbf{A}, \mathbf{B}, \mathbf{C}$ とすれば，各行列の行列式は 0 と異なり，(2.5) 式に対応して

$$\mathbf{C}=\mathbf{AB} \tag{2.6}$$

が成り立つ．変換行列全体の集合は，行列の積に関して群を作るが，この群は線形写像の群と「同じ構造」をしている．この群として「同じ構造」という関係は，「同形」または「同値」とよばれるが，詳しくは後で述べよう．

次に，1 から $n(\geq 1)$ までの自然数 $1, 2, \cdots, n$ を，$1\rightarrow m_1, 2\rightarrow m_2, \cdots, n\rightarrow m_n$ のように置き換える（「置換」という）操作全体のなす集合 S_n を考える．ただし，$\{m_i\}_{i=1,2,\cdots n}$ の集合は，$\{i\}_{i=1,2,\cdots,n}$ の集合と同じである．

この置き換えを，記号

$$a=\begin{pmatrix} 1, & 2, & \cdots, & n \\ m_1, & m_2, & \cdots, & m_n \end{pmatrix}=\begin{pmatrix} p_1, & \cdots, & p_n \\ m_{p1}, & \cdots, & m_{pn} \end{pmatrix} \tag{2.7}$$

によって表すことにしよう．

このような操作 a を

$$b=\begin{pmatrix}1, & 2, & \cdots, & n\\ p_1, & p_2, & \cdots, & p_n\end{pmatrix} \tag{2.8}$$

に引き続きに行った結果

$$c=\begin{pmatrix}p_1, & \cdots, & p_n\\ m_{p1}, & \cdots, & m_{pn}\end{pmatrix}\begin{pmatrix}1, & 2, & \cdots, & n\\ p_1, & p_2, & \cdots, & p_n\end{pmatrix}=\begin{pmatrix}1, & \cdots, & n\\ m_{p1}, & \cdots, & m_{pn}\end{pmatrix} \tag{2.9}$$

も，やはり 1～n までの自然数を，この中で置き換える置換であり，S_n に含まれる．c を a と b の積 $c=ab$ とすれば，S_n はこの演算に関して群をなすことは明らかである．S_n を n 次の対称群とよぶ．また，対称群の部分群を置換群という．

ところで，n 個の数字の巡回置換 $1\to 2$, $2\to 3$, $3\to 4, \cdots, n-1\to n$, $n\to 1$ を

$$U_n=\begin{pmatrix}1, 2, \cdots, n\\ 2, 3, \cdots, 1\end{pmatrix}=(1, 2, \cdots, n) \tag{2.10}$$

と表すことにすれば，S_n の任意の元 a は，適当な巡回置換の積に分解できることが次のように示せる．まず，a によって数字 1 から置き換えられる数字をたどっていくと

$$1\to l_1\to l_2\to\cdots\to l_m\to 1 \tag{2.11}$$

の系列が現れ，$(1, l_1, \cdots, l_m)$ の巡回置換が得られる．これで $1, \cdots, n$ までの数字が尽きていなければ，$1, l_1, \cdots, l_m$ に含まれない数 p_0 を出発点として同様に

$$p_0\to p_1\to p_2\to\cdots\to p_s\to p_0 \tag{2.12}$$

の系列を見出す．さらに，上の 2 つの系列に含まれない数字から出発して，第 3 の系列を見出し，… ということを順次に行えば，$1, \cdots, n$ までの数字がどれかの系列に含まれるようになる．このとき，この置換は

$$a=(1, l_1, \cdots, l_m)(p_0, p_1, \cdots, p_s)\cdots \tag{2.13}$$

のように，巡回置換の積に分解されたことになる．2 個の数字からなる置換 (l, m) は，l と m を互いに入れ換える操作であるので，互換という．

このように群の例は数多いが，各元の具体的な属性を無視してその数学的な構造のみに注目すれば，一見して異なるように見える群がまったく同じものとなることもある．

例えば，3 次の対称群 S_3 と前に述べた正三角形をそれ自身に重ね合わせる群

(C_{3v} 群) について，以下のように対応づけてみよう．

$$\left.\begin{array}{ll} e \leftrightarrow \begin{pmatrix}1,2,3\\1,2,3\end{pmatrix}, & R_a \leftrightarrow \begin{pmatrix}1,2,3\\1,3,2\end{pmatrix} \\ c \leftrightarrow \begin{pmatrix}1,2,3\\2,3,1\end{pmatrix}, & R_b \leftrightarrow \begin{pmatrix}1,2,3\\3,2,1\end{pmatrix} \\ c^2 \leftrightarrow \begin{pmatrix}1,2,3\\3,1,2\end{pmatrix}, & R_c \leftrightarrow \begin{pmatrix}1,2,3\\2,1,3\end{pmatrix} \end{array}\right\} \tag{2.14}$$

このとき，S_3 から任意の 2 つの元を取り出して積を求めた結果の元は，C_{3v} 群で対応する 2 元の積である元に対応することが示せる．例えば，

$$\begin{array}{ccc} \begin{pmatrix}1,2,3\\2,3,1\end{pmatrix} & \begin{pmatrix}1,2,3\\1,3,2\end{pmatrix} = & \begin{pmatrix}1,2,3\\2,1,3\end{pmatrix} \\ \updownarrow & \updownarrow & \updownarrow \\ c & R_a & R_c = cR_a \end{array}$$

である．この性質の詳しい議論は，2.9 節で行うが，これから S_3 と C_{3v} が群としては同じ (同形) であることがわかる．

2.3 部　分　群

群 G のある部分集合 H が，それ自身，もとの群 G の演算について群をなすとき，H は G の部分群であるという．このとき，a, b を集合 H の 2 元とすれば，積 $c=ab$ も集合 H に含まれなければならない．また，H は単位元を含み，その任意の元についての逆元も含んでいなければならない．

表 2.1 の例で見ると，群 G の 6 個の元の中で e, c, c^2 からなる部分集合は，群 G の部分群になっていることがわかる．また，e と R_a の 2 元からなる集合も部分群をなしている．

2.4 巡回群と生成元

有限群 G の任意の元 a を取ると，$a^2=aa$, $a^3=aa^2=a^2a$, $a^4=aa^3=(a^2)^2$, $a^5=aa^4, \cdots$ など同じ元の累乗 (べき乗) はすべて G の元である．ところが，G に含まれる元の総数は有限なので，ある自然数 $s\,(\geq 1)$ に対して

$$a^s = e \tag{2.15}$$

となるはずである．(2.15) 式を満たす最小の自然数 s は，元 a の位数とよばれる．

元 a の位数を s とすれば，集合 $H=\{e, a, a^2, \cdots, a^{s-1}\}$ は G の部分群である．このとき，$a^p(0\leq p\leq s-1)$ の逆元は a^{s-p} である．このように，単位元とある元の累乗からなる群を巡回群とよぶ．

例えば，$i, -1, -i, 1$ の 4 つの数は通常の積の演算に関して，巡回群を構成するが，このうち，1 と -1 の部分集合はその部分群をなしている．巡回群のすべての元は単位元と，ある 1 つの元の累乗によって表すことができた．このように有限群は，単位元といくつかの元の累乗やそれらの適当な積によって構成できる．

例えば，正八面体 (立方体) をそれ自身に重ね合わせる回転操作には，表 2.2 に示す 24 個のものがある (図 2.2)．この操作全体のなす群を正八面体群 (O 群) とよんでいる．この群のすべての元は例えば x 軸，および y 軸のまわりの角度

表 2.2 正八面体群 (O 群) の元と共役類

類の記号	対称操作		数
	記号	内容	
$\hat{E}$	e	何もしない	1
$6\hat{C}_4$	C_4	x, y, z 軸のいずれかのまわりの $\pi/2$ 回転	3
	C_4^3	x, y, z 軸のいずれかのまわりの $(3/2)\pi$ 回転	3
$3\hat{C}_2$	C_2	x, y, z 軸のいずれかのまわりの π 回転	3
$8\hat{C}_3$	C_3	中心と正八面体の面の中心を結ぶ軸まわりの $(2/3)\pi$ 回転	4
	C_3^2	中心と正八面体の面の中心を結ぶ軸まわりの $(4/3)\pi$ 回転	4
$6\hat{C}_2{}'$	C_2'	中心と各辺の中点を結ぶ軸まわりの π 回転	6

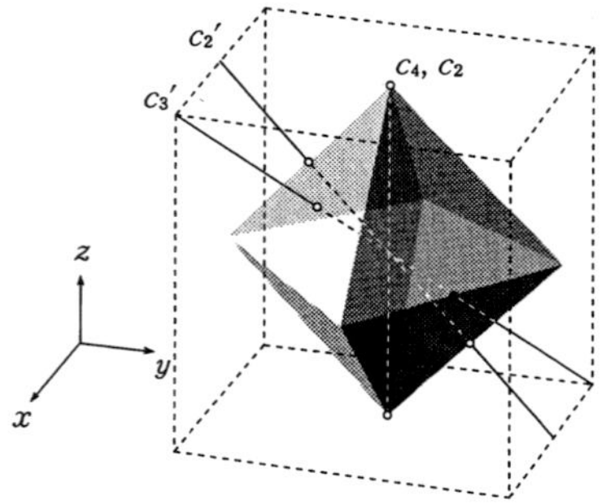

図 2.2 正八面体群

$\pi/4$ の回転 $C_4(x)$, $C_4(y)$ から生成できることが示せる．これらは，正八面体群を生成するために必要で十分な元であり，生成元とよばれる．

2.5 剰　余　類

群 G のある元 a_1 の左に G の部分群 H の元が乗ぜられた形で表される元の集合

$$Ha_1=\{ha_1\,;\,h\in H,\ a_1\in G\} \tag{2.16}$$

を定義しよう．この集合は，部分群 H の１つの右剰余類であるという．同様に他の右剰余類 $Ha_2, Ha_3, \cdots$ などを作っていったとき，これらの右剰余類は互いに一致する(同じ集合である)か，共通の元をもたないかのいずれかである．

なぜなら，Ha_p にも Ha_q にも $(p\neq q)$ 含まれる共通の元 a があったとすると

$$a=h_1a_p=h_2a_q \qquad (h_1, h_2\in H) \tag{2.17}$$

である．このとき，任意の Ha_p の元 ha_p は

$$ha_p=hh_1^{-1}h_2a_q\in Ha_q \tag{2.18}$$

と表せるので，集合 Ha_q に含まれる．したがって

$$Ha_p\subset Ha_q \tag{2.19}$$

同じ論法で，$Ha_q\subset Ha_p$ も示せるから

$$Ha_p=Ha_q \tag{2.20}$$

となる．すなわち，2つの右剰余類 Ha_p と Ha_q が異なるとき，共通の元は存在しない．そこで H の右剰余類の中で，互いに異なるものを改めて $H, Ha_1, \cdots, Ha_s$ と書くと

$$G=H+Ha_1+\cdots+Ha_s \tag{2.21}$$

と群 G を類別*1) することができる．ここで，右辺の ＋ の記号は共通元のない集合の和集合を意味する．

さて，上記の類別において各右剰余類が同じ数だけ元を含むことがわかる．なぜなら，部分群 H の位数が n で，その元が $H=\{h_1, \cdots, h_n\}$ と表されるとき，例えば Ha_1 は互いに異なる n 個の元によって $Ha_1=\{h_1a_1, \cdots, h_na_1\}$ と表されるからである．このことから，部分群 H の位数は群 G の位数の約数であることがわかる．

---

*1) 集合を共通部分のない部分集合の和に分解することを，類別という．

これまでは，右剰余類について述べてきたが，左剰余類については

$$b_1H=\{b_1h\,;\,h\in H,\ b_1\in G\}$$

で表される集合として定義できる．この場合も，群 G は共通元のない左剰余類の和集合として次のように類別される．

$$G=H+b_1H+\cdots+b_sH \tag{2.22}$$

ここで，$b_1,\cdots,b_s$ は $a_1,\cdots,a_s$ に取ることができるが，右剰余類 Ha_i と左剰余類 a_iH は一致するとは限らない．ただし，右剰余類と左剰余類のそれぞれの数 $s+1$ は一致し，これは剰余類の指数とよばれる．

2.6　共役な元と共役類

群 G の任意の1つの元 a を取ると，群 G のすべての元は a と共役である元と共役でない元とに類別される．本節では，「共役」という群の重要な概念について述べる．

群 G の中にある元 d が存在して，$a=d^{-1}bd$ と表せるならば，a は b に共役であるという．群 G の2つの元 a, b は互いに共役であるか，共役でないかのどちらかである．このとき，

$$b=dad^{-1}=(d^{-1})^{-1}a(d^{-1}) \tag{2.23}$$

だから，b は a に共役であり，共役の関係は対称的である．さらに a が b に共役で，b が c に共役なら，a は c に共役である．なぜなら，d, f を G の元として

$$a=d^{-1}bd,\qquad b=f^{-1}cf \tag{2.24}$$

だから，

$$a=d^{-1}f^{-1}cfd=(fd)^{-1}cfd \tag{2.25}$$

であるが，fd は G の元の1つだからである．

元 a と共役な G の元のすべての集合を，元 a の共役類という．単位元の共役類は単位元だけを含んでいる．したがって，群の元はいくつかの共役類に類別される．表2.1の例では，6個の元は $E=\{e\}$, $C_3=\{c, c^2\}$, $\sigma_v=\{R_a, R_b, R_c\}$ の3つの共役類に類別される．

正多面体を，それ自体に重ね合わせる回転操作全体の集合*2) を正多面体群という．正多面体群 G の任意の元は，中心を通るある軸のまわりの回転操作であ

---

*2)　鏡映や中心のまわりの反転操作を含む場合もあるが，ここでは簡単のため回転操作に限ることにする．

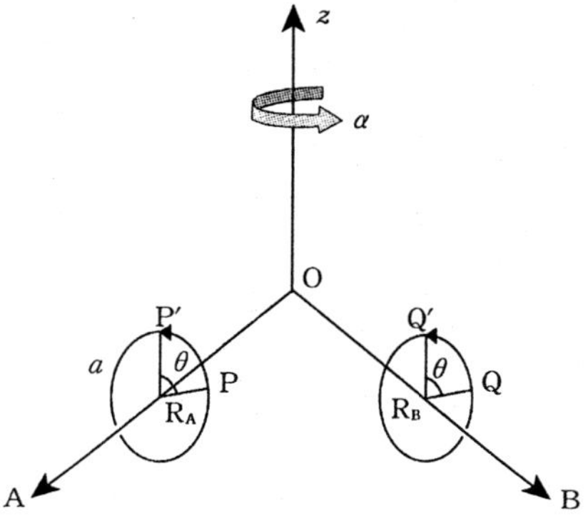

図 2.3 正多面体回転群の概念

るが，これに共役な元はどのようなものであろうか？

元 a は対称軸 A のまわりの角度 θ の回転であるとする．群の a とは別のある対称操作(元) α によって，軸 A が軸 B に移ったとする．このとき，軸 B のまわりの角度 θ の回転 b も群 G の元であり，a は b に共役であることが，次のように示せる．すなわち

$$a=\alpha^{-1}b\alpha \tag{2.26}$$

となることを証明しよう．図 2.3 で示すように右辺の最初の操作 α によって，点 P は点 Q へ，また点 P から直線 OA に下した垂線 (R_AP) の足 R_A は，直線 OB に Q から下した垂線の足 R_B にそれぞれ移る．

次に，操作 B を実行すれば，点 Q は点 Q′ に移り，$\angle QR_BQ'=\theta$ である．最後に，操作 α^{-1} を実行すれば，直線 OB は再び OA に戻り，点 Q′ は $\angle P'R_AP=\theta$ をなす図の P′ 点に移る．この一連の操作の結果は，軸 OA のまわりの角度 θ の回転と一致することから，(2.26) 式が成立する．

このことから，1 点のまわりの回転操作全体のなす群 (回転群という) では，任意の同等な軸のまわりの同じ角度の回転はすべて共役であり，共役類は回転角によって特徴づけられることがわかる．しかし，正多面体群では，軸 A を軸 B に移す操作がこの群に含まれなければ，すなわち，軸 A と軸 B とが等価 (同等) でなければ，それぞれの軸のまわりの回転が同じ回転角であっても 2 つの操作は同等にならない．表 2.2 の正八面体群の例では，C_2 の元と C_2' の元とは，回転角は同じであるが，軸が幾何学的に同等でないので共役ではない．しかし，x, y, z の 3 つの軸は同等であり，このまわりの同じ角の回転角は共役類を構成す

る．このようにして，全体で24個の対称操作が $\hat{E}$, $\hat{C}_4$, $\hat{C}_2$, $\hat{C}_3$, $\hat{C}_2'$ の5つの共役類に分類される．

次に n 次の対称群 S_n の共役類について考えよう．すでに述べたように S_n の任意の元 a は，

$$a=\begin{pmatrix}1, & 2, & \cdots, & n\\ l_1, & l_2, & \cdots, & l_n\end{pmatrix} \tag{2.27}$$

と表される．一方，S_n の元 d によって

$$1\to p_1,\quad 2\to p_2,\quad \cdots,\quad n\to p_n$$

と置換され，またこれを，順序を入れ換えて表記すれば，

$$l_1\to m_1,\quad l_2\to m_2,\quad \cdots,\quad l_n\to m_n \tag{2.28}$$

と表されるとする．すると $b=dad^{-1}$ で定義される元は

$$\begin{aligned} b&=dad^{-1}\\ &=\begin{pmatrix}l_1, & \cdots, & l_n\\ m_1, & \cdots, & m_n\end{pmatrix}\begin{pmatrix}1, & 2, & \cdots, & n\\ l_1, & l_2, & \cdots, & l_n\end{pmatrix}\begin{pmatrix}p_1, & \cdots, & p_n\\ 1, & \cdots, & n\end{pmatrix}\\ &=\begin{pmatrix}p_1, & \cdots, & p_n\\ m_1, & \cdots, & m_n\end{pmatrix}\end{aligned} \tag{2.29}$$

のように，置換 a の定義式(2.27)式における各数字を置換 d によって入れ換えたものに他ならない．すでに述べたように，S_n における任意の置換は独立な巡回置換の積に分解され

$$a=(l_1,\ l_2,\ \cdots,\ l_m)(l_{m+1},\ \cdots,\ l_p)\cdots(l_{k+1},\ \cdots,\ l_n) \tag{2.30}$$

と表される．これに共役な置換は(2.30)式とまったく同じ巡回置換の積の構造

$$\begin{aligned} b&=dad^{-1}\\ &=(l_1',\ \cdots,\ l_m')(l_{m+1}',\ \cdots,\ l_p')\cdots(l_{k+1}',\ \cdots,\ l_n')\end{aligned} \tag{2.31}$$

を取ること，一方，逆に(2.30)式，(2.31)式のように同じ巡回置換の積の構造をもった元は，互いに共役であることは明らかである．

2.7　中心と中心化群

群 G のすべての元と交換可能な元のなす集合を群 G の中心という．したがって，a を中心の1つの元とすると，G の任意の元 c について

$$a=c^{-1}ac \tag{2.32}$$

である．それゆえ，中心の元 a の共役類は a という1つの元しか含まない．ま

た，1つの元しか含まない共役類の元は中心に含まれる．

正多面体群を例にとって説明すると，同等な回転軸が1つしかない場合，この軸のまわりの180°回転は中心に属する．例えば，正方形をそれ自身に重ね合わせる対称操作の群では，中心を通り，正方形の面に垂直な軸のまわりの180°回転は中心に含まれる．

次に群 G の中心 C は，部分群をなすことを見ておこう．単位元は C に含まれることは明らかである．また，ab が共に C の元であるとき，任意の G の元 g に対して

$$a=g^{-1}ag, \qquad b=g^{-1}bg \tag{2.33}$$

であるから

$$ab=(g^{-1}ag)(g^{-1}bg)=g^{-1}abg \tag{2.34}$$

となり，a, b も中心 C に含まれることは明らかである．同様に(2.33)式の両辺の逆元は

$$a^{-1}=g^{-1}a^{-1}g \tag{2.35}$$

なので，逆元も C に含まれる．したがって，C は部分群をなす．

a が中心に含まれないときは，$a=g^{-1}ag$ となるような g の集合は群 G の真部分集合である．ここで真部分集合とは，全体の集合と異なる部分集合のことである．このような集合は a と交換可能な元(すなわち $ga=ag$ となる元)の集合といってもよいが，この集合は G の部分群であることが，次のように示せる．すなわち，a と可換な2つの元 g_1 と g_2 について，g_1g_2 も a と可換になることを示そう．これは

$$(g_1g_2)a=g_1(g_2a)=g_1(ag_2)=(g_1a)g_2=ag_1g_2 \tag{2.36}$$

から明らかである．また $ag=ga$ なら当然

$$g^{-1}a=ag^{-1}$$

だから，この集合に含まれる元の逆元もこの集合の元であり，単位元もこの集合に含まれる．したがって，$a=g^{-1}ag$ を満たすすべての g の集合は，G の部分群である．これを a の中心化群 Za という．

さて，中心化群に関して重要な定理は，次の事実である．

定理 群 G の元 a の中心化群を Z_a とすると，Z_a の右剰余類(左剰余類)と a に共役な異なる元は1対1に対応する．

系 a の共役類である元の個数と Z_a の G における指数とは一致する．ただし，

G は有限群であるとする.

(証明) $g_1 \in Z_a r_1$ であれば, $g_1 = h_1 r_1$, $h_1 \in Z_a$. したがって

$$g_1^{-1} a g_1 = r_1^{-1}(h_1^{-1} a h_1) r_1 = r_1^{-1} a r_1 \tag{2.37}$$

のように常に表される. このように, Z_a の右剰余類の各元は r_1 によってラベルをつけられる. 一方, a の共役類の中の異なる 2 元を r_1, r_2 とすると右剰余類 $Z_a r_1$ と $Z_a r_2$ とは共通の元をもたない. なぜなら, 共通の元 c は Z_a に含まれる h_1, h_2 によって

$$c = h_1 r_1 = h_2 r_2 \tag{2.38}$$

と書けるが, $h = h_2^{-1} h_1$ により

$$h r_1 = r_2 \tag{2.39}$$

これは, $Z_a r_1$ と $Z_a r_2$ とが一致することを示し, 矛盾する.

結局, 有限群はある元 a の中心化群 Z_a と, a の共役類 $r_1, r_2, \cdots, r_s$ によって

$$G = Z_a r_1 + Z_a r_2 + \cdots + Z_a r_s \tag{2.40}$$

と類別されることがわかる. したがって,

$$\text{群 } G \text{ の位数} = (\text{中心化群の位数}) \times (\text{共役類の元の数}) \tag{2.41}$$

であるから, 共役類の元の数は G の位数の約数となる. ■

2.8 正規部分群

群 G の部分群 H について, G のある 1 つの元 g によって, $g^{-1}Hg = \{g^{-1}hg\,;\, h \in H\}$ と表される集合を考える. この集合も G の部分群であることは容易に示せる. $a \in g^{-1}Hg$, $b \in g^{-1}Hg$ ならば, $h_1, h_2 \in H$ によって

$$a = g^{-1} h_1 g, \qquad b = g^{-1} h_2 g \tag{2.42}$$

したがって

$$ab^{-1} = g^{-1} h_1 g (g^{-1} h_2^{-1} g) = g^{-1} h_1 h_2^{-1} g \in g^{-1} H g \tag{2.43}$$

となるからである. (2.43) 式から b を a とおけば単位元が集合 $g^{-1}Hg$ に含まれること, h_1 を e とおけば $a = e$ であり, 任意の元 b の逆元が, $g^{-1}Hg$ に含まれることは明らかで, $g^{-1}Hg$ は群の規則を成立させるからである. これを, H の共役部分群という.

さて, 一般に群 G の部分群 H の共役部分群が H の他にないとき, H を G の正規部分群 (または不変部分群) という. 正規部分群については, これまで議

論してきた部分群の性質が簡単となる．例えば，右剰余類 Ha と左剰余類 aH とが一致することが，次のように示せる．すなわち，左剰余類 aH の元は，H に含まれる元 g と g' によって

$$ag=(aga^{-1})a=g'a \tag{2.44}$$

と書ける．そこで，この元は右剰余類 Ha の元でもある．逆に右剰余類 Ha に含まれる任意の元は左剰余類 aH に含まれることも示せる．それゆえ，$Ha=aH$ となることがわかる．そこで，正規部分群については，左剰余類と右剰余類とが一致するので，それらを区別せず，単に剰余類という．

正規部分群 N の剰余類全体の集合は，次のように定義される演算によって，群をなすことが示される．すなわち，剰余類 Na と Nb の積を

$$\begin{aligned} NaNb &\overset{\text{def}}{=} \{hah'b \mid h,\ h' \in N\} \\ &= \{(hah'a^{-1})ab \mid h,\ h' \in N\} \end{aligned} \tag{2.45}$$

と定義すると，この集合はある1つの剰余類 Nab と一致することがわかる．

$$NaNb=Nab \tag{2.46}$$

この演算規則は群をなすための必要条件をすべて満たすことは容易に示される．剰余類全体のなす群は因子群とよばれ，G/N と表記される．

2.9　群の同形と準同形

これまで述べてきたように，群をなす集合は一見して異なるように見えても，その演算に関する論理的な構造は同等である例が多い．そのことを，数学的に正確に述べたものが，群の同形や準同形という概念である．

はじめに群 G_1 の任意の元 a_1 を群 G_2 のある元 a_2 に1対1に対応させる関係(写像) f を導入しよう．

$$f\ ;\ a_1 \to a_2 \tag{2.47}$$

あるいは，これを

$$f(a_1)=a_2 \tag{2.48}$$

と書く．この写像 f によって，さらに G_1 の元 b_1 が G_2 の元 b_2 と対応して

$$f\ :\ b_1 \to b_2, \qquad f(b_1)=b_2 \tag{2.49}$$

であるとき，a_1 と b_1 の積についても

$$f\ ;\ a_1b_1 \to a_2b_2 \tag{2.50}$$

または，

$$f(a_1b_1)=f(a_1)f(b_1) \tag{2.50'}$$

が成立する場合，f を同形写像という．a_1 を G_1 のすべての元について変えたとき，$f(a_1)$ が G_2 のすべての元を尽くすならば，この同形写像を G_2 の上への同形写像，そうでないとき，G_2 の中への同形写像という．

G_1 から G_2 の上への同形写像が存在するとき，G_1 と G_2 は同形あるいは同値であるという．上への同形写像においては，G_1 の単位元は G_2 の単位元に対応し，G_1 の元 a_1 の逆元は元 a_1 に対応する G_2 の元 a_2 の逆元に対応する．

すでに学んだ例について見れば，正三角形をそれ自身に重ね合わせる回転操作の群 C_{3v} と，3次の対称群 S_3 とは (2.14) 式の写像関係によって，同形となっている．また，整数全体のなす加法群と無限巡回群

$$\{\cdots, a^{-n}, a^{-n+1}, \cdots, a^{-1}, e, a, a^2, \cdots, a^n, \cdots\}$$

において

$$f\,;\ a^n \to n \tag{2.51}$$

の対応は，無限巡回群から整数の加法群への (上への) 同形写像 f を定義する．したがって，整数の加法群と無限巡回群は同形である．

正 n 面体の頂点に，$1, 2, \cdots, n$ のように番号をつけておく．正 n 面体をそれ自身に重ね合わせる対称操作 a によって，頂点 $1, 2, \cdots, n$ は一般には，別の番号の頂点，$m_1, m_2, \cdots, m_n$ が出現するから，この対称操作には S_n の元である1つの置換 s が対応する．

$$a \to s=\begin{pmatrix} 1, & 2, & \cdots, & n \\ m_1, & m_2, & \cdots, & m_n \end{pmatrix} \tag{2.52}$$

この対応関係が同形写像であることは，明らかである．ところで，a が正 n 面体群のすべての元を尽くしても，これらの a に対応する置換の集合は，n 文字のすべての置換を尽くすとは限らない．そこで，上記の写像は一般には，対称群 S_n の上への写像ではなく，中への写像である．

群 G_1 と群 G_2 の同形写像では，群 G_1 の元 a_1 と群 G_2 の元 a_2 の対応関係は1対1であったが，この条件を外したものは準同形写像とよばれる．すなわち，準同形写像おいては，群 G_2 の1つの元 a_2 に，群 G_1 の2つ以上の元，$a_1, a_1', \cdots$ が対応する．しかし，それ以外の写像の性質は同形写像の場合と同じで，G_1 の積 a_1b_1 には G_2 における像の積が対応する ($f(a_1b_1)=f(a_1)f(b_1)$)．f による G_1 の像 $\{f(a)|a\in G_1\}$ が，G_2 そのものと一致すれば，上への準同形写像，そうでなけれ

ば中への準同形写像とよばれる．きわめて重要な性質は，群 G_1 から群 G_2 の準同形写像において，G_2 の単位元 e_2 と対応する群 G_1 の元の集合 K は，G_1 の正規部分群になることである．集合 K のことを準同形写像の核という．なぜなら，a, b がともに K の元であるとき

$$f(ab)=f(a)f(b)=e_2{}^2=e_2 \tag{2.53}$$

となるので，ab も K の元である．また，G_1 の単位元 e_1 について，$f(e_1)=e_2$ であるから，e_1 は K に含まれる．さらに K に含まれる元 a の逆元については

$$f(e_1)=f(a^{-1})f(a)=f(a^{-1})e_2 \tag{2.54}$$

$$\therefore \quad f(a^{-1})=f(e_1)=e_2 \tag{2.55}$$

により，K の元である．以上によって，K は G_1 の部分群である．

さらに，準同形写像の核 K は正規部分群でもある．なぜなら K に含まれる任意の元 k と，G の任意の元 a について

$$f(aka^{-1})=f(a)f(k)f(a^{-1})=f(a)f(a^{-1})=f(e_1)=e_2 \tag{2.56}$$

となるので，aka^{-1} も K の元となるからである．

正規部分群の剰余類の集合が，因子群とよばれる群をなすことはすでに述べた．ここでは，準同形写像の核による因子群 G_1/K が G_2 の同形写像であることを示そう．G_1 の K による剰余類 Ka_1 と G_2 の元 $a_2=f(a_1)$ を対応づける写像を $\tilde{f}$ としよう．

$$\tilde{f}\ ;\ Ka_1 \leftrightarrow a_2=f(a_1) \tag{2.57}$$

または

$$\tilde{f}(Ka_1)=f(a_1) \tag{2.57$'$}$$

この写像 $\tilde{f}$ が1対1写像であることは，次のように示せる．すなわち

$$\tilde{f}(Ka_1)=\tilde{f}(Kb_1) \tag{2.58}$$

ならば，(2.57′) 式より

$$f(a_1)=f(b_1) \tag{2.59}$$

したがって

$$f(a_1b_1{}^{-1})=f(b_1)f(b_1{}^{-1})=f(e_1)=e_2 \tag{2.60}$$

であり，K の元である k を用いて

$$a_1b_1{}^{-1}=k,\ a_1=kb_1 \tag{2.61}$$

これは，剰余類として，

$$Ka_1=Kb_1 \tag{2.62}$$

であることを意味する．

$\tilde{f}$ が同形の条件(2.50), (2.50′)を満たすことは

$$\tilde{f}(KaKb)=\tilde{f}(Kab)=f(ab)=f(a)f(b)=\tilde{f}(Ka)\tilde{f}(Kb) \tag{2.63}$$

から明らかである.

2.10 群の直積

2つの群 G_A, G_B に対して，その直積群 $G_A\times G_B$ とよばれる群を導入することができる．$G_A\times G_B$ の元 c を，G_A の元 a と G_B の元 b によって

$$c=(a, b) \tag{2.64}$$

と表すことにしよう．

群 $G_A\times G_B$ の元 $c'=(a', b')$ と c との積は

$$\begin{aligned} &cc'=(a, b)(a', b')=(aa', bb')=(a'', b'') \\ &a''=aa', \qquad b''=bb' \end{aligned} \tag{2.65}$$

のように定義することにしよう．この演算規則によって $G_A\times G_B$ が群をなすことは，次のように示される．まず，任意の $G_A\times G_B$ の元 $c=(a, b)$ $(a\in G_A, b\in G_B)$ について

$$(e_A, e_B)c=(e_A, e_B)(a, b)=((e_Aa), (e_Bb))=(a, b)=c \tag{2.66}$$

同様に

$$c(e_A, e_B)=((ae_A), (be_B))=(a, b)=c \tag{2.67}$$

したがって，$G_A\times G_B$ に含まれる元 $e_c=(e_A, e_B)$ はその単位元である．また，$c=(a, b)$ に対して，(a^{-1}, b^{-1}) もやはり $G_A\times G_B$ に含まれるが

$$(a, b)(a^{-1}, b^{-1})=((aa^{-1})(bb^{-1}))=(e_A, e_B)=e_c \tag{2.68}$$

なので，これが c の逆元となることがわかる．すなわち

$$c^{-1}=(a, b)^{-1}=(a^{-1}, b^{-1}) \tag{2.69}$$

がなりたつ．(a, e_B) と書かれる元全体は，$G_A\times G_B$ の正規部分群であり，G_A と同形である．同様に，(e_A, b) と書かれている元の集合も $G_A\times G_B$ の正規部分群で G_B と同形である．簡単なため，これらを改めて a, b と書くことにすると，一般の元は

$$(a, b)=(a, e_B)(e_A, b)=ab=(e_A, b)(a, e_B)=ba \tag{2.70}$$

と表すことができる．すなわち，群 G_A と群 G_B の直積群 $G_A\times G_B$ の要素 c は，各群の要素 a, b の積として，$c=ab$ と表せるが，a と b は常に可換である．また，a と b は c を決めるとただ1通り決まる．

表 2.3　O_h 群の元と共役類

類の記号	対称操作		数
	操作	内容	
$\hat{E}$	e	なにもしない	1
$6\hat{C}_4$	C_4	x, y, z 軸のいずれかのまわりの $\pi/2$ 回転	3
	C_4^3	x, y, z 軸のいずれかのまわりの $(3/2)\pi$ 回転	3
$3\hat{C}_2$	C_2	x, y, z 軸のいずれかのまわりの π 回転	3
$8\hat{C}_3$	C_3	中心と面の中心を結ぶ軸まわりの $(2/3)\pi$ 回転	4
	C_3^2	中心と面の中心を結ぶ軸まわりの $(4/3)\pi$ 回転	4
$6\hat{C}_2'$	C_2'	中心と各辺の中点を結ぶ軸まわりの π 回転	6
$\hat{I}$	I	反転	1
$6\widehat{IC}_4$	IC_4^3	x, y, z 軸のいずれかのまわりの $\pi/2$ 回転の後，軸に直角な原点を通る面による鏡映	3
$6\widehat{IC}_4$	IC_4^3	x, y, z 軸のいずれかのまわりの $(3/2)\pi$ 回転の後，軸に直角な原点を通る面による鏡映	3
$3\widehat{IC}_2$	IC_2	原点を通り x, y, z 軸のいずれかに垂直な面による鏡映	3
$8\widehat{IC}_3$	IC_3	中心と面の中心を結ぶ軸まわりの $(2/3)\pi$ 回転と軸に直角な原点を結ぶ面による鏡映	4
	IC_3^2	中心と面の中心を結ぶ軸まわりの $(4/3)\pi$ 回転と軸に直角な原点を結ぶ面による鏡映	4
$6\widehat{IC}_2'$	IC_2'	中心と各辺の中点を結ぶ軸に垂直で，原点を通る面による鏡映	6

直積群の例としてすでに述べた O 群，すなわち正八面体をそれ自身に重ね合わせるすべての回転操作からなる群(表 2.2 参照)と，中心についての反点($(x, y, z) \to -(x, y, z)$ の操作)と単位元 e のみからなる群の直積群を考えよう．この群は O_h 群とよばれる．

$$O_h = O \times I \tag{2.71}$$

O_h 群の元の共役類の分類を，表 2.3 にあげる．表からわかるように，この群では回転操作の他に，中心を通るある面に関する鏡映操作などが含まれている．

演 習 問 題

2.1　n 次元ベクトル全体の集合が，ベクトルの和(合成)の演算に関して群をなすことを証明し，この場合の単位元を示せ．またベクトル $\boldsymbol{v}$ の逆元は何か．

2.2 正方形をそれ自身に重ね合わせる対称操作全体のなす集合は，どのような元からなるか．また，その乗積表を示せ．

2.3 正 n 角形をそれ自身に重ね合わせる対称操作の群の位数はいくつか．

2.4 3 次の対称群 S_3 の 6 個の元 $e, (1, 2, 3), (1, 3, 2), (2, 3), (1, 3), (1, 2)$ の乗積表を作成し，表 2.1 と同じになることを確かめよ．

2.5 巡回群は可換群であることを示せ．

2.6 元 a に共役な元 b の位数は，a の位数に一致することを示せ．

2.7 群 G_1 から G_2 の上への同形写像において，G_1 の単位元は G_2 の単位元に対応し，G_1 の元 a_1 の逆元は G_2 の a_1 に対応する元の逆元に対応することを示せ．

2.8 任意の巡回置換は，いくつかの互換の積で表されることを示せ．

2.9 変数間の任意の置換によって不変に保たれる式を，対称式という．例えば，$a^2+b^2+c^2$ は a, b, c の対称式である．一般に，$f(x_1, x_2, \cdots, x_n)$ が $(n-1)$ 個の互換 $(x_1, x_2), (x_1, x_3), \cdots (x_1, x_n)$ で変わらなければ，f は変数 $x_1, x_2, \cdots, x_n$ の対称式であることを示せ．

2.10 三角形をそれ自身に重ね合わせる対称操作の群 (C_{3v} 群) の乗積表 (表 2.1) に基づいて，この群を位数 2 の群 $\tilde{e}$, $\tilde{R}$ に準同形型写像するには，どのように対応すればよいかを考察せよ．ただし，$\tilde{e}$ は単位元，$\tilde{R}^2=\tilde{e}$ である．

2.11 x, y, z の 3 軸のまわりの 180° 回転の操作を，それぞれ a, b, c，何もしないという操作を e とおくと，操作の集合 $G=\{e, a, b, c\}$ は群をなすこと (クライン (Klein) の 4 元群) を示せ．またその乗積表を示せ．

2.12 正四面体の向かい合う辺の中点を結ぶ直線を軸とする 180°回転全体と静止 (何もしない) 操作の集合は，正四面体群の正規部分群であることを示せ．

3

群の表現

群 G_1 と群 G_2 とが同形であるとき，両者は数学的な構造はまったく同じであり，群の演算に関係しない元の属性を無視すれば，両者は同一のものと見なせる．しかし，具体的な元の形を用いることにより，数学的な扱いを見通しよく行うことができる．そのためには，同形な群として便利で標準的なものを選ぶ必要がある．具体的には，行列式が 0 でない n 次の正方行列の群を用いると便利である．任意の群を，これと同形な n 次の正方行列の群によって記述することを群の表現という．群の表現によって，群に内在する本質的な性質が解析的な形で取り扱えるようになる．

3.1 正方行列の群

すでに述べたように，行列式が 0 ではない n 次正方行列は，行列の積の演算に関して群をなし，$GL(n)$ とよばれる．$GL(n)$ はあらゆる群の表現となるので，その性質をここで見ておくことにしよう．

$GL(n)$ のある部分群 G を考えよう．G の各元は $n\times n$ 行列 $\mathbf{A}$ であり，これは第 1 章で述べたように n 次元ベクトル空間の 1 次変換 (n 次元空間の線形写像) を定義する．n 次元ベクトル空間 V_n のある部分空間 S について，S の任意の元 $\boldsymbol{a}$ を $\mathbf{A}$ で変換した結果が，常にまた S に含まれるような場合を考えよう．S の次元が m で $1\leq m<n$ とすると，V_n の基底ベクトル $(\boldsymbol{e}_1, \boldsymbol{e}_2, \cdots, \boldsymbol{e}_m, \boldsymbol{e}_{m+1}, \cdots, \boldsymbol{e}_n)$ を，$\boldsymbol{e}_1, \cdots, \boldsymbol{e}_m$ までが S の基底ベクトルであるように選ぶことができる．この基底によって行列 $\boldsymbol{A}$ を表示すれば，

$$\mathbf{A}=\begin{pmatrix} \overbrace{\mathbf{A}_S}^{m} & \overbrace{\mathbf{P}}^{n-m} \\ 0 & \mathbf{A}_R \end{pmatrix}\begin{matrix}\}\, m \\ \}\, n-m\end{matrix} \tag{3.1}$$

と表すことができる．ここで $\mathbf{A}_s$ は $m\times m$，$\mathbf{A}_R$ は $(n-m)\times(n-m)$ 行列である．(3.1) 式の形式をもつ任意の 2 つの行列の積も，この形式を保つ．もし，V_n

の基底が $(\boldsymbol{e}_1, \boldsymbol{e}_2, \cdots, \boldsymbol{e}_n)$ と異なり，$(\boldsymbol{f}_1, \boldsymbol{f}_2, \cdots, \boldsymbol{f}_n)$ であったとすると，後者を前者に変換する行列 $\mathbf{U}$

$$U_{ij}=(\boldsymbol{f}_i, \boldsymbol{e}_j)\overset{\text{def}}{=}\boldsymbol{f}_i^*\cdot\boldsymbol{e}_j \tag{3.2}$$

によって

$$\mathbf{A}'=\mathbf{U}^{-1}\mathbf{A}\mathbf{U} \tag{3.3}$$

と変換される行列 $\mathbf{A}'$ は，(3.1) 式の形式をもつ．ただし，これ以降 $(\boldsymbol{f}, \boldsymbol{g})=\boldsymbol{f}^*\cdot\boldsymbol{g}=\boldsymbol{f}^\dagger\boldsymbol{g}$ は $\boldsymbol{f}$ と $\boldsymbol{g}$ の内積を表すものとする．また，行列 $\mathbf{A}$ の集合が群 G をなすとき，$\mathbf{A}'=\mathbf{U}^{-1}\mathbf{A}\mathbf{U}$ の集合が群 G と同形な群 G' をなすことは明らかである．G' と G の群としての構造は同じなので，$GL(n)$ のある部分群 G が，(3.1) 式の形式の群と同形であるとき，これを可約であるという．G が可約でないとき，これを既約であるという．

さて，(3.1) 式の形式での群 G の 2 つの行列 $\mathbf{A}, \mathbf{B}$ の積は

$$\mathbf{AB}=\left(\begin{array}{c|c}\mathbf{A}_S & \mathbf{P}\\ \hline 0 & \mathbf{A}_R\end{array}\right)\left(\begin{array}{c|c}\mathbf{B}_S & \mathbf{Q}\\ \hline 0 & \mathbf{B}_R\end{array}\right)=\left(\begin{array}{c|c}\mathbf{A}_S\mathbf{B}_S & \mathbf{A}_S\mathbf{Q}+\mathbf{P}\mathbf{B}_R\\ \hline 0 & \mathbf{A}_R\mathbf{B}_R\end{array}\right) \tag{3.4}$$

であるので，左上のブロックの行列 ($\mathbf{A}_S, \mathbf{B}_S$ など) および右下のブロックの行列 ($\mathbf{A}_R, \mathbf{B}_R$ など) が，それぞれ群 G と (準) 同形な群を構成していることがわかる．さらに，$\{\mathbf{A}_S\}$ のなす群がまだ可約であれば，新しい変換行列 $\mathbf{U}'$ による変換を行って，すべての G の行列を

$$\mathbf{A}''=\left(\begin{array}{cc|c}\mathbf{A}_S & \Gamma' & \\ \cline{1-2} 0 & \mathbf{A}_{S_2} & \Gamma \\ \hline \multicolumn{2}{c|}{0} & \mathbf{A}_R\end{array}\right) \tag{3.5}$$

のように表せる．$\mathbf{A}_R$ についても同様である．このようにして，最終的には対角線上に並ぶ正方行列がすべて既約な群を構成し，それより左下のブロックはすべて 0 の形式になる．

$$\tilde{\mathbf{A}}=\left(\begin{array}{c|c|c|c}\mathbf{A}_L & \Gamma & \Gamma' & \Gamma''\\ \hline 0 & \mathbf{A}_2 & \Gamma''' & \cdots\\ \hline 0 & 0 & \ddots & \cdots\\ \hline 0 & 0 & 0 & \mathbf{A}_p\end{array}\right) \tag{3.6}$$

さて，1 次変換群の最も重要な性質は，次のシューア (Schur) による定理で表される．

定理 G, G' がそれぞれ次元数 m と n の既約な行列の群であるとき，ある $m\times$

n 行列 $\mathbf{Q}$ によって

$$G\mathbf{Q}=\mathbf{Q}G' \tag{3.7}$$

となると仮定する．ここに $G\mathbf{Q}$ は G のすべての元 $\mathbf{A}$ と $\mathbf{Q}$ の積 $\mathbf{AQ}$ の集合，$\mathbf{Q}G'$ は $\mathbf{Q}$ と G' のすべての元 $\mathbf{B}$ との積 $\mathbf{QB}$ の集合である．(3.7) 式の等号は，この 2 つの集合が同じものであることを意味する．このとき

① $m\neq n$ ならば，$\mathbf{Q}=0$

② $m=n$ ならば，$\mathbf{Q}=0$ または $|\mathbf{Q}|\neq 0$ である．

(証明) $\mathbf{Q}$ をその n 個の列ベクトルによって

$$\mathbf{Q}=(\boldsymbol{q}_1, \boldsymbol{q}_2, \cdots, \boldsymbol{q}_n) \tag{3.8}$$

と表すことにしよう．はじめに，$n<m$ の場合を考える．(3.7) 式の右辺は，この式で書かれる行列のすべての列ベクトルが，$\boldsymbol{q}_1, \cdots, \boldsymbol{q}_n$ で張られる線形空間 S に属することを意味する．なぜなら，G' の元を

$$\boldsymbol{g}'=\begin{pmatrix} g_{11} & \cdots & g_{1n} \\ & \vdots & \\ g_{n1} & \cdots & g_{nn} \end{pmatrix} \tag{3.9}$$

とすると，

$$\boldsymbol{Q}\boldsymbol{g}'=\left(\sum_{i=1}^{n} g_{i1}\boldsymbol{q}_i, \sum_{i=1}^{n} g_{i2}\boldsymbol{q}_i, \cdots, \sum_{i=1}^{n} g_{in}\boldsymbol{q}_i\right) \tag{3.10}$$

となるからである．

一方，G の元を $\boldsymbol{g}$ とするとき，(3.7) 式左辺の行列は，n 個の列ベクトルによって

$$\boldsymbol{g}\boldsymbol{Q}=(\boldsymbol{g}\boldsymbol{q}_1, \boldsymbol{g}\boldsymbol{q}_2, \cdots, \boldsymbol{g}\boldsymbol{q}_n) \tag{3.11}$$

と書かれている．そこで，ベクトル $\boldsymbol{q}_1, \cdots, \boldsymbol{q}_n$ によって張られる部分空間 S の次元を $n'(0\leq n'\leq n)$, S を張る基底ベクトルを，あらためて $(\boldsymbol{e}_1, \boldsymbol{e}_2, \cdots, \boldsymbol{e}_{n'})$ とすると，この表示ではすべての $\boldsymbol{g}$ が

$$\tilde{\boldsymbol{g}}=\left(\begin{array}{c|c} \boldsymbol{G}_s & \Gamma \\ \hline 0 & \boldsymbol{G}_r \end{array}\right)\begin{matrix}\} n' \\ \} m-n'\end{matrix} \tag{3.12}$$

と同値になり，$n'=0$ でないとすると，群 G が既約であるという仮定に反する．ベクトル $\boldsymbol{q}_1, \cdots, \boldsymbol{q}_n$ で張られるベクトル空間の次元が 0 とは，これらのベクトルがすべて 0 であること，すなわち行列 $\boldsymbol{Q}=0$ に他ならない．$n>m$ の場合は，(3.7) 式を転置した行列を用いて同じように証明できる．

$m=n$ のときは，(3.12) 式のような可約な形にならないためには，$n'=0$ か n'

$=m$ となっていなければならない．前者の場合は $\boldsymbol{Q}=0$ となり，後者では $|\boldsymbol{Q}|\neq 0$ が必要である． ■

次の系は，シューアの定理から導かれる．

系　n 次の正方行列の既約な群 G のすべての元が，ある1つの n 次正方行列 $\mathbf{Q}$ と交換するなら $\mathbf{Q}$ は n 次単位行列 I_n の定数倍である．

(証明)　$\boldsymbol{g}$ を群 G の任意の元として，$\boldsymbol{g}\mathbf{Q}=\mathbf{Q}\boldsymbol{g}$ が成立するので，任意の定数 λ について，$\tilde{\mathbf{Q}}=\mathbf{Q}-\lambda\mathbf{I}_n$ とおくと

$$\boldsymbol{g}\tilde{\mathbf{Q}}=\tilde{\mathbf{Q}}\boldsymbol{g} \tag{3.13}$$

が成立する．ただし $\mathbf{I}_n$ は $n\times n$ 次元の単位行列である．λ として $\mathbf{Q}$ の固有値の1つを取れば，$|\tilde{\mathbf{Q}}|=0$ であるので，シューアの定理によって $\tilde{\mathbf{Q}}=0$，すなわち

$$\mathbf{Q}=\lambda\mathbf{I}_n \tag{3.14}$$

でなければならない． ■

ところで，行列の同値変換によって，(3.6) 式の $\Gamma, \Gamma', \cdots, \Gamma'''$ をすべて0にできる場合を，完全可約とよんでいる．有限な1次変換群が可約なときは，すべて完全可約であることが証明できる．

これを証明するためには，有限な1次変換群はすべてユニタリー群と同値であることを用いる．ユニタリー群とは，ユニタリー行列を元とする群 G_U のことである．すなわち，群 G_U の元である任意の行列 $\mathbf{U}$ は，$\mathbf{U}^\dagger$ をそのエルミート変換行列として

$$\left.\begin{aligned}\mathbf{U}^\dagger\mathbf{U}=\mathbf{I}\\ \mathbf{U}\mathbf{U}^\dagger=\mathbf{I}\end{aligned}\right\} \tag{3.15}$$

を満たす．ここで $\mathbf{I}$ は単位行列である．上の事実を証明するために，位数 N の1次変換群 G の要素である行列を $\mathbf{A}_k$ $(k=1, 2, \cdots, N)$ としよう．ここで

$$\mathbf{H}=\sum_{k=1}^{N}\mathbf{A}_k{}^\dagger\mathbf{A}_k \tag{3.16}$$

とおくと，$\mathbf{H}$ は正定値なエルミート行列である．正定値行列とは，すべての固有値が正の値を取る行列であるが，これは任意の複素ベクトル $\boldsymbol{v}$ による次の2次形式が正であること，つまり

$$\boldsymbol{v}^\dagger\mathbf{H}\boldsymbol{v}=\sum_i\lambda_i|c_i|^2>0 \tag{3.17}$$

と同じである．ここに，c_i は $\boldsymbol{v}$ の固有ベクトルによる展開係数である．$\mathbf{H}$ の正定値性は

$$\boldsymbol{v}^{\dagger}\mathbf{H}\boldsymbol{v}=\sum_k \boldsymbol{v}^{\dagger}\mathbf{A}_k{}^{\dagger}\mathbf{A}_k\boldsymbol{v}=\sum_k|\mathbf{A}_k\boldsymbol{v}|^2>0 \tag{3.18}$$

から，確認できる．なぜなら，ここで考えている一次変換群は，n 次元空間の1対1の線形写像と等価であることを要請しているために，$\boldsymbol{v}\neq 0$ ならば $\boldsymbol{A}_k\boldsymbol{v}\neq 0$ となるからである．

すでに第1章で述べてきたように，正定値なエルミート行列 $\mathbf{H}$ は，適当なユニタリー変換によって，対角行列 $\mathbf{D}$ に変換される．

$$\mathbf{D}=\mathbf{U}^{\dagger}\mathbf{H}\mathbf{U} \tag{3.19}$$

このとき，$\mathbf{D}$ の対角要素は $\mathbf{H}$ の固有値であり，それらがすべて正だから，それぞれの平方根を対角要素とする行列 $\mathbf{D}^{1/2}$ が定義できる．また，その逆行列 $\mathbf{D}^{-1/2}$ は，$\mathbf{D}^{1/2}$ の対角要素の逆数が，対角線に並んだ行列である．そこで

$$\mathbf{S}=\mathbf{U}\mathbf{D}^{-1/2} \tag{3.20}$$

という行列を導入すると，すべての $\mathbf{A}_k$ の同値変換行列

$$\mathbf{B}_k=\mathbf{S}^{-1}\mathbf{A}_k\mathbf{S} \tag{3.21}$$

が，ユニタリー行列

$$\boldsymbol{B}_k{}^{+}\boldsymbol{B}_k=1 \tag{3.22}$$

となることが示せる．なぜなら

$$\begin{aligned}\mathbf{B}_k{}^{\dagger}\mathbf{B}_k&=(\mathbf{S}^{-1}\mathbf{A}_k\mathbf{S})^{\dagger}\mathbf{S}^{-1}\mathbf{A}_k\mathbf{S}\\&=(\mathbf{D}^{1/2}\mathbf{U}^{\dagger}\mathbf{A}_k\mathbf{U}\mathbf{D}^{-1/2})^{\dagger}(\mathbf{D}^{1/2}\mathbf{U}^{\dagger}\mathbf{A}_k\mathbf{U}\mathbf{D}^{-1/2})\\&=\mathbf{D}^{-1/2}\mathbf{U}^{\dagger}\mathbf{A}_k{}^{\dagger}\mathbf{U}\mathbf{D}^{1/2}\mathbf{D}^{1/2}\mathbf{U}^{\dagger}\mathbf{A}_k\mathbf{U}\mathbf{D}^{-1/2}\\&=\mathbf{D}^{-1/2}\mathbf{U}^{\dagger}(\mathbf{A}_k{}^{\dagger}\mathbf{H}\mathbf{A}_k)\mathbf{U}\mathbf{D}^{-1/2}\\&=\mathbf{D}^{-1/2}\mathbf{U}^{\dagger}\mathbf{H}\mathbf{U}\mathbf{D}^{-1/2}=\mathbf{I}\end{aligned} \tag{3.23}$$

ただし，任意の $k\,(=1,2,\cdots,N)$ について

$$\mathbf{A}_k{}^{\dagger}\mathbf{H}\mathbf{A}_k=\sum_{s=1}^{N}\mathbf{A}_k{}^{\dagger}\mathbf{A}_s{}^{\dagger}\mathbf{A}_s\mathbf{A}_k=\sum_{s=1}^{N}\mathbf{A}_{j(ks)}^{\dagger}\mathbf{A}_{j(ks)}=\sum_{s=1}^{N}\mathbf{A}_s{}^{\dagger}\mathbf{A}_s=\mathbf{H} \tag{3.24}$$

の関係を用いた（$\mathbf{A}_s\mathbf{A}_k$ の積は，s と k で決まるある j により $\mathbf{A}_j$ であるから，これを $\mathbf{A}_{j(ks)}$ と表した）．

そこで群 G が可約であり，すべての $\mathbf{A}_k$ による r 次元不変部分空間 $V_r\,(1\leq r<N)$ が存在すると仮定しよう．N 次の線形ベクトル空間で，V_r と直交するベクトルの張る $(N-r)$ 次元空間を $V_r{}^c$ とすると，任意の V_r のベクトル $\boldsymbol{a}$ と $V_r{}^c$ のベクトル $\boldsymbol{b}$ について，$\boldsymbol{a}, \boldsymbol{b}$ の内積は 0，すなわち

$$(\boldsymbol{a}, \boldsymbol{b})=0 \tag{3.25}$$

である．このとき，ユニタリー行列 $\mathbf{A}_k$ について

$$(\mathbf{A}_k \boldsymbol{a}, \mathbf{A}_k \boldsymbol{b}) = (\boldsymbol{a}, \mathbf{A}_k{}^{\dagger} \mathbf{A}_k \boldsymbol{b}) = (\boldsymbol{a}, \boldsymbol{b}) = 0$$

であるから，$\mathbf{A}_k \boldsymbol{b}$ も $\boldsymbol{b}$ と同様に部分空間 V_r^c にあることがわかる．すなわち V_r^c も群 G のすべての行列に対する不変部分空間になっている．

それゆえ，すべての $\mathbf{A}_k$ はこれらの部分空間の基底を用いる表示によって

$$\tilde{\mathbf{A}}_k = \left(\begin{array}{c|c} \mathbf{F}_1 & 0 \\ \hline 0 & \mathbf{F}_2 \end{array}\right) \begin{array}{l} \} \quad V_r \\ \} \quad V_r^c \end{array} \tag{3.26}$$

と表される行列と同値である．すなわち，有限次元の 1 次変換群はユニタリー群と同値であり，これが可約な場合は完全可約となることが示された．

3.2 行列による一般の群の表現

一般の群 G と n 次正方行列の群 $\tilde{G}$ との間に，(準) 同形写像が存在するとき，$\tilde{G}$ を G の表現という．G と $\tilde{G}$ とは群として基本的に同じ構造をもっているので，$\tilde{G}$ を解析することで，この群の本質的な性質がわかる．また，群の表現は，系の対称性に由来する物理的性質を理解するためにも有用である．

すでに述べたように，群 G の 1 つの同形または準同形写像を

$$f\ ;\ a \to D(a) \in GL(n) \tag{3.27}$$

とするとき，$D(a)$ の共通のユニタリー変換 $D'(a) = U^{-1} D(a) U$ で定義される $D'(a)$ の集合も群をなし，$\tilde{f}\ ;\ a \to D'(a)$ は，群 G の同形または準同形写像である．

群 G の表現行列では

$$\left.\begin{aligned} D(a)D(b) &= D(ab) \\ D(a^{-1}) &= D(a)^{-1} \\ D(e) &= \mathbf{I}_n \end{aligned}\right\} \tag{3.28}$$

が成立する．そしてこの表現が可約であれば，既約表現行列 $F_i(a)$ によって

$$U^{-1} D(a) U = \left(\begin{array}{c|c|c|c|c} F_1(a) & 0 & 0 & 0 & 0 \\ \hline 0 & F_2(a) & 0 & 0 & 0 \\ \hline 0 & 0 & \ddots & 0 & 0 \\ \hline 0 & 0 & 0 & \ddots & 0 \\ \hline 0 & 0 & 0 & 0 & F_p(a) \end{array}\right) \tag{3.29}$$

と表される．

どのような有限群も，正方行列による標準的な表現を持つことを示そう．これは，正則表現とよばれる．第2章の表2.1にあげる，正三角形をそれ自身に重ね合わせる操作の群(C_{3v}群)を例として述べよう．この群は3次の対称群であった．

この群の6個の元の右に，1つの元，例えばcを演算した結果をベクトルの形式で表記しよう．その結果は，(3.30)式のように演算される前のベクトルに6×6次元の行列を演算して得られる列ベクトル

$$\begin{pmatrix} e \\ c \\ c^2 \\ R_a \\ R_b \\ R_c \end{pmatrix} c = \begin{pmatrix} c \\ c^2 \\ e \\ R_b \\ R_c \\ R_a \end{pmatrix} = \begin{pmatrix} 0&1&0&0&0&0 \\ 0&0&1&0&0&0 \\ 1&0&0&0&0&0 \\ 0&0&0&0&1&0 \\ 0&0&0&0&0&1 \\ 0&0&0&1&0&0 \end{pmatrix} \begin{pmatrix} e \\ c \\ c^2 \\ R_a \\ R_b \\ R_c \end{pmatrix} \tag{3.30}$$

に他ならない．このとき，元cと(3.30)式右辺の行列とを対応させる．

$$c \leftrightarrow \left(\begin{array}{ccc|ccc} 0&1&0&0&0&0 \\ 0&0&1&0&0&0 \\ 1&0&0&0&0&0 \\ \hline 0&0&0&0&1&0 \\ 0&0&0&0&0&1 \\ 0&0&0&1&0&0 \end{array}\right) \tag{3.31}$$

他の元についても，同じようにある行列が対応するが，そのように得られる6個の行列の集合はC_{3v}と同形の群を形成し，その表現を与えている．この表現を右正則表現とよぶことにしよう．どのような有限群についても，その位数と等しい次元をもつ正方行列による右正則表現が存在する．(3.30)式の左辺においては，cを右側から乗じている．同じようにcを左側から演算した結果を，元の列ベクトルの行列による変換として表せば，左正則表現とよばれるものが得られる．両方合わせて，有限群の正則表現とよぶ．正則表現においては，表現行列の要素は0か1のどちらかであり，各行，あるいは各列には，ただ1つしか1が見られない．

別のいい方で述べれば，$g_i\,(i=1, 2, \cdots, N)$を群Gの元とすると，群Gの元aの右正則表現Aの行列要素は

$$g_i a = g_t \quad のとき, \quad A_{ij} = \delta_{tj} \tag{3.32}$$

と与えられ，左正則表現においては

$$ag_i=g_t \quad \text{のとき，} \quad A_{ij}=\delta_{tj} \tag{3.33}$$

と与えられる．ただし，t は i によって決まる数である．

さて，群の表現においては，指標またはキャラクター(character)とよばれる量が重要である．n 次元正方行列による表現 $D(a)$ における元 a の指標は

$$\chi(a)=\mathrm{tr}\,D(a)=\sum_{i=1}^{n}D_{ii}(a) \tag{3.34}$$

によって定義される．共役類の各元は，すべて同じ指標の値をもつ．なぜなら，a の共役類 bab^{-1} について

$$\chi(bab^{-1})=\mathrm{tr}\,D(bab^{-1})=\mathrm{tr}\,D(b)D(a)D(b)^{-1}=\mathrm{tr}\,D(a)=\chi(a) \tag{3.35}$$

となるからである．

さて，n 次正方行列による表現では，群 G の任意の元 a の指標は，その位数を s として，1の s 乗根の n 個の和となることが示せる．なぜなら，$D(a)$ の i 番目の固有地を λ_i，対応する固有ベクトルを $\boldsymbol{v}_i$ とすれば

$$D(a)\boldsymbol{v}_i=\lambda_i\boldsymbol{v}_i \tag{3.36}$$

であるが，さらにこの式の両辺に $D(a)$ を演算していくと

$$D(a)^s\boldsymbol{v}_i=\lambda_i^s\boldsymbol{v}_i=D(a^s)\boldsymbol{v}_i=D(e)\boldsymbol{v}_i=\boldsymbol{v}_i \tag{3.37}$$

が得られる．これより，固有値 λ_i は1の s 乗根でなければならない．

$$\chi(a)=\mathrm{tr}(D(a))=\sum_{i=1}^{n}\lambda_i$$

なので，指標 $\chi(a)$ は，1の s 乗根の n 個の和となる．

さらに，群の任意の元 a の指標 $\chi(a)$ の複素共役 $\chi^*(a)$ は，逆元 a^{-1} の指標と等しい．これは，群のユニタリー行列による表現 $D(a)$ では

$$(D(a))^{-1}=D(a)^\dagger \tag{3.38}$$

であるから，

$$\chi^*(a)=(\mathrm{tr}\,D(a))^*=\mathrm{tr}(D(a))^\dagger=\mathrm{tr}(D(a))^{-1}=\mathrm{tr}(D(a^{-1})) \tag{3.39}$$

となることからわかる．

群の表現論における最も重要な性質は，既約表現の指標における2つの直交関係である．その第1番目は，異なる既約表現間の直交関係である．

Γ_i と Γ_j とを，それぞれ，位数 N の群 G の n 次元および m 次元行列による既約表現としよう．群 G の元 a_k の Γ_i，Γ_j における表現行列を $\mathbf{A}_k, \mathbf{B}_k$ として，$\mathbf{Y}$ を任意の $m\times n$ 行列とすれば，行列

$$\mathbf{X}=\sum_{i=1}^{N}\mathbf{B}_k^{-1}\mathbf{Y}\mathbf{A}_k \tag{3.40}$$

は，

$$\mathbf{X}\Delta_i=\Delta_j\mathbf{X} \tag{3.41}$$

を満たす．ただし，Δ_i，Δ_j はそれぞれ Γ_i，Γ_j の表現行列の集合である．なぜなら，

$$\mathbf{X}\mathbf{A}_s=\sum_{k=1}^{N}\mathbf{B}_k^{-1}Y\mathbf{A}_k\mathbf{A}_s=\mathbf{B}_s\sum_k(\mathbf{B}_k\mathbf{B}_s)^{-1}\mathbf{Y}(\mathbf{A}_k\mathbf{A}_s)=\mathbf{B}_s\mathbf{X} \tag{3.42}$$

となるからである．シューアの定理によって，このような行列 $\mathbf{X}$ は Γ_i と Γ_j が同じ既約表現であれば，$\lambda\mathbf{I}$，そうでなければ 0 である．したがって

$$X_{uv}=\sum_{l,s,k}(\mathbf{B}_k^{-1})_{ul}(\mathbf{Y})_{ls}(\mathbf{A}_k)_{sv}=\begin{cases}0 & (\Gamma_i\neq\Gamma_j)\\ \lambda\delta_{uv} & (\Gamma_i=\Gamma_j)\end{cases} \tag{3.43}$$

となる．ここで定数 λ は，もちろん Y に依存する．

$(\mathbf{Y})_{ls}=\delta_{lp}\delta_{sq}$ に選べば

$$\sum_{k=1}^{N}(\mathbf{B}_k^{-1})_{up}(\mathbf{A}_k)_{qv}=\begin{cases}0 & (\Gamma_i\neq\Gamma_j)\\ \lambda\delta_{uv} & (\Gamma_i=\Gamma_j)\end{cases} \tag{3.44}$$

が成立する．ここで，p, q は $1\leq p\leq m$，$1\leq q\leq n$ の範囲で，どのような値であってもよい．

λ を決めるには，Γ_i と Γ_j を同じ表現であるとする．このとき (3.44) 式で，$u=v$，$p=q$ とおいて，p についての和を取ると

$$\sum_{p=1}^{n}\left\{\sum_{k=1}^{N}(\mathbf{A}_k^{-1})_{up}(\mathbf{A}_k)_{pu}\right\}=n\lambda=N \tag{3.45}$$

したがって $\lambda=N/n$ である．

さて，群表現の指標に関する第1種の直交関係は (3.44) 式と (3.45) 式から導かれる．(3.44) 式において，$p=u$，$q=v$ とおいた式で，u および v の和を取れば，

$$\sum_s\alpha_s\chi_i^*(s)\chi_j(s)=\begin{cases}0 & (\Gamma_i\neq\Gamma_j)\\ N & (\Gamma_i=\Gamma_j)\end{cases} \tag{3.46}$$

ここで，α_s は，群 G における s 番目の共役類に含まれる元の数で，左辺の和は，すべて共役類について取る．

次に，指標についての第2種の直交関係を導く．群 G における 2 つの共役類 C_s と C_t が，それぞれ α_s 個，α_t 個の元を含んでいるとしよう．左に C_s の元，右に C_t の元の積の形で書かれるような，C_s の元全体と C_t の元全体の積の集合

を C_sC_t と書くと，それらはまたいくつかの共役類の集合で，同じ共役類を複数含むこともありうる．そこで，これを

$$C_sC_t=\sum_k \gamma_{stk}C_k \tag{3.47}$$

と表すことにしよう．γ_{stk} は C_sC_t に含まれる C_k の数である．群 G の既約表現 i の表現行列を共役類 C_s に含まれるすべての元について加え合わせたものを，$\mathbf{M}_s^i$ とおくと (3.47) 式から

$$\mathbf{M}_s^i\mathbf{M}_t^i=\sum_k \gamma_{stk}\mathbf{M}_k^i \tag{3.48}$$

であることがわかる．

単位元 e の共役類を C_1 とすれば，

$$\gamma_{st1}=\begin{cases} 0 & (t \text{ が } s \text{ の逆元の共役類でないとき}) \\ \alpha_s & (t \text{ が } s \text{ の逆元の共役類のとき}) \end{cases} \tag{3.49}$$

となることは明らかである．

さて，$\mathbf{M}_s^i$ の定義から

$$\mathrm{tr}\ \mathbf{M}_s^i=\alpha_s\chi_i(s) \tag{3.50}$$

である．$\mathbf{M}_s^i$ は，この群における任意の元の表現行列と可換なので，$\mathbf{M}_s^i=\lambda_s{}^i\mathbf{I}$ と書ける．したがって，既約表現 i の次元数を n_i とすると (3.50) 式から

$$\mathbf{M}_s^i=\frac{\alpha_s\chi_i(s)}{n_i}\mathbf{I} \tag{3.51}$$

であるが，これを (3.48) 式に代入すれば

$$\alpha_s\alpha_t\chi_i(s)\chi_i(t)=n_i\sum_k \alpha_k\gamma_{stk}\chi_i(k) \tag{3.52}$$

が得られる．(3.52) 式をすべての既約表現 i について和を取ると，

$$\alpha_s\alpha_t\sum_i \chi_i(s)\chi_i(t)=\sum_k \alpha_k\gamma_{stk}\left(\sum_i n_i\chi_i(k)\right) \tag{3.53}$$

ところが，後で述べるように $\sum_i n_i\chi_i(k)$ は，正則表現の指標になっているので，$k=1$ (単位元を含む共役類) については N，それ以外 ($k\neq 1$) では 0 となる．したがって，

$$\alpha_s\alpha_t\sum_i \chi_i(s)\chi_i(t)=\gamma_{st1}N=\begin{cases} 0 & (t\neq \bar{s}) \\ N\alpha_s & (t=\bar{s}) \end{cases} \tag{3.54}$$

または，

$$\alpha_s\sum_i \chi_i(s)\chi_i(t)=N\delta_{t\bar{s}} \tag{3.55}$$

が成立する．ここで，$\bar{s}$ は s の元の逆元を含む共役類である．(3.55) 式は既約

表現の指標に関する第2の直交関係である．(3.46)，(3.55) 式を見やすい形に表現するために

$$U_{is}=\sqrt{\frac{\alpha_s}{N}}\chi_i(s) \tag{3.56}$$

を要素とする行列 $\mathbf{U}$ を考える．(3.46)，(3.55) 式はそれぞれ次のように表せる．

$$\left.\begin{aligned}\sum_{s=1}^{S_M}U_{is}^*U_{js}=\delta_{ij}(1\leq i,\ j\leq I_M)\\ \sum_{i=1}^{I_M}U_{is}^*U_{it}=\delta_{st}(1\leq s,\ t\leq S_M)\end{aligned}\right\} \tag{3.57}$$

ただし，S_M と I_M は群 G の類の数と既約表現の数である．(3.57) 式の第1式は，0でない I_M 個の S_M 次元ベクトル $(U_{i1}, U_{i2}, \cdots, U_{iS_M})_{i=1,2,\cdots,I_M}$ が互いに直交して，1次独立であることを意味するから

$$I_M\leq S_M \tag{3.58}$$

でなければならない．同様に，(3.57) 式の第2式からは

$$S_M\leq I_M \tag{3.59}$$

が得られる．したがって，$I_M=S_M$，すなわち異なる既約表現の数は類の数に等しいことが示された．

任意の行

列による群 G の表現は，適当な同値変換を行うと既約表現の行列 $F_1, F_2, \cdots, F_v$ によって

$$\mathbf{F}(g)\cong\left(\begin{array}{c|c|c|c|c} F_1(g) & 0 & 0 & & 0\\ \hline 0 & F_2(g) & 0 & & 0\\ \hline 0 & 0 & F_3(g) & & 0\\ \hline & & & \ddots & \\ \hline 0 & 0 & 0 & & F_v(g)\end{array}\right) \tag{3.60}$$

と表される．ただし，$F_i\,(i=1, \cdots, v)$ の中には，同じ既約表現が含まれていてよい．この表現 $\{\mathbf{F}(g)\}$ の構造を知るには G の既約表現 $\{\Gamma_i\}$ の指標を $\chi_i(s)$ として

$$\frac{1}{N}\sum_s\alpha_s\chi_i{}^*(s)\chi(s)=n_i \tag{3.61}$$

を求めればよい．ただし，$\chi(s)$ は表現 $F(g)$ の指標であり，n_i は (3.60) 式の $F_1, F_2, \cdots, F_v$ に現れる既約表現 Γ_i の数である．なぜなら，$\chi(s)=\sum n_i\chi_i(s)$ であるが，この式に $\alpha_s\chi_i{}^*(s)$ を乗じて，共役類 s について和を取れば，(3.46) 式によって，(3.61) 式が得られるからである．

表 3.1　C_{3v} 群の指標

既約表＼共役類	E	$2C_3$	$3\sigma_v$
A_1	1	1	1
A_2	1	1	-1
E	2	-1	0

ところで，正則表現 $\chi_r(s)$ については，単位元を含む共役類のみ $\chi_r(1)=N$，それ以外は $\chi_r(s)=0$ である．ただし，N は群 G の位数とする．そこで，i 番目の既約表現行列の次元数を d_i とすると

$$\frac{1}{N}\sum_s \alpha_s \chi_i{}^*(s)\chi_r(s)=\chi_i{}^*(1)=d_i \tag{3.62}$$

となる．したがって，正則表現を既約表現行列によって (3.60) 式の形に表すと，i 番目の既約表現の次元数 d_i に等しい回数だけ既約表現 Γ_i の行列が登場する．それゆえ

$$\chi_r(s)=\sum_i d_i\chi_i(s) \tag{3.63}$$

であるから，$s=1$ (単位元を含む共役類) について見ると

$$N=\sum_{i=1} d_i{}^2 \tag{3.64}$$

が成り立つことがわかる．

上に述べてきたことの例を，表 2.1 に示した C_{3v} 群 (S_3 群) について見よう．すでに述べたように，C_{3v} 群の位数は 6，類の数は 3 である．したがって，3 つの既約表現があるが，その次元数を d_1, d_2, d_3 とすると

$$d_1{}^2+d_2{}^2+d_3{}^2=6 \tag{3.65}$$

である．$d_1\leq d_2\leq d_3$ とすると，$d_1=1$，$d_2=1$，$d_3=2$ の場合しか解はありえない．実際，それらの表現の指標表は，表 3.1 のようになる．共役類の記号 C_3, σ_v の左の数字は，共役類に含まれる元の数であり，単位元の共役類の指標は既約表現の次元数になっている．この表から指標に関する 2 種の直交関係 (3.45)，(3.55) 式が成立していることが確かめられる．

3.3　量子力学と群の表現

空間にある幾何学的な対称性があって，$\boldsymbol{x}$ という点を $\mathbf{R}\boldsymbol{x}$ に移動しても，系としては，まったく同等であるような状況を考えよう．ここで $\mathbf{R}$ は，ベクトル

の1次変換を定義する演算子である．例えば，正三角形の各頂点に同種の原子が配置された系では，$\mathbf{R}$ が正三角形をそれ自身に重ね合わせる対称操作の演算子であるとすれば，$\boldsymbol{x} \to \mathbf{R}\boldsymbol{x}$ の変換で系は不変に保たれる．

量子力学における波動関数 $\psi(\boldsymbol{x})$ を，この対称操作で変換する演算子 P_{R} を，

$$P_{\mathrm{R}}\,;\ \psi(\boldsymbol{x}) \to \psi'(\boldsymbol{x}) = \psi(\mathbf{R}^{-1}\boldsymbol{x}) \tag{3.66}$$

によって，導入しよう．このような演算子 P_{R} と，この系のハミルトニアン (Hamiltonian) $H(\boldsymbol{p}, \boldsymbol{x})$ とは

$$P_{\mathrm{R}} H(\boldsymbol{p}, \boldsymbol{x}) P_{\mathrm{R}}^{-1} = H(\boldsymbol{p}, \boldsymbol{x}) \tag{3.67}$$

の関係がある．なぜなら，$H(\mathbf{R}\boldsymbol{p}, \mathbf{R}\boldsymbol{x}) = H(\boldsymbol{p}, \boldsymbol{x})$ だから

$$P_{\mathrm{R}}\{H(\boldsymbol{p}, \boldsymbol{x}) P_{\mathrm{R}}^{-1}\}\psi(\boldsymbol{x}) = P_{\mathrm{R}}\{H(\mathbf{R}\boldsymbol{p}, \mathbf{R}\boldsymbol{x})\psi(\mathbf{R}\boldsymbol{x})\} = H(\boldsymbol{p}, \boldsymbol{x})\psi(\boldsymbol{x}) \tag{3.68}$$

となるからである．

$H(\boldsymbol{p}, \boldsymbol{x})$ の固有値 E に対応する1つの固有関数を $\psi(\boldsymbol{x})$ としよう．

$$P_{\mathrm{R}} H(\boldsymbol{p}, \boldsymbol{x})\psi(\boldsymbol{x}) = E P_{\mathrm{R}}\psi(\boldsymbol{x}) = H(\boldsymbol{p}, \boldsymbol{x}) P_{\mathrm{R}}\psi(\boldsymbol{x}) \tag{3.69}$$

であるから，

$$P_{\mathrm{R}}\psi(\boldsymbol{x}) = \psi(\mathbf{R}^{-1}\boldsymbol{x}) \tag{3.70}$$

も同じ固有値 E に属する固有関数である．一般に固有値 E に属する H の固有関数が n 重に縮重しており，その独立な固有関数が $\psi_1(\boldsymbol{x}), \cdots, \psi_n(\boldsymbol{x})$ であったとしよう．E に属するどのような固有関数でも，これらの n 個の固有関数の線形結合として表されなければならないから

$$P_{\mathrm{R}}\psi_i(\boldsymbol{x}) = \sum_{j=1}^{n} C_{ij}(\mathbf{R})\psi_j(\boldsymbol{x}) \tag{3.71}$$

と表される．(3.71) 式の係数で定義される行列 $\{\boldsymbol{C}(\mathbf{R})\}$ はハミルトニアン $H(\mathbf{R})$ を不変にする対称操作 $\{P_{\mathrm{R}}\}$ 全体のなす群の行列による表現を与える．

$$(\boldsymbol{C}(\mathbf{R})\psi_i,\ \boldsymbol{C}(\mathbf{R})\psi_j) = \int \psi_i(\mathbf{R}^{-1}\boldsymbol{x})\psi_j(\mathbf{R}^{-1}\boldsymbol{x})\,dv = \delta_{ij} \tag{3.72}$$

であるから，各 $\boldsymbol{C}(\mathbf{R})$ はユニタリー行列であり，したがって表現 $\{\boldsymbol{C}(\mathbf{R})\}$ はハミルトニアンを不変にする対称操作の群のユニタリー表現である．

このことから知られる重要な結論は，シュレーディンガー (Schrödinger) 方程式の縮重した準位のなす線形空間は，ハミルトニアンと可換な対称操作の群の表現行列が作用する空間であり，その表現が既約表現であれば，縮重は系の対称性によって決まる本質的なものである．一方，表現が可約表現ならば，この縮重は偶然であり，各既約表現ごとに分裂しうるものである．これを偶然縮重とよんで

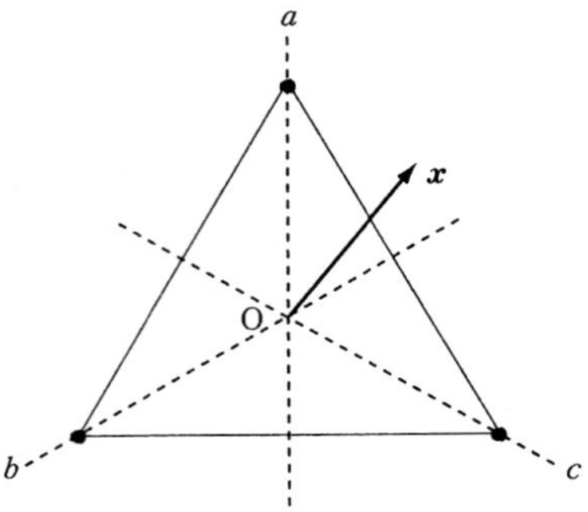

図 3.1　正三角形の群

いる．固有状態は，ハミルトニアンを不変にする対称操作の群の既約表現の基底ベクトルと対応することがわかる．このように，系の対称操作の群と量子力学系の「状態」とは，深く関係しあっている．例えば，これまで何度も用いた正三角形の群 (C_{3v}) を使って説明しよう．図 3.1 のように正三角形の 3 つの頂点に同種原子核が存在するとき，この系の電子の波動関数 $\psi(\boldsymbol{x})$ を求める問題を考える．ここで $\boldsymbol{x}$ は原点を基準にした電子の座標である．

正三角形をそれ自身に重ね合わせる操作は，具体的には第 2 章で述べたように，何もしないという操作 e，点 O を中心とする時計まわりの $(2/3)\pi$, $(4/3)\pi$ 回転 c, c^2，空間に固定した 3 軸 a, b, c のそれぞれのまわりの 180° 回転 R_a, R_b, R_c である[*1]．

これらの元を g として，操作 g によって $\boldsymbol{x}$ は

$$\boldsymbol{x}'=\mathbf{R}_g\boldsymbol{x} \tag{3.73}$$

に変換される．ここで，$\mathbf{R}_g$ は，上記の操作を 3 次元空間の座標系変換で表した 3×3 行列である．群の元 g に対応する波動関数への演算子を $\psi\rightarrow P_g\psi$ とすれば

$$(P_g\psi)(\boldsymbol{x})=\psi(\mathbf{R}_g{}^{-1}\boldsymbol{x})$$

となる．その表現行列 $\boldsymbol{C}(\mathbf{R}_g)_{ij}$ により

$$\psi_i(\mathbf{R}_g{}^{-1}\boldsymbol{x})=\sum_j \boldsymbol{C}(\mathbf{R}_g)_{ij}\psi_j(\boldsymbol{x})$$

と展開される．正三角形群 (C_{3v}) の既約表現行列は表 3.1 で見たように，A_1, A_2, E の 3 通りであり，A_1, A_2 は 1 次元表現，E は 2 次元表現である．

[*1] これらの操作で定義する場合，正三角形を自分自身に重ね合わせる操作の群は D_3 群とよばれるが，これは C_{3v} 群と同形である．

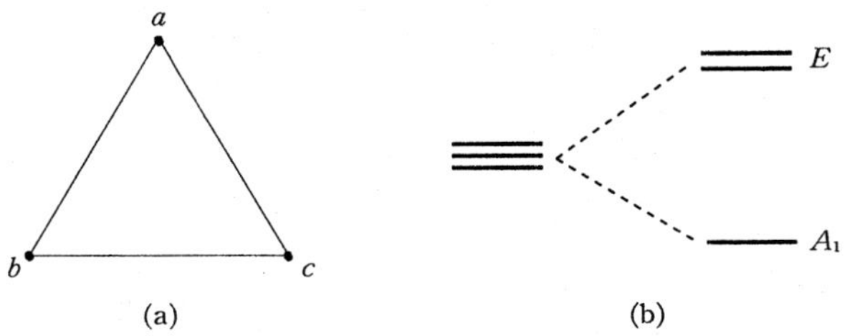

図 3.2 H_3 分子の配置 (a) とエネルギー準位 (b)

仮に，水素原子が正三角形状に配置した H_3 分子ができたとすると，その 1s 軌道から構成される分子軌道は，図 3.2 のように，1 重準位 A_1 と 2 重準位 E に分裂するが，それぞれの波動関数は，既約表現 A_1 と E に従って変換される[*2)].

任意の波動関数 ψ は，ハミルトニアンのすべての固有関数の線形結合で

$$\psi=\sum_i\sum_v \psi_v{}^{(i)} \tag{3.74}$$

のように表される．ここに $\psi_v{}^{(i)}$ は既約表現 i によって変換される波動関数のうち，v 番目のものである．それでは，任意の波動関数 ψ を (3.74) 式のように展開するには，どのようにしたらよいだろうか？ 答えは簡単で，群の元 g に対応する既約表現 i の行列成分を $A_{vv}^{(i)}(g)$ とすると

$$\psi_v{}^{(i)}=\frac{1}{N}\sum_g A_{vv}^{(i)*}(g)P_g\psi \tag{3.75}$$

によって与えられる．なぜなら，(3.75) 式の右辺に (3.74) 式を代入すると

$$\frac{1}{N}\sum_{j,\mu}\sum_g A_{vv}^{(i)*}(g)P_g\psi_\mu{}^{(j)}=\frac{1}{N}\sum_{j,\mu,\mu'}\sum_g A_{vv}^{(i)*}(g)A_{\mu\mu'}^{(j)}(g)\psi_{\mu'}^{(j)} \tag{3.76}$$

であるが，(3.44) 式を用いれば，これは

$$\frac{1}{N}\times N\sum_{j,\mu'}\delta_{ij}\delta_{v\mu'}\psi_{\mu'}{}^{(j)}=\psi_v{}^{(i)} \tag{3.77}$$

に等しい．

C_{3v} 群について，既約表現 E の行列は

*2) 詳しくいうと，分子面に関する鏡映操作 σ_h を D_3 群の各元に乗じた操作も含めて，直積群 $D_{3h}=D_3\times(e,\sigma_h)$ として扱う必要がある．しかし，ここでは s 軌道のみからできる状態を考えるので，D_3 群として扱っている．

$$
e \leftrightarrow \begin{pmatrix} 1 & 0 \\ 0 & 1 \end{pmatrix}, \quad c \leftrightarrow \frac{1}{2}\begin{pmatrix} -1 & \sqrt{3} \\ -\sqrt{3} & -1 \end{pmatrix}, \quad c^2 \leftrightarrow \frac{1}{2}\begin{pmatrix} -1 & -\sqrt{3} \\ \sqrt{3} & -1 \end{pmatrix}
$$

$$
R_a \leftrightarrow \frac{1}{2}\begin{pmatrix} 1 & \sqrt{3} \\ -\sqrt{3} & -1 \end{pmatrix}, \quad R_b \leftrightarrow \frac{1}{2}\begin{pmatrix} 1 & \sqrt{3} \\ \sqrt{3} & -1 \end{pmatrix}, \quad R_c \leftrightarrow \begin{pmatrix} -1 & 0 \\ 0 & 1 \end{pmatrix} \tag{3.78}
$$

(あるいはこれと同値の行列）であることが知られている．そこで，$\psi=\phi_a, \phi_b$ あるいは ϕ_c として (3.74)，(3.75) 式のような，展開を求めてみよう．ここで，ϕ_a, ϕ_b, ϕ_c は a, b, c の位置にある水素原子の 1s 軌道である．次の関係を (3.75)，(3.78) 式によって導くことができる．

$$
\left.\begin{aligned}
\psi_{A_1} &= \frac{1}{3}(\phi_a+\phi_b+\phi_c) \\
\psi_{E^{(1)}} &= \frac{1}{2}(\phi_a-\phi_b) \\
\psi_{E^{(2)}} &= \frac{1}{6}(\phi_a+\phi_b)-\frac{1}{3}\phi_c
\end{aligned}\right\} \tag{3.79}
$$

ここで，ψ_{A_1}, $\psi_{E^{(1)}}$, $\psi_{E^{(2)}}$ は既約表現 A_1，あるいは E の各成分のように変換される分子軌道である．ここで述べたのは，ある1つの原子の軌道を決めて，対称操作によって既約表現の基底となる分子軌道を生成をする方法である．

次に，C_{3v} 群より位数の大きい O 群について述べよう．この群の要素と共役類は，表 2.2 に示してある．O 群の各既約表現の指標を表 3.2 に示す．5個の共役類があるので，規約表現の数は 5，また群の位数 24 に対して，それらの次元は 1, 1, 2, 3, 3 は

$$
1^2+1^2+2^2+3^2+3^2=24 \tag{3.80}
$$

を満足している．O 群は，立方体あるいは正八面体をそれ自身に重ね合わせる対称操作の群で，対称性がよいために元の数が大きいが，系の対称性が少し低下したとき，エネルギー準位の構造がどう変化するかを考えてみる．例えば，図 2.2 の z 軸の方向に少し辺の長さがのびた場合である．

この場合，立方体の z 軸に垂直な面は正方形にとどまるが，z 軸に平行な4つの面は図 3.3 で示すように長方形になる．

このような4角柱を，それ自身に重ね合わせる操作の群は，O 群の部分群である．これを，D_4 群とよぶ．具体的には，z 軸まわりの $\pi/2$, $(3/2)\pi$ の回転 $\{C_4C_4^3\}=\widetilde{C}_4$，同じく π の回転 $\widetilde{C}_2$，z 軸に平行な2つの辺の中心を結ぶ2回対称軸のまわりの π の回転 $\widetilde{C}_2'$，2つの向かい合った面の中心を結ぶ2回対称軸の

表 3.2　O 群（正八面体群）の指標

既約表現 ＼ 共役類	$\hat{E}$	$8\hat{C}_3$	$3\hat{C}_2$	$6\hat{C}_2'$	$6\hat{C}_4$
A_1	1	1	1	1	1
A_2	1	1	1	−1	−1
E	2	−1	2	0	0
Γ_1	3	0	−1	−1	1
Γ_2	3	0	−1	1	−1

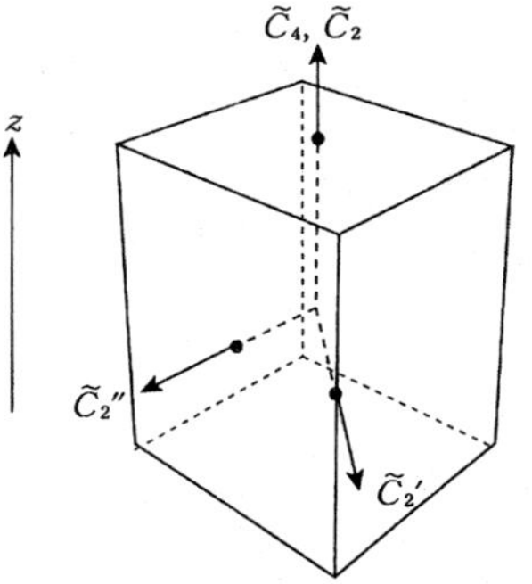

図 3.3　D_4 群

表 3.3　D_4 群の指標

既約表現 ＼ 共役類	$\tilde{E}$	$\tilde{C}_2$	$2\tilde{C}_4$	$2\tilde{C}_2'$	$2\tilde{C}_2''$
A_1	1	1	1	1	1
A_2	1	1	1	−1	−1
B_1	1	1	−1	−1	1
B_2	1	1	−1	1	−1
E	2	−2	0	0	0

まわりの π の回転；$\tilde{C}_2''$，それに何もしないという操作 e，これらの操作はそれぞれ，共役類 $\tilde{C}_4$, $\tilde{C}_2$, $\tilde{C}_2'$, $\tilde{C}_2''$, $\tilde{E}$ を定義する．D_4 群の指標表を表 3.3 に示す．

この群は，5 つの共役類からなるので，5 つの既約表現がある．それらの次元をそれぞれ $d_1 \leq d_2 \leq d_3 \leq d_4 \leq d_5$ とすれば，群の位数は 8 だから

$$d_1^2 + d_2^2 + d_3^2 + d_4^2 + d_5^2 = 8 \tag{3.81}$$

これを満たす解は，$d_1 = d_2 = d_3 = d_4 = 1$, $d_5 = 2$ 以外にありえない．

さて，O 群の既約表現は，その部分群である D_4 群の表現でもあるが，その次

元数が1以外の場合を除いて，D_4 群の既約表現になるとは限らない．一般には，O 群の既約表現は，D_4 群の既約表現をいくつか含んでいる．その構造を決めるためには，(3.61) 式の関係を用いればよい．例えば，O 群の Γ_1 表現について考えよう．D_4 群と O 群の共役類の対応関係は

i	D_4		O	$\chi_i^{(o)}$
1	$\widetilde{E}$	$\leftrightarrow$	$\hat{E}$	3
2	$\widetilde{C}_2$	$\leftrightarrow$	$3\hat{C}_2$	-1
3	$2\widetilde{C}_4$	$\leftrightarrow$	$6\hat{C}_4$	1
4	$2\widetilde{C}_2'$	$\leftrightarrow$	$6\hat{C}_2'$	-1
5	$2\widetilde{C}_2''$	$\leftrightarrow$	$3\hat{C}_2$	-1

とすると，(3.61) 式による計算によって

$$n_{A_1}=n_{B_1}=n_{B_2}=0, \qquad n_{A_2}=1, \qquad n_E=1 \tag{3.82}$$

が得られる．したがって

$$\Gamma_1=E+A_2 \tag{3.83}$$

となることがわかる．これは，八面体対称の場の中で Γ_1 表現に対応する3重縮重準位は，z 方向への歪みによって対称性が D_4 対称性に変化すると，2重縮重準位 E と1重縮重準位 A_2 に分裂することを意味する．同様に，八面体対称の場における2重縮重準位 E は，D_4 対称性に対称性が下がると，2つの非縮重準位 A_1 と B_1 に分列する (演習問題3.3参照).

$$E=A_1+B_1 \tag{3.84}$$

3.4 直 積 表 現

第2章では，2つ群 G_1 と G_2 から直積とよばれる群 $G_1\times G_2$ を構成した．これは，2つ以上の群にも容易に拡張できる．同じように，いくつかの群の表現 G_1, $G_2, \cdots$ があるとき，それらの直積 $G_1\times G_2\times\cdots$ とよばれる表現を容易に構成することができる．物理学の多くの場面では，このような直積表現を既約表現に分解することが必要となる．こうした問題を議論する基礎として，はじめに2つの行列 $\mathbf{A}, \mathbf{B}$ の直積 $\mathbf{A}\times\mathbf{B}$ とよばれる行列を導入しよう．$\mathbf{A}$ を $n\times n$ 行列，$\mathbf{B}$ を $m\times m$ 行列とするとき，$\mathbf{A}\times\mathbf{B}$ は $mn\times mn$ 行列であり，その (i, p) 行 (j, q) 列の行列要素は

$$(\mathbf{A}\times\mathbf{B})_{(ip),(jq)}=A_{ij}B_{pq} \tag{3.85}$$

で与えられる．直積行列間の積を求めてみよう．その行列要素は

$$\begin{aligned}[(\mathbf{A}\times\mathbf{B})(\mathbf{A}'\times\mathbf{B}')]_{(ip),(kl)} &= \sum_{j,q}(\mathbf{A}\times\mathbf{B})_{(ip),(jq)}(\mathbf{A}'\times\mathbf{B}')_{(jq),(kl)}=\sum_{j,q}A_{ij}B_{pq}A'_{jk}B'_{ql} \\ &=(\mathbf{AA}')_{ik}(\mathbf{BB}')_{pl}=[(\mathbf{AA}')\times(\mathbf{BB}')]_{(ip),(kl)}\end{aligned} \tag{3.86}$$

となるので，次の関係が成立する．

$$(\mathbf{A}\times\mathbf{B})(\mathbf{A}'\times\mathbf{B}')=\mathbf{AA}'\times\mathbf{BB}' \tag{3.87}$$

上記(3.87)式の関係は，$\mathbf{A}\times\mathbf{B}$ という表記を $(\mathbf{A},\mathbf{B})$ と書き直してみればわかるように，直積群を導入した積の演算規則と同じである．したがって，$\mathbf{A}$ を群 G_1 の元，$\mathbf{B}$ を群 G_2 の元とすれば，直積行列 $\mathbf{A}\times\mathbf{B}$ 全体の集合は(3.87)式の演算によって，G_1 と G_2 の直積群 $G_1\times G_2$ となっている．G_1, G_2 がともにある群 G の表現行列の群であるとすると，この $G_1\times G_2$ も G の表現であって，G_1 と G_2 の直積表現とよばれる．

$G_1\times G_2$ を G の既約表現に分解するには，その指標がどのように決まるかを知る必要がある．(3.85)式から

$$\mathrm{tr}(\mathbf{A}\times\mathbf{B})=\sum_{i,p}(\mathbf{A}\times\mathbf{B})_{(ip),(ip)}=\left(\sum_i A_{ii}\right)\left(\sum_p B_{pp}\right)=(\mathrm{tr}\,\mathbf{A})\times(\mathrm{tr}\,\mathbf{B}) \tag{3.88}$$

すなわち，指標の関係として

$$\chi_{G_1\times G_2}(g)=\chi_{G_1}(g)\chi_{G_2}(g) \tag{3.89}$$

が得られる．ここで g は群 G の任意の元である．

例として，指標表を表3.1に示す C_{3v} 群の2つの E 表現の直積表現について考えよう．既約表現 E とそれ自身との直積表現 $E\times E$ は共役類 E, $2C_3$, $3\sigma_v$ について $2\times2=4$, $(-1)\times(-1)=1$, $0\times0=0$ の指標をもつ．これらの指標について，(3.61)式を適用すれば，既約表現 A_1, A_2, E が $E\times E$ 表現の中に，いくつ含まれるかを求めることができる．結果は，$d_{A_1}=1$, $d_{A_2}=1$, $d_E=1$ となる．これを

$$E\times E=E+A_1+A_2 \tag{3.90}$$

と表す．(3.89)式の関係は，2つの群 G_1 と G_2 の直積によって導入される群 $G_1\times G_2$ の指標表を，各群の指標表から決定するためにも用いることができる．例として，O 群(正八面体を自身に重ね合わせる回転操作の群)と I 群(原点に対する反転と単位元の群)の直積である O_h 群

$$O_h=O\times I$$

の指標表を表3.4に示す．

表 3.4　O_h 群の指標

共役類 / 既約表現	$\hat{E}$	$6\hat{C}_4$	$3\hat{C}_2$	$8\hat{C}_3$	$6\hat{C}_2'$	$\hat{I}$	$6I\hat{C}_4$	$3I\hat{C}_2$	$8I\hat{C}_3$	$6I\hat{C}_2'$
A_{1g}	1	1	1	1	1	1	1	1	1	1
A_{2g}	1	−1	1	1	−1	1	−1	1	1	−1
A_{3g}	2	0	2	−1	0	2	0	2	−1	0
T_{1g}	3	1	−1	0	−1	3	1	−1	0	−1
T_{2g}	3	−1	−1	0	1	3	−1	−1	0	1
A_{1u}	1	1	1	1	1	−1	−1	−1	−1	−1
A_{2u}	1	−1	1	1	−1	−1	1	−1	−1	1
E_u	2	0	2	−1	0	−2	0	−2	1	0
T_{1u}	3	1	−1	0	−1	−3	−1	1	0	1
T_{2u}	3	−1	−1	0	1	−3	1	1	0	−1

表 3.5　I 群の指標

共役類 / 既約表現	E	I
g	1	1
u	1	−1

この表を理解するために，I 群は可換群であり，その既約表現と指標は，表 3.5 のように与えられることに注意しよう．ここで共役類 E と I は，それぞれ単位 e と反転操作 i の共役類である．表 3.4 は表 3.2 と表 3.5 を用いて，(3.89) 式から構成される．

演 習 問 題

3.1　C_{3v} 群の元 $(e, c, c^2, R_a, R_b, R_c)$ の右正則表現をそれぞれ求めよ．また，それらが C_{3v} 群と同形になることを確認せよ．

3.2　$\mathbf{A}_i$ をある群の元 a_i の表現行列とするとき，これと同等な表現の行列はユニタリー行列 $\mathbf{U}$ によって，$\mathbf{B}_i = \mathbf{U}^\dagger \mathbf{A}_i \mathbf{U}$ と与えられる．同等な表現行列においては，群の元の指標や行列式の値は変わらないことを示せ．

3.3　O 群（正八面体群）の既約表現である E 表現および Γ_2 表現は，系の対称性が D_4 対称性に低下したとき，それぞれ D_4 群のどの既約表現に分裂するか．

3.4　ベンゼン分子をそれ自身に重ね合わせる操作の群 $D_{6h} = D_6 \times I$ について，

i ）　群の要素を求めよ．

ii ）　共役類に分類せよ．

iii)　下記は D_6 群の部分の指標である．空白の部分を記入して，指標表を完成せよ．

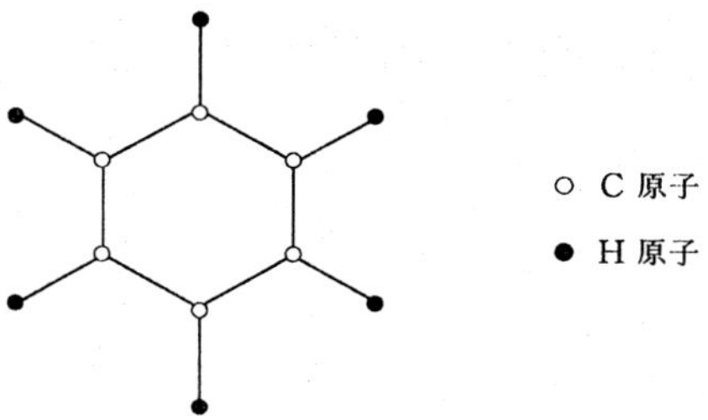

ベンゼン環

	E	C_6^3	$2C_6$	$2C_6^2$	$3S$	$3M$
A_1	1	1	1	1	1	1
A_2	1	1	1	1	□	□
B_1	1	-1	1	-1	1	-1
B_2	1	□	□	□	□	□
E_1	□	-2	-1	1	0	0
E_2	□	2	-1	□	□	□

4

回転群の表現と角運動量

1点を固定して，そのまわりに物体を回転する操作全体の集合を考える．操作 b に引き続き操作 a を行うことを，a と b の積 ab と定義すれば，この積も回転操作であり，この集合は第2，3章で述べたように群を構成する．この群は回転群とよばれ，点対称な空間における物理現象を記述するうえで，基本的な役割を演じる．第2章で紹介した正多面体群は回転群の部分群であり*[1]，点群とよばれる群の一種である．図形をそれ自身に重ね合わせる1点のまわりの回転操作や反転，鏡映などで構成される点群の一般的な性質を導くためにも，回転群の理解は重要である．点群と回転群の違いは，前者が有限群であるのに，後者は無限個の元を含む無限群であり，いくつかのパラメータの連続関数として元が指定されることである．そして，無限小の回転に対応する群表現と角運動量とは，密接な関係をもっている．本章では，回転群の既約表現について，また，その角運動量との関係について述べよう．

4.1 回転の記述

3次元空間における回転操作とは，1点(中心とよぶ)を通るある軸のまわりに，物体をある角度だけ回転した位置に移す操作である．したがって，任意の2点間の距離はこの操作によって変わらない．また，回転軸上の点は，この操作によって位置を変化させない．空間に直交する3つの軸をとり，これを $\boldsymbol{e}_x, \boldsymbol{e}_y, \boldsymbol{e}_z$ 軸と定める．どのような回転操作も，これらの3軸の内の2軸のまわりの回転の合成として表せることを示そう．例えば，y 軸のまわりの回転全体の集合を G_y，z 軸のまわりの回転全体の集合を G_z とおくと，任意の回転 g は

$$g = rst \qquad (r, t \in G_z, \quad s \in G_y) \tag{4.1}$$

のように，G_z に属する回転 r, t および G_y に属する回転 s の積として表すこと

---

*[1] ただし，回転操作のみで構成される場合．

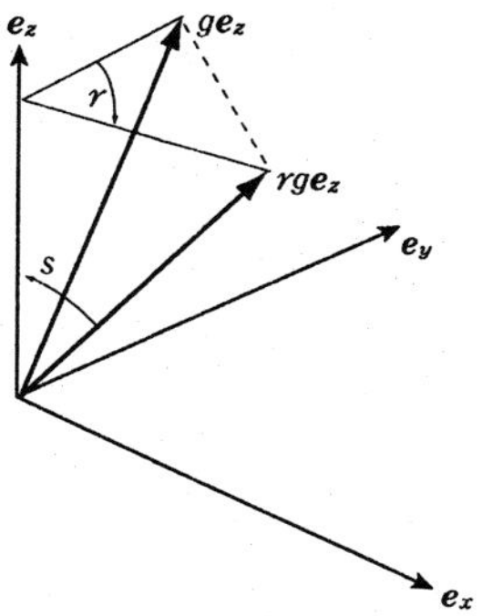

図 4.1 回転 g による e_z の変換

ができる．

これを証明するために，図 4.1 に示すように回転 g によって e_z が変換されたベクトル ge_z を，e_z のまわりの回転 r によって (e_x, e_z) 面内に含まれるように動かそう．すなわち $r\in G_z$ であり，rge_z は (e_x, e_z) 面内にある．次に，e_y 軸のまわりに，ある角度だけベクトル rge_z を回転すれば，これを元の e_z ベクトルに戻すことができる．すなわち，この e_y 軸のまわりの回転を s とすれば $srge_z=e_z$ である．ところで，操作 $t=srg$ は，e_z 軸を変えないから，これは e_z 軸のまわりの回転で，$t\in G_z$ でなければならない．したがって，

$$g=r^{-1}s^{-1}t \tag{4.2}$$

と書け，r^{-1}, $t\in G_z$, $s^{-1}\in G_y$ である．これは，任意の回転が (4.1) 式の形に表せることを示している．

e_z 軸まわりの角度 ψ の回転を g_ψ，e_y 軸のまわりの角度 θ の回転を l_θ と表すことにすると，(4.1) 式からわかるように，一般の回転 g は

$$g=g_\varphi l_\theta g_\psi \tag{4.3}$$

と表すことができる．ただし，3 つの角度 φ, ψ, θ は，軸ベクトルに右ねじが進む方向を正に取り

$$0\leq\varphi\leq2\pi, \qquad 0\leq\psi\leq2\pi, \qquad 0\leq\theta\leq\pi \tag{4.4}$$

の範囲に選ぶ．この 3 つの角度をオイラー (Euler) 角とよんでいる．

一般に 3 次元空間の回転は 3 つの座標軸の変換であるから，第 1 章で述べたように 3 次元の実直交行列によって表現することができる．すなわち，3 つの直交する単位ベクトル e_x, e_y, e_z が回転操作 g によって，新しい単位ベクトル $f_x, f_y,$

$\boldsymbol{f}_z$ にそれぞれ変換されたとすると

$$\boldsymbol{f}_i = \sum_{j=x,y,z} A_{ji}\boldsymbol{e}_j \tag{4.5}$$

と表せるので，A_{ij} を要素とする 3 次元直交行列 $\boldsymbol{A}$ は g の表現である．これを g に対応する変換行列という．回転操作に対応する 3 次元行列 $\boldsymbol{A}$ は，行列式の値が 1 となる．行列式の値が 1 である 3 次元実直交行列全体の集合は，$SO(3)$ とよばれる群を構成している．回転群と $SO(3)$ 群は同形である．(4.5) 式の変換に対応する回転 g によって，任意の点 $P(x, y, z)$ は，次のように変換される．

$$x\boldsymbol{e}_x + y\boldsymbol{e}_y + z\boldsymbol{e}_z \to x\boldsymbol{f}_x + y\boldsymbol{f}_y + z\boldsymbol{f}_z = x'\boldsymbol{e}_x + y'\boldsymbol{e}_y + z'\boldsymbol{e}_z \tag{4.6}$$

このとき，

$$\boldsymbol{x} = \begin{pmatrix} x \\ y \\ z \end{pmatrix}, \qquad \boldsymbol{x}' = \begin{pmatrix} x' \\ y' \\ z' \end{pmatrix}$$

とおくと

$$\boldsymbol{x}' = \boldsymbol{A}\boldsymbol{x} \tag{4.7}$$

の関係が成立する．

g_φ と l_θ の回転に対応する変換行列を具体的に書くと

$$g_\varphi = \begin{pmatrix} \cos\varphi, & -\sin\varphi, & 0 \\ \sin\varphi, & \cos\varphi, & 0 \\ 0, & 0, & 1 \end{pmatrix} \tag{4.8}$$

$$l_\theta = \begin{pmatrix} \cos\theta, & 0, & \sin\theta \\ 0, & 1, & 0 \\ -\sin\theta, & 0, & \cos\theta \end{pmatrix} \tag{4.9}$$

なることは容易に確かめられる．(4.8)，(4.9) 式を用いて，(4.3) 式の一般の回転 g の $SO(3)$ 群による表現行列を求めると

$$\boldsymbol{g} = \begin{pmatrix} \cos\theta\cos\phi\cos\psi - \sin\phi\sin\psi, & -\cos\theta\cos\phi\sin\psi - \sin\phi\cos\psi, & \sin\theta\cos\phi \\ \cos\theta\sin\phi\cos\psi + \cos\phi\sin\psi, & -\cos\theta\sin\phi\sin\psi + \cos\phi\cos\psi, & \sin\theta\sin\phi \\ -\sin\theta\cos\psi, & \sin\theta\sin\psi, & \cos\theta \end{pmatrix} \tag{4.10}$$

となる．

$\boldsymbol{g}$ の各列ベクトルは，元の単位ベクトル $\boldsymbol{e}_x, \boldsymbol{e}_y, \boldsymbol{e}_z$ が g によって変換される新しい単位ベクトル $\boldsymbol{f}_x, \boldsymbol{f}_y, \boldsymbol{f}_z$ をそれぞれ表し，例えば，$\boldsymbol{e}_z$ 軸の単位ベクトルは

$$\boldsymbol{f}_z = \sin\theta\cos\phi\,\boldsymbol{e}_x + \sin\theta\sin\phi\,\boldsymbol{e}_y + \cos\theta\,\boldsymbol{e}_z \tag{4.11}$$

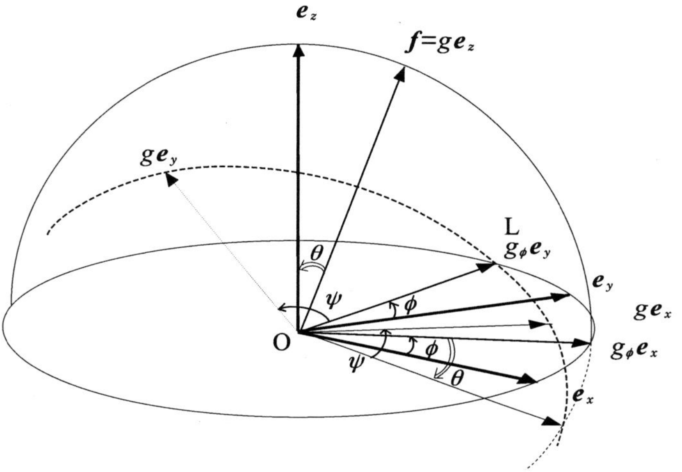

図 4.2 オイラー角

に変換された．θ と ϕ は図 4.2 で示されるように，$\boldsymbol{f}_z$ の方向を表す通常の極座標の角度成分となっている．

オイラー角 (ϕ, θ, ψ) の幾何学的な意味を，もう少し詳しく調べてみよう．図 4.2 を検討すればわかるように，(4.3) 式で表される回転 g は

$$g = g_\psi' l_\theta' g_\phi \tag{4.12}$$

のように表すことができる．ここで，g_ϕ は $\boldsymbol{e}_z$ 軸のまわりの角度 ϕ の回転，l_θ' は $(\boldsymbol{e}_x, \boldsymbol{e}_y)$ 面と $(\boldsymbol{f}_x, \boldsymbol{f}_y)$ 面の交線 OL (すなわち $g_\phi \boldsymbol{e}_y$) を軸とした角度 θ の回転，g_ψ' は $\boldsymbol{f}_z$ を軸とする角度 ψ の回転である．(4.12) 式では回転する系に固定した座標軸のまわりの回転によって全体の回転を記述しているが，空間に固した座標軸で回転を記述する場合 ((4.3) 式) と比べて，操作の順が逆になることを注意しよう．

1 点を固定された物体の回転運動は，一般には時々刻々と回転軸の方向も，そのまわりの回転の速さ (角速度) も変化してゆく．時刻 0 における物体に固定された点 P の座標を $\boldsymbol{x}(0)$ とおけば，時刻 t における点 P の位置 $\boldsymbol{x}(t)$ は，次のように表される．

$$\boldsymbol{x}(t) = \boldsymbol{A}(t)\boldsymbol{x}(0) \tag{4.13}$$

$\boldsymbol{A}(t)$ は，時刻 0 での物体の位置を，時刻 t での位置へと変換する回転に対応する変換行列である．(4.13) 式で時間変化している点 P の速度は，位置ベクトルの微分であり，

$$\boldsymbol{v}=\dot{\boldsymbol{x}}(t)=\dot{\mathbf{A}}(t)\boldsymbol{x}(0) \tag{4.14}$$

と与えられる．ところで，$\mathbf{A}(t)$ は直交行列なのでその転置行列 $\mathbf{A}^t(t)$ が逆行列であり

$$\mathbf{A}^t(t)\mathbf{A}(t)=1 \tag{4.15}$$

が成立するが，両辺を微分すると

$$\dot{\mathbf{A}}^t(t)\mathbf{A}(t)+\mathbf{A}^t(t)\dot{\mathbf{A}}(t)=0 \tag{4.16}$$

となる．特に，$t=0$ では，$\mathbf{A}(0)=\mathbf{I}$ (単位行列) なので

$$\dot{\mathbf{A}}^t(0)+\dot{\mathbf{A}}(0)=0 \tag{4.17}$$

となる．これから，座標 $\boldsymbol{x}$ とその点の同時刻の速度 $\boldsymbol{v}$ を対応させる行列

$$\mathbf{D}=\dot{\mathbf{A}}(0), \qquad \boldsymbol{v}=\mathbf{D}\boldsymbol{x} \tag{4.18}$$

は 3 次元の反対称行列 ($\mathbf{D}^t=-\mathbf{D}$) であることがわかる．この式は $t=0$ で成立するが，時刻 0 は単に適当に選んだ時間の原点にすぎないから，任意の時刻で $\dot{\mathbf{A}}^t(t)=-\dot{\mathbf{A}}(t)$ が成立する．

ところで，3 次元の反対称行列においては，$D_{ij}=-D_{ji}$ の性質によって対角成分は 0 であり，独立な非対称成分の数は 3 つしかない．そこで，一般に 3 次元の反対称行列 $\mathbf{D}$ は，独立な 3 つの行列 $\mathbf{D}_x$, $\mathbf{D}_y$, $\mathbf{D}_z$ の線形結合として

$$\mathbf{D}=\omega_x\mathbf{D}_x+\omega_y\mathbf{D}_y+\omega_z\mathbf{D}_z \tag{4.19}$$

のように書ける．ただし

$$\mathbf{D}_x=\begin{pmatrix}0, & 0, & 0\\ 0, & 0, & -1\\ 0, & 1, & 0\end{pmatrix}, \quad \mathbf{D}_y=\begin{pmatrix}0, & 0, & 1\\ 0, & 0, & 0\\ -1, & 0, & 0\end{pmatrix}, \quad \mathbf{D}_z=\begin{pmatrix}0, & -1, & 0\\ 1, & 0, & 0\\ 0, & 0, & 0\end{pmatrix} \tag{4.20}$$

である．(4.18) 式に (4.19)，(4.20) 式を代入すれば，ω_x, ω_y, ω_z を 3 成分とするベクトルを $\boldsymbol{\omega}$ として

$$\boldsymbol{v}=\boldsymbol{\omega}\times\boldsymbol{x} \tag{4.21}$$

となることが示される．$\boldsymbol{\omega}=(\omega_x, \omega_y, \omega_z)^t$ は回転の角速度の大きさをもち，回転軸の方向に向いたベクトル，すなわち角速度ベクトルである．

一定の角速度 $\boldsymbol{\omega}$ の回転が，0 から t までの間続いたとすると，時刻 t での位置ベクトルは微分方程式

$$\frac{d\boldsymbol{x}(t)}{dt}=\mathbf{D}\boldsymbol{x}(t) \tag{4.22}$$

の解として得られる．この解は，行列 $t\mathbf{D}$ の指数関数

$$e^{t\mathbf{D}}=\sum_{m=0}^{\infty}\frac{t^m}{m!}\mathbf{D}^m \tag{4.23}$$

によって，

$$\boldsymbol{x}(t)=e^{t\mathbf{D}}\boldsymbol{x}(0) \tag{4.24}$$

と表される．この式が数学的に正しいことは，(4.23) 式右辺の級数展開が絶対一様収束し，

$$\frac{d}{dt}e^{t\mathbf{D}}=\mathbf{D}e^{t\mathbf{D}} \tag{4.25}$$

であることから，証明される．

4.2 スピノルによる回転群の表現

回転群の任意次元の既約ユニタリー表現を求める準備として，まず 2 次元ユニタリー群による表現について考察しよう．行列式が 1 である 2 次元ユニタリー行列全体の集合（これを $SU(2)$ という）は，群の演算を普通の行列の積に取ると，群を形成する．これを 2 次元ユニタリー群という．すなわち，$a\in SU(2)$, $b\in SU(2)$ とすると，

$$\left.\begin{array}{l} b^{-1}=b^{\dagger}\in SU(2), \qquad e\in SU(2) \\ (ab^{\dagger})^{-1}(ab^{\dagger})=(ba^{\dagger})(ab^{\dagger})=b(a^{\dagger}a)b^{\dagger}=bb^{\dagger}=1 \end{array}\right\} \tag{4.26}$$

などから，$SU(2)$ が群の条件を満たすことは明らかである．$SU(2)$ に属する行列を，一般に

$$\mathbf{U}=\begin{pmatrix} a, & b \\ c, & d \end{pmatrix}, \qquad ad-bc=1 \tag{4.27}$$

のように表すと，その逆行列が

$$\mathbf{U}^{-1}=\begin{pmatrix} d, & -b \\ -c, & a \end{pmatrix} \tag{4.28}$$

であることは明らかである．$\mathbf{U}^{-1}=\mathbf{U}^{\dagger}$ の性質から

$$d=a^*, \qquad c=-b^* \tag{4.29}$$

となるので，(4.27) 式は一般に次のように表される．

$$\mathbf{U}=\begin{pmatrix} a, & b \\ -b^*, & a^* \end{pmatrix}, \qquad |a|^2+|b|^2=1 \tag{4.30}$$

a と b をケーリー-クライン (Cayley-Klein) のパラメータとよんでいる．(4.30) 式の U は，独立な 3 つの実数パラメータによって記述される．そこで

$$\left.\begin{aligned} a&=\cos\frac{\theta}{2}\times e^{(i/2)(\phi+\psi)} \\ b&=\sin\frac{\theta}{2}\times e^{-(i/2)(\phi-\psi)} \end{aligned}\right\} \tag{4.31}$$

と表すことにしよう．このとき U を $D(\phi, \theta, \psi)$ とすれば

$$D(\phi, \theta, \psi)=D(0, 0, \psi)D(0, \theta, 0)D(0, 0, \phi) \tag{4.32}$$

すなわち

$$\begin{pmatrix} \cos\frac{\theta}{2}\times e^{(i/2)(\phi+\psi)}, & \sin\frac{\theta}{2}\times e^{-(i/2)(\phi-\psi)} \\ -\sin\frac{\theta}{2}\times e^{(i/2)(\phi-\psi)}, & \cos\frac{\theta}{2}\times e^{-(i/2)(\phi+\psi)} \end{pmatrix}$$

$$=\begin{pmatrix} e^{(i/2)\psi}, & 0 \\ 0, & e^{-(i/2)\psi} \end{pmatrix}\begin{pmatrix} \cos\frac{\theta}{2}, & \sin\frac{\theta}{2} \\ -\sin\frac{\theta}{2}, & \cos\frac{\theta}{2} \end{pmatrix}\begin{pmatrix} e^{(i/2)\phi}, & 0 \\ 0, & e^{-(i/2)\phi} \end{pmatrix} \tag{4.32'}$$

が成立することが確かめられる．

$SU(2)$ の任意の元 g に対して，次の関係を満たす 2 次元行列 $\mathbf{X}$

$$\exp(t\mathbf{X})=g \tag{4.33}$$

を導入しよう．ただし，t は実数のパラメータである．

$$g^\dagger g=[\exp(t\mathbf{X})]^\dagger\exp(t\mathbf{X})=\exp(t\mathbf{X}^\dagger)\exp(t\mathbf{X})=1 \tag{4.34}$$

であるが，これを t で微分して，$t=0$ とすると

$$\mathbf{X}+\mathbf{X}^\dagger=0 \quad \text{または} \quad \mathbf{X}^\dagger=-\mathbf{X} \tag{4.35}$$

が得られる．このような性質をもつ行列を，エルミート交代行列という．逆に，$\mathbf{X}$ がエルミート交代行列のとき，任意の t について，(4.34) 式が成立する．さらに，(4.33) 式から

$$\det g=\det[\exp(t\mathbf{X})]=\exp(t\,\mathrm{tr}(\mathbf{X}))=1 \tag{4.36}$$

であることから，$g\in SU(2)$ のためには，$\mathrm{tr}\,\mathbf{X}=0$ でなければならない．すなわち，$SU(2)$ の群の元に対して (4.33) 式で関係づけられる $\mathbf{X}$ の集合は，トレースがゼロである 2 次元のエルミート交代行列の全体である．これを，$SU(2)$ のリー (Lee) 環とよぶ．

次に，(4.33) 式で与えられる $SU(2)$ 群の元 g の共役類を考えよう．h を $SU(2)$ の元とすれば，

$$hgh^{-1}=\exp(t\ h\mathbf{X}h^{-1}) \tag{4.37}$$

となることが示される．行列の指数関数を定義する展開式 (4.23) の各項において，$h\mathbf{X}^m h^{-1}=(h\mathbf{X}h^{-1})^m$ が成立するからである．$SU(2)$ のリー環の元 $\mathbf{X}$ は，トレースが 0 の 2 次元エルミート交代行列であるから，3 つの実数 a, b, c によって

$$\mathbf{X}=\frac{1}{\sqrt{2}}\begin{pmatrix} ci, & b+ai \\ -b+ai, & -ci \end{pmatrix}=a\boldsymbol{e}_1+b\boldsymbol{e}_2+c\boldsymbol{e}_3 \tag{4.38}$$

と表される．ただし，ここでリー環の基底 $\boldsymbol{e}_1, \boldsymbol{e}_2, \boldsymbol{e}_3$ は

$$\boldsymbol{e}_1=\frac{1}{\sqrt{2}}\begin{pmatrix} 0, & i \\ i, & 0 \end{pmatrix}, \qquad \boldsymbol{e}_2=\frac{1}{\sqrt{2}}\begin{pmatrix} 0, & 1 \\ -1, & 0 \end{pmatrix}, \qquad \boldsymbol{e}_3=\frac{1}{\sqrt{2}}\begin{pmatrix} i, & 0 \\ 0, & -i \end{pmatrix} \tag{4.39}$$

で定義されている．

一般の $SU(2)$ の元である $D(\phi, \theta, \psi)$ によって，$\mathbf{X}$ はどのように変換されるのだろうか？ これを調べるには，$D(0, 0, \psi)$ および $D(0, \theta, 0)$ による $\boldsymbol{e}_1, \boldsymbol{e}_2, \boldsymbol{e}_3$ の変換が具体的にわかればよい．まず，

$$\begin{aligned} D(0, 0, \psi)\boldsymbol{e}_1 D^{-1}(0, 0, \psi) &= \frac{1}{\sqrt{2}}\begin{pmatrix} e^{+\frac{i\psi}{2}}, & 0 \\ 0, & e^{-\frac{i\psi}{2}} \end{pmatrix}\begin{pmatrix} 0, & i \\ i, & 0 \end{pmatrix}\begin{pmatrix} e^{-\frac{i\psi}{2}}, & 0 \\ 0, & e^{+\frac{i\psi}{2}} \end{pmatrix} \\ &= \frac{1}{\sqrt{2}}\begin{pmatrix} 0, & ie^{+i\psi} \\ ie^{-i\psi}, & 0 \end{pmatrix}=\cos\psi\boldsymbol{e}_1-\sin\psi\boldsymbol{e}_2 \end{aligned} \tag{4.40}$$

同様に

$$D(0, 0, \psi)\boldsymbol{e}_2 D^{-1}(0, 0, \psi)=\sin\psi\boldsymbol{e}_1+\cos\psi\boldsymbol{e}_2 \tag{4.41}$$

$$D(0, 0, \psi)\boldsymbol{e}_3 D^{-1}(0, 0, \psi)=\boldsymbol{e}_3 \tag{4.42}$$

であるから

$$D(0, 0, \psi)\begin{pmatrix} \boldsymbol{e}_1 \\ \boldsymbol{e}_2 \\ \boldsymbol{e}_3 \end{pmatrix} D^{-1}(0, 0, \psi)=\begin{pmatrix} \cos\psi, & -\sin\psi, & 0 \\ \sin\psi, & \cos\psi, & 0 \\ 0, & 0, & 1 \end{pmatrix}\begin{pmatrix} \boldsymbol{e}_1 \\ \boldsymbol{e}_2 \\ \boldsymbol{e}_3 \end{pmatrix} \tag{4.43}$$

という結果が得られる．同様にして

$$D(0, \theta, 0)\begin{pmatrix} \boldsymbol{e}_1 \\ \boldsymbol{e}_2 \\ \boldsymbol{e}_3 \end{pmatrix} D^{-1}(0, \theta, 0)=\begin{pmatrix} \cos\theta, & 0, & \sin\theta \\ 0, & 1, & 0 \\ -\sin\theta, & 0, & \cos\theta \end{pmatrix}\begin{pmatrix} \boldsymbol{e}_1 \\ \boldsymbol{e}_2 \\ \boldsymbol{e}_3 \end{pmatrix} \tag{4.44}$$

であることが確かめられる.

すなわち，$SU(2)$ の元 g によってリー環の直交変換 (1 次変換) f_g；$\mathbf{X} \to \mathbf{X}' = g\mathbf{X}g^{-1}$ が対応し，これはリー環の 3 次元空間における回転と等価である．g から f_g への写像は，同形または準同形写像であることは次のようにわかる．すなわち

$$g \to f_g, \qquad h \to f_h \tag{4.45}$$

とすると

$$gh \to f_{gh} = f_g f_h \tag{4.46}$$

が成り立つ．なぜなら

$$f_{gh}(\mathbf{X}) = gh\mathbf{X}(gh)^{-1} = g(h\mathbf{X}h^{-1})g^{-1} = f_g\{f_h(\mathbf{X})\} \tag{4.47}$$

となるからである．$SU(2)$ の単位元には，リー環の恒等変換 $\mathbf{X} \to \mathbf{X}' = \mathbf{X}$ が対応し，g^{-1} には f_g の逆変換 $\mathbf{X}' = g\mathbf{X}g^{-1} \to \mathbf{X}$，または $\mathbf{X} \to g^{-1}\mathbf{X}g$ が対応する．上記のリー環の直交変換の群は，3 次元空間の回転と同じと見なせるから，上記の対応は回転群と $SU(2)$ 群とが同形，または準同形であることを意味する．さらに，g と $-g$ は共に $SU(2)$ の元であり，f_g と f_{-g} は同じリー環の変換 $f_g(x) = f_{-g}(x)$ であるから，この写像は準同形であることが結論される．すなわち，3 次元空間における同じ回転が $SU(2)$ の 2 つの異なる元に対応する．また，(4.43)，(4.44) 式，および $D(3\pi/2, \theta, \pi/2)$ について同様に得られる関係式から

$\pm D(0, 0, \psi) \leftrightarrow z$ 軸のまわりの角度 ψ の回転

$\pm D(0, \theta, 0) \leftrightarrow y$ 軸のまわりの角度 θ の回転

$\pm D\left(\dfrac{3\pi}{2}, \theta, \dfrac{\pi}{2}\right) \leftrightarrow x$ 軸のまわりの角度 θ の回転

のように対応している．また，(4.32) 式の $\pm D(\phi, \theta, \psi)$ がオイラー角 ϕ, θ, ψ に対応することも明らかである．以上で，回転群 ($SO(3)$ 群) の $SU(2)$ 群による表現が得られた．

4.3　回転群の既約表現

$SU(2)$ 群は，行列式の値が 1 である 2 次元ユニタリー行列の群であるが，この群の $2l+1$ 次元 ($l \geq 1$) 既約表現を求めよう．$SU(2)$ の 2 次元行列によって変換される 2 次元複素ベクトル空間のベクトル $\begin{pmatrix} \xi \\ \eta \end{pmatrix}$ をスピノルという．この成分である ξ と η の $2l$ 次同次多項式全体の集合を考えよう．この集合は，$(2l+1)$

次元の複素ベクトル空間をなしており，その基底として

$$u_m{}^l=\frac{\xi^{l+m}\eta^{l-m}}{\sqrt{(l+m)!(l-m)!}} \qquad (m=-l,-l+1,\cdots,l-1,l) \tag{4.48}$$

を選ぶことができる．

$SU(2)$ の元 $U=\begin{pmatrix} a, & b \\ -b^*, & a^* \end{pmatrix}$ によって，スピノル $\begin{pmatrix} \xi \\ \eta \end{pmatrix}$ は

$$U\begin{pmatrix} \xi \\ \eta \end{pmatrix}=\begin{pmatrix} a\xi+b\eta \\ -b^*\xi+a^*\eta \end{pmatrix} \tag{4.49}$$

と変えられるので，(4.48) 式の基底 u_m^l は

$$Uu_m^l=\frac{(a\xi+b\eta)^{l+m}(-b^*\xi+a^*\eta)^{l-m}}{\sqrt{(l+m)!(l-m)!}} \tag{4.50}$$

と変換される．右辺は ξ と η について $2l$ 次元の多項式であるから，もとの基底の線形結合によって

$$Uu_m^l=\sum_{m'=-l}^{l} D_{mm'}^l u_{m'}^l \tag{4.51}$$

と表される．このとき係数 $D_{mm'}^l$ は $SU(2)$ 群の $(2l+1)$ 次元の表現行列を定める．例えば $SU(2)$ 行列である $U=\begin{pmatrix} a, & b \\ -b^*, & a^* \end{pmatrix}$ に対する 3 次元 ($l=1$) での表現行列は

$$\mathbf{D}^1=\begin{pmatrix} a^2, & \sqrt{2}ab, & b^2 \\ -\sqrt{2}ab^*, & aa^*-bb^*, & \sqrt{2}a^*b \\ b^{*2}, & -\sqrt{2}a^*b^*, & a^{*2} \end{pmatrix} \tag{4.52}$$

となる (演習問題 4.5).

上に述べた表現 $\mathbf{D}^l$ がユニタリーな表現であることを確かめるには,

$$\sum_{m=-l}^{l}(u_m^l)^*(u_m^l)=\sum_{m=-l}^{l}\frac{(\xi\xi^*)^{l+m}(\eta\eta^*)^{l-m}}{(l+m)!(l-m)!}=\frac{1}{(2l)!}(\xi\xi^*+\eta\eta^*)^{2l} \tag{4.53}$$

の関係を用いる．$SU(2)$ の変換 ((4.49) 式) では，スピノルの長さは不変に保たれる．すなわち $|a\xi+b\eta|^2+|-b^*\xi+a^*\eta|^2=|\xi|^2+|\eta|^2$. したがって，(4.53) 式により $2l+1$ 次元表現におけるベクトル変換においても内積が不変に保たれるが，これは $\mathbf{D}^l$ がユニタリー表現であることを意味する．

次に，表現 $\mathbf{D}^l$ が既約表現であることを示そう．$2l+1$ 次元の表現行列 $\mathbf{D}^l$ の不変部分空間に属する，あるベクトル ($=\xi,\eta$ の $2l$ 次元多項式) が,

$$u=\sum_{m=-l}^{l} a_m u_m^l \tag{4.54}$$

と書けたとしよう．このベクトルに，$D(0,0,\omega)=\begin{pmatrix} e^{(i/2)\omega}, & 0 \\ 0, & e^{-(i/2)\omega} \end{pmatrix}$ と対応する $\mathbf{D}^l$ の表現行列 $\mathbf{A}$ を演算すると

$$\mathbf{A}u=\sum_{m=-l}^{l} a_m e^{i\omega m} u_m^l \tag{4.55}$$

が得られる．そこで，$\varepsilon_m=e^{i\omega m}$ とおいて，$\mathbf{A}$ を繰り返し演算すれば

$$\mathbf{A}^p u=\sum_{m=-l}^{l} a_m \varepsilon_m^p u_m^l=\sum_{m=-l}^{l} \varepsilon_m^p z_m \qquad (p=0,1,2,\cdots) \tag{4.56}$$

と表せる．ただし，$z_m=a_m u_m^l$ とおいた．$w_p=\mathbf{A}^p u$ として，$p=0\sim 2l$ までの式を並べて表示すると，

$$\left.\begin{aligned} w_0&=z_{-l}+z_{-l+1}+\cdots+z_l \\ w_1&=z_{-l}\varepsilon_{-l}+z_{-l+1}\varepsilon_{-l+1}+\cdots+z_l\varepsilon_l \\ w_2&=z_{-l}\varepsilon_{-l}^2+z_{-l+1}\varepsilon_{-l+1}^2+\cdots+z_l\varepsilon_l^2 \\ &\vdots \\ w_{2l}&=z_{-l}\varepsilon_{-l}^{2l}+z_{-l+1}\varepsilon_{-l+1}^{2l}+\cdots+z_l\varepsilon_l^{2l} \end{aligned}\right\} \tag{4.57}$$

この式で定義される $\{z_i\}$ から $\{w_i\}$ への 1 次変換の変換行列について，行列式が 0 と異なることは容易に示せる．ω を適当な値に取れば，係数行列式

$$\varDelta=\begin{vmatrix} 1, & 1, & \cdots, & 1 \\ \varepsilon_{-l}, & \varepsilon_{-l+1}, & \cdots, & \varepsilon_l \\ \vdots & \ddots & & \\ \varepsilon_{-l}^{2l}, & \cdots & \cdots, & \varepsilon_l^{2l} \end{vmatrix}$$

の値を 0 でないように取ることができるからである．そこで，$w_0, w_1, \cdots, w_{2l}$ を与えて，$z_{-l}, \cdots, z_l$ を逆に解くことができて

$$z_m=a_m u_m^l=\sum_{v=0}^{2l} V_{m,v} w_v \qquad (m=-l,-l+1,\cdots,l) \tag{4.58}$$

と与えられる．z_m はどれも $\mathbf{D}^l$ の不変部分空間に含まれるが，係数 a_m の少なくとも 1 つは 0 ではないことが重要である．係数 a_m が 0 でない m に対応する不変部分空間の基底を (4.48) 式に選ぶことができる．このとき，$D(0,\pi/2,0)$ に対応する $\mathbf{D}^l$ による u_m^l の変換は

$$D\left(0,\frac{\pi}{2},0\right)u_m^l=\left(\frac{\xi+\eta}{\sqrt{2}}\right)^{l+1}\left(\frac{-\xi+\eta}{\sqrt{2}}\right)^{l-m}\Big/\sqrt{(l+m)!(l-m)!}$$

であるが，これは ξ^{2l} に比例する項を含む．さらに，これに $D(0,\pi/2,0)$ の表現行列を演算すると $(\xi+\eta)^{2l}$ となるので，この空間にはすべての基底が含まれることがわかる．すなわち，$\mathbf{D}^l$ の不変部分空間には，(4.48) 式で表される $2l+1$

個の基底がすべて含まれなければならない．これによって，$\mathbf{D}^l$ 表現が既約であることが示された．

次に，$SU(2)$ 群の指標について考えよう．行列式1の2次元ユニタリー行列 g は，ある $SU(2)$ 群の元 h（すなわち，これも行列式1の2次元ユニタリー行列）によって

$$h^{-1}gh=\begin{pmatrix} e^{i\omega/2}, & 0 \\ 0, & e^{-i\omega/2} \end{pmatrix} \tag{4.59}$$

と変換できる．なぜなら h の列のベクトルは，g の固有値 λ と λ^{-1} に対応する固有ベクトルである．$|\lambda|=1$ であるために，適当な実数 ω によって，$\lambda=e^{i\omega/2}$ と書けるからである．

(4.59) 式から g の指標を求めると

$$\chi(\omega)=\mathrm{tr}(g)=\mathrm{tr}(h^{-1}gh)=2\cos\frac{\omega}{2} \tag{4.60}$$

となる．g が (4.30)，(4.31) 式で表されているとすると，

$$\cos\frac{\omega}{2}=\cos\frac{\theta}{2}\cos\frac{1}{2}(\phi+\psi) \tag{4.61}$$

である．(4.61) 式のような条件をみたすオイラー角 ϕ, θ, ψ の回転のすべては，z 軸まわりの角度 ω の回転と互いに共役類の関係にある．

4.4 微小回転と角運動量

3次元空間の回転 $\mathbf{R}$ によって，量子力学における波動関数 $\psi(\boldsymbol{x})$ は

$$P_{\mathrm{R}}\,;\ \psi(\boldsymbol{x})\to\psi'(\boldsymbol{x})=\psi(\mathbf{R}^{-1}\boldsymbol{x}) \tag{4.62}$$

という変換を受ける．この変換と群の表現との関係については，点群の場合にはすでに第3章で述べたが，回転群の場合も同様に考える．水素分子など，球対称な量子力学系のハミルトニアンは，回転操作の演算子 P_{R} と可換，

$$P_{\mathrm{R}}H(\boldsymbol{p},\boldsymbol{x})=H(\boldsymbol{p},\boldsymbol{x})P_{\mathrm{R}} \tag{4.63}$$

であり，したがって，(4.62) 式の $\psi(\boldsymbol{x})$ がハミルトニアンの固有関数であれば，$\psi'(\boldsymbol{x})=\psi(\mathbf{R}^{-1}\boldsymbol{x})$ も同じ固有値に属する固有関数である．第3章で学んだ群の表現論によれば，球対称な系の固有状態は，回転群の既約表現によって分類できる．$(2l+1)$ 次元の既約表現 $\mathbf{D}^l$ は $2l+1$ 重に縮重した準位に対応するのである．本節では，これらの性質と角運動量の関係について調べる．

z 軸のまわりの角度 $\omega(\ll 2\pi)$ の微小回転では，(4.8) 式により

$$\mathbf{R}=\begin{pmatrix}\cos\omega, & -\sin\omega, & 0\\ \sin\omega, & \cos\omega, & 0\\ 0, & 0, & 1\end{pmatrix}\approx\begin{pmatrix}1, & -\omega, & 0\\ \omega, & 1, & 0\\ 0, & 0, & 1\end{pmatrix} \tag{4.64}$$

となるから，

$$\mathbf{R}^{-1}\boldsymbol{x}=\begin{pmatrix}x+\omega y\\ -\omega x+y\\ z\end{pmatrix} \tag{4.65}$$

したがって，波動関数 $\psi'(\boldsymbol{x})$ は

$$\psi'(\boldsymbol{x})=\psi(x+\omega y,\, y-\omega x,\, z)\cong\psi(x,y,z)+\omega\left(y\frac{\partial\psi}{\partial x}-x\frac{\partial\psi}{\partial y}\right)+\cdots \tag{4.66}$$

と展開できる．ところで，量子力学によれば角運動量の z 成分は，次の演算子

$$l_z=\frac{\hbar}{i}\left(x\frac{\partial}{\partial y}-y\frac{\partial}{\partial x}\right) \tag{4.67}$$

で与えられるから，(4.66) 式の右辺は

$$\psi'=\psi-\frac{i\omega}{\hbar}l_z\psi+\cdots \tag{4.68}$$

と表される．同様に，y 軸のまわりの微小回転では，(4.9) 式より

$$\psi'=\psi(x-\omega z,\, y,\, \omega x+z)=\psi-\frac{i\omega}{\hbar}l_y\psi+\cdots \tag{4.69}$$

となる．ここで，$l_y=(\hbar/i)(z(\partial/\partial x)-x(\partial/\partial z))$ は角運動量の y 成分である．一般に，$\boldsymbol{\omega}$ を回転軸に右ねじの進む方向に取った大きさ ω のベクトルであるとすると，

$$\psi'=\psi-\frac{i\boldsymbol{\omega}\boldsymbol{l}}{\hbar}\psi+\cdots \tag{4.70}$$

と表すことができる．ここで $\boldsymbol{l}$ はベクトルとしての角運動量演算子である．(4.19) 式によれば，Δt を微小な時間，$\tilde{\omega}_x, \tilde{\omega}_y, \tilde{\omega}_z$ を角速度の 3 成分として $\boldsymbol{\omega}=\Delta t(\tilde{\omega}_x, \tilde{\omega}_y, \tilde{\omega}_z)$ について

$$\mathbf{R}=\mathbf{I}+\mathbf{D}=\mathbf{I}+\omega_x\mathbf{D}_x+\omega_y\mathbf{D}_y+\omega_z\mathbf{D}_z \tag{4.71}$$

$$\mathbf{R}^{-1}=\mathbf{I}-\mathbf{D} \tag{4.72}$$

これを用いて，(4.70) 式を導出できる (演習問題 4.6)．

さて，x, y, z 軸のまわりの微小な回転の $SU(2)$ による表現行列は，すでに述べたように $D(3\pi/2, \omega, \pi/2)$，$D(0, \omega, 0)$，$D(0, 0, \omega)$，あるいはその符号を変えたものである．$\boldsymbol{\omega}$ が小さいとして，これらの行列のケイリー-クラインのパラメー

表 4.1　微小回転の $SU(2)$ 行列のケイリー-クラインのパラメータ

回転軸	a	b	$D(\phi, \theta, \psi)$
x	1	$+\frac{i\omega}{2}$	$U=D\left(\frac{3\pi}{2}, \omega, +\frac{\pi}{2}\right)$
y	1	$\frac{\omega}{2}$	$T=D(0, \omega, 0)$
z	$1+\frac{i\omega}{2}$	0	$S=D(0, 0, \omega)$

タは，表 4.1 のようになる．

次にこれらの微小回転に対応する $(2l+1)$ 次元表現行列 $\mathbf{D}^l$ を求めよう．

基底

$$u_m^l=\frac{\xi^{l+m}\eta^{l-m}}{\sqrt{(l+m)!(l-m)!}}$$

に対する微小な変換は (4.50) 式と表 4.1 により

$$\left.\begin{aligned}
Uu_m^l&=u_m^l+\frac{i\omega}{2}\sqrt{(l+m)(l-m+1)}u_{m-1}^l+\frac{i\omega}{2}\sqrt{(l-m)(l+m+1)}u_{m+1}^l\\
Tu_m^l&=u_m^l+\frac{\omega}{2}\sqrt{(l+m)(l-m+1)}u_{m-1}^l-\frac{\omega}{2}\sqrt{(l-m)(l+m+1)}u_{m+1}^l\\
Su_m^l&=u_m^l+i\omega m u_m^l
\end{aligned}\right\} \qquad (4.73)$$

となる．ただし，ω の 1 次までの項を拾っている．したがって，3 次元空間の回転の既約表現 $\mathbf{D}^l$ にしたがって変換される $2l+1$ 個の量子状態を，$\{\psi_m^l\}$ $(m=-l, -l+1, \cdots, l)$ とおくと，x, y, z 軸のまわりの角度 ω $(\ll 2\pi)$ の微小回転について，(4.73) 式の u_m^l を ψ_m^l で置き換えた関係式が成立することがいえる．その式を (4.70) 式と比較すれば，ψ_m^l に角運動量の各成分 l_x, l_y, l_z を演算した結果が，次のようになることがわかる．

$$\left.\begin{aligned}
l_x\psi_m^l&=\frac{-\hbar}{2}\sqrt{(l-m)(l+m+1)}\,\psi_{m+1}^l-\frac{\hbar}{2}\sqrt{(l+m)(l-m+1)}\,\psi_{m-1}^l\\
l_y\psi_m^l&=-\frac{i\hbar}{2}\sqrt{(l-m)(l+m+1)}\,\psi_{m+1}^l+\frac{i\hbar}{2}\sqrt{(l+m)(l-m+1)}\,\psi_{m-1}^l\\
l_z\psi_m^l&=-m\hbar\psi_m^l
\end{aligned}\right\} \qquad (4.74)$$

この関係からさらに，

$$\left.\begin{aligned}
(l_x-il_y)\psi_m^l&=-\hbar\sqrt{(l-m)(l+m+1)}\,\psi_{m+1}^l\\
(l_x+il_y)\psi_m^l&=-\hbar\sqrt{(l+m)(l-m+1)}\,\psi_{m-1}^l
\end{aligned}\right\} \qquad (4.75)$$

であることがわかる．m による基底の番号づけを逆転して，$\varphi_m^l=\psi_{-m}^l$ によって新しい基底 $\{\varphi_m^l\}$ を導入すると，(4.74)，(4.75) 式の関係は

$$l_z\varphi_m^l=m\hbar\varphi_m^l \tag{4.74'}$$

$$(l_x\pm il_y)\varphi_m^l=-\hbar\sqrt{(l\mp m)(l\pm m+1)}\,\varphi_{m\pm1}^l \quad (複合同順) \tag{4.75'}$$

という一般的に用いられているものになる．また全角運動量 $l^2=l_x{}^2+l_y{}^2+l_z{}^2$ については，以下の関係があることが示される．

$$\boldsymbol{l}^2\psi_m{}^l=\frac{1}{2}\{(l_x+il_y)(l_x-il_y)+(l_x-il_y)(l_x+il_y)\}\psi_m^l+l_z{}^2\psi_m^l$$
$$=\hbar^2l(l+1)\psi_m^l \tag{4.76}$$

(4.76) 式から，$\mathbf{D}^l$ が作用する $2l+1$ 個の基底で張られる状態は，すべて全角運動量の固有値 $l(l+1)\hbar^2$ に対応する固有状態であることがわかる．点対称のある系では，ハミルトニアンは全角運動量と可換なので，そのすべての固有状態は同時に全角運動量の固有状態にもなっている．そこで，系の固有状態は既約表現 $\mathbf{D}^l$ に対応する l の値によって分類できるのであるが，$l=0,1,2,3,\cdots$ の状態を，$s,p,d,f,\cdots$ 状態などとよんでいる．$\mathbf{D}^l$ に属する状態は，回転群の既約表現の基底なので，$(2l+1)$ 次元の縮重準位を構成する．次節では，この基底関数を実際に求めてみよう．

4.5　回転群の既約表現と球面調和関数

回転操作で変換される関数 ((4.62) 式の ψ) の集合として，単位球面上における座標 $\boldsymbol{x}$ の 3 成分 x,y,z の l 次多項式全体の張る線形空間を考えよう．回転操作は，この線形空間における線形写像 (1 次変換) を定義する．なぜなら，座標の 3 成分 x,y,z が回転で移る新しい座標成分 x',y',z' はもとの 3 成分の線形結合で与えられ，また $x'^2+y'^2+z'^2=1$ の性質が保たれるからである．この単位球面上の l 次多項式の中から，回転群の n 次既約表現の基底となるものを探そう．$L_x=(1/\hbar)l_x$，$L_y=(1/\hbar)l_y$，$L_z=(1/\hbar)l_z$ などと記すと，z 方向への微小な回転に対応する演算子は，(4.66) 式から $L_z=i(y(\partial/\partial x)-x(\partial/\partial y))$ に比例するが，これを極座標で表せば

$$L_z=-i\frac{\partial}{\partial\phi} \tag{4.77}$$

となる．同じように，x 方向，y 方向の微小回転の演算子 L_x, L_y については

$$L_x \pm iL_y = e^{\pm i\phi}\left(\pm\frac{\partial}{\partial\theta} + i\cot\theta\frac{\partial}{\partial\phi}\right) \tag{4.78}$$

であることが示せる (演習問題 4.1).

はじめに，l 次多項式の 1 つを $f_0(\theta, \phi) = (x+iy)^l = \sin^l\theta e^{il\phi}$ に選ぶと，

$$L_z f_0(\theta, \phi) = l f_0(\theta, \phi) \tag{4.79}$$

となることがわかる．次に $L_x - iL_y$ という演算子に注目して，これが $e^{il\phi}F(\theta)$ という形の関数に演算した結果を見ると，

$$(L_x - iL_y)e^{il\phi}F = e^{i(l-1)\phi}\left(-\frac{d}{d\theta} - l\cot\theta\right)F(\theta)$$
$$= e^{i(l-1)\phi}\frac{1}{\sin^{l-1}\theta}\frac{d}{d(\cos\theta)}\{\sin^l\theta\cdot F(\theta)\}$$

と同じである．これを k 回繰り返すと，次の関係が容易に得られる．

$$(L_x - iL_y)^k e^{il\phi}F(\theta) = e^{i(l-k)\phi}\frac{1}{\sin^{l-k}\theta}\frac{d^k}{d(\cos\theta)^k}\{\sin^l\theta\cdot F(\theta)\} \tag{4.80}$$

そこで $F(\theta) = \sin^l\theta$, $k = l - m$ とおくと

$$(L_x - iL_y)^{l-m}e^{il\phi}\sin^l\theta = e^{im\phi}\frac{1}{\sin^m\theta}\frac{d^{l-m}}{d(\cos\theta)^{l-m}}\sin^{2l}\theta \tag{4.81}$$

であり，特に $m=0$ とすれば，

$$(L_x - iL_y)^l e^{il\phi}\sin^l\theta = \frac{d^l}{d(\cos\theta)^l}(1-\cos^2\theta)^l = (-1)^l 2^l l!\,P_l(\cos\theta) \tag{4.81$'$}$$

となる．ここで $P_l(\cos\theta)$ は第 8 章で述べるルジャンドル (Legendre) 多項式 ((8.52) 式) である．本シリーズの『物理数学 I』でも，別の視点から説明されている．

ここまで述べてきたことを用いて，回転群の $2l+1$ 次元既約表現にしたがって変換される関数系を導入することができる．すなわち，

$$\varphi_l{}^l(\theta, \phi) = ce^{il\phi}\sin^l\theta \tag{4.82}$$

に選び，これに $(L_x - iL_y)$ を順次演算してゆくと，(4.75$'$) 式から $\varphi_{l-1}^l, \varphi_{l-2}^l, \cdots, \varphi_0^l$ が次々と得られる

$$\begin{aligned}(L_x - iL_y)^k\varphi_l{}^l &= (-1)^k\sqrt{2l\cdot(2l-1)\cdots(2l-k+1)\cdot 1\cdot 2\cdots k}\,\varphi_{l-k}^l \\ &= (-1)^k\sqrt{\frac{(2l)!\,k!}{(2l-k)!}}\varphi_{l-k}^l\end{aligned} \tag{4.83}$$

$k = l - m$ とおいて (4.81$'$), (4.82) 式を用いると

$$\varphi_m^l(\theta, \phi) = (-1)^{l-m}\sqrt{\frac{(l+m)!}{(2l)!(l-m)!}}ce^{im\phi}\frac{1}{\sin^m\theta}\frac{d^{l-m}(1-\cos^2\theta)^l}{d(\cos\theta)^{l-m}} \tag{4.84}$$

である．特に $m=0$ とおくと

$$\varphi_0{}^l(\theta, \phi)=CP_l(\cos\theta) \tag{4.85}$$

ここで定数 C は，$\varphi_0{}^l$ が球面上の積分で規格化されるように決める．すなわち

$$\iint|\varphi_0^l(\theta, \phi)|^2\sin\theta\, d\theta d\phi=|C|^2\iint\{P_l(\cos\theta)\}^2\sin\theta\, d\theta d\phi=1 \tag{4.86}$$

これから

$$C=\sqrt{\frac{2l+1}{4\pi}} \tag{4.87}$$

であり，したがって (4.85) 式から

$$\varphi_0^l(\theta, \phi)=\sqrt{\frac{2l+1}{4\pi}}P_l(\cos\theta) \tag{4.88}$$

となることがわかる．上の関係をもとにして，これに次の関係式

$$(L_x\pm iL_y)^m f(\theta)=e^{\pm im\phi}\sin^m\theta\frac{d^m}{d(\cos\theta)^m}f(\theta) \qquad (m=1, 2, \cdots, l) \tag{4.89}$$

を用いることにより，すべての $\varphi_m{}^l$ が得られる．規格化された関数の具体的な表式は

$$\begin{aligned}\varphi_m^l&=(-1)^{(m+|m|)/2}\sqrt{\frac{(2l+1)(l-|m|)!}{4\pi(l+|m|)!}}e^{im\phi}\sin^{|m|}\theta\frac{d^{|m|}}{d(\cos\theta)^{|m|}}P_l(\cos\theta)\\&=(-1)^{(m+|m|)/2}\sqrt{\frac{(2l+1)(l-|m|)!}{4\pi(l+|m|)!}}e^{im\phi}P_l{}^{|m|}(\cos\theta) \qquad (l=1, 2, \cdots, \quad m=0, \pm1, \cdots, \pm l)\end{aligned} \tag{4.90}$$

と表される．ここで

$$P_l{}^{|m|}(z)=(1-z^2)^{\frac{|m|}{2}}\frac{d^{|m|}}{dz^{|m|}}P_l(z) \tag{4.91}$$

はルジャンドル陪関数とよばれるが，詳しくは第 13 章で学ぶ ((13.70) 式)．(4.90) 式で与えられる関数は球面調和関数とよばれ，回転群の $2l+1$ 次元の既約表現にしたがって変換される．球面調和関数は球面上の固有方程式

$$L^2\psi=\lambda\psi \tag{4.92}$$

ただし，

$$L^2=L_x{}^2+L_y{}^2+L_z{}^2=-\Lambda=-\left[\frac{1}{\sin\theta}\frac{\partial}{\partial\theta}\sin\theta\frac{\partial}{\partial\theta}+\frac{1}{\sin^2}\frac{\partial^2}{\partial\phi^2}\right] \tag{4.93}$$

を満たす固有値 $\lambda=l(l+1)$ ($l=0, 1, 2, \cdots$) に対応する固有関数として導入される．これについては，第 13 章に述べる．

演 習 問 題

4.1 角運動量の各成分に虚数単位 i を乗じた次の演算子を，3次元の極座標 (r, θ, ϕ) で表せ．ただし，$\hbar=1$ としている．

$$iL_x = y\frac{\partial}{\partial z} - z\frac{\partial}{\partial y}, \qquad iL_y = z\frac{\partial}{\partial x} - x\frac{\partial}{\partial z}, \qquad iL_z = x\frac{\partial}{\partial y} - y\frac{\partial}{\partial x}$$

4.2 i）(4.89) 式の関係を確かめよ．

ii）$(2n+1)$ 次元の回転群の既約表現の基底が (4.90) 式で与えられることを確かめよ．

4.3 (4.77) 式を用いて，全角運動量の演算子が次で与えられることを確かめよ．

$$l^2 = -\hbar^2\left\{\frac{1}{\sin\theta}\frac{\partial}{\partial\theta}\left(\sin\theta\frac{1}{2}\right) + \frac{1}{\sin^2\theta}\frac{\partial^2}{\partial\phi^2}\right\}$$

4.4 (4.32) 式の $D(\phi, \theta, \psi)$ について，リー環の基底 $\boldsymbol{e}_1, \boldsymbol{e}_2, \boldsymbol{e}_3$ ((4.39) 式) について

$$D(\phi, \theta, \psi)\begin{pmatrix}\boldsymbol{e}_1\\ \boldsymbol{e}_2\\ \boldsymbol{e}_3\end{pmatrix}D^{-1}(\phi, \theta, \psi)$$

$$=\begin{pmatrix}\cos\theta\cos\phi\cos\psi - \sin\phi\sin\psi, & -\cos\theta\cos\phi\sin\psi - \sin\phi\cos\psi, & \sin\theta\cos\phi\\ \cos\theta\sin\phi\cos\psi + \cos\phi\sin\psi, & -\cos\theta\sin\phi\sin\psi + \cos\phi\cos\psi, & \sin\theta\sin\phi\\ -\sin\theta\cos\psi, & \sin\theta\sin\psi, & \cos\theta\end{pmatrix}\begin{pmatrix}\boldsymbol{e}_1\\ \boldsymbol{e}_2\\ \boldsymbol{e}_3\end{pmatrix}$$

であることを確かめよ．

4.5 3次元 $(l=1)$ での，$SU(2)$ 行列，$\mathbf{U}=\begin{pmatrix}a & b\\ -b^* & a^*\end{pmatrix}$ に対する表現行列が

$$D^1=\begin{pmatrix}a^2, & \sqrt{2}ab, & b^2\\ -\sqrt{2}ab^*, & aa^*-bb^*, & \sqrt{2}a^*b\\ b^{*2}, & -\sqrt{2}a^*b^*, & a^{*2}\end{pmatrix}$$

となることを示せ．

4.6 微小な回転ベクトル $\boldsymbol{\omega}$ の回転によって，波動関数は一般に

$$\psi' = \psi - \frac{i\boldsymbol{\omega}\boldsymbol{l}}{\hbar}\psi$$

のように変換されることを示せ．ここに

$$\frac{i}{\hbar}\boldsymbol{l} = \left(y\frac{\partial}{\partial z} - z\frac{\partial}{\partial y}, z\frac{\partial}{\partial x} - x\frac{\partial}{\partial z}, x\frac{\partial}{\partial y} - y\frac{\partial}{\partial x}\right)$$

である．

5

ベクトル解析

5.1　スカラー場とベクトル場

空間の各点にスカラー量やベクトル量が連続的に分布している空間を，それぞれスカラー場，ベクトル場という．これらの空間的，あるいは時間的な変化をどのように記述するか，またその仕組みを明らかにすることは，物理学のさまざまな分野での基本的な問題である．ここでは，スカラー場とベクトル場の性質，特にその空間的な変化をどのように記述するかという問題を考える．

5.1.1　スカラー場の勾配

座標 $\boldsymbol{x}$ におけるスカラー場の量を $\varphi(\boldsymbol{x})=\varphi(x, y, z)$ とおく．方向を指定するために，大きさ 1 のベクトル $\boldsymbol{n}(|\boldsymbol{n}|=1)$ を導入する．$\boldsymbol{x}$ から $\boldsymbol{n}$ の方向へ $s\boldsymbol{n}$ だけわずかにずれたときの場の量の変化は

$$\Delta\varphi=\varphi(\boldsymbol{x}+s\boldsymbol{n})-\varphi(\boldsymbol{x})=s\left(n_x\frac{\partial\varphi}{\partial x}+n_y\frac{\partial\varphi}{\partial y}+n_z\frac{\partial\varphi}{\partial z}\right)=s(\boldsymbol{n}\cdot\nabla)\varphi=s\boldsymbol{n}\cdot\nabla\varphi \quad (5.1)$$

のように与えられる．ここで

$$\nabla\varphi=\left(\frac{\partial\varphi}{\partial x}, \frac{\partial\varphi}{\partial y}, \frac{\partial\varphi}{\partial z}\right) \quad (5.1')$$

は，場の量の勾配 (gradient) とよばれる．$\boldsymbol{n}$ の方向を変化させたとき，$(\boldsymbol{n}\cdot\nabla)\varphi$ の値が最も大きくなるのは $\boldsymbol{n}$ が $\nabla\varphi$ と同じ向きになるときである．したがって $\nabla\varphi$ は φ の変化が最も大きな方向へ向かうベクトルである．一方，$\boldsymbol{n}$ が $\nabla\varphi$ と直交するときには $(\boldsymbol{n}\cdot\nabla)\varphi=0$ であり，$\boldsymbol{n}$ 方向にわずかに移動しても φ の値は変わらない．φ が一定な点は 3 次元空間の中で「等 φ 面」とよばれる曲面を形成するが，図 5.1 で示すように $\nabla\varphi$ と直交する平面は等 φ 面と接している．勾配のベクトルは，等 φ 面の法線方向を向いている．

例えば φ を電位分布とすると，$\nabla\varphi$ は電界であり，$\varphi(\boldsymbol{r})=$一定で表される等電

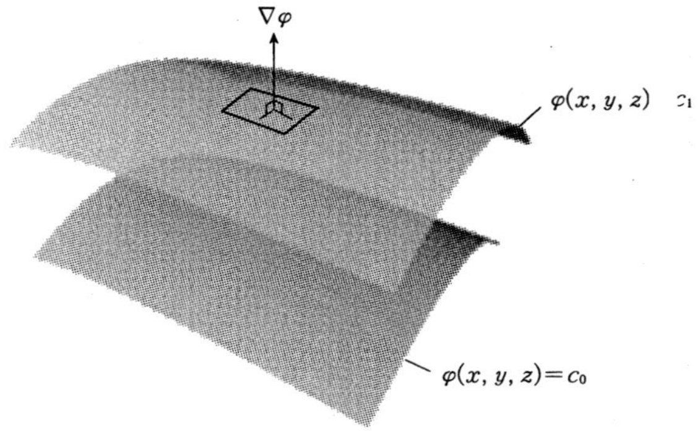

図 5.1　等 φ 面

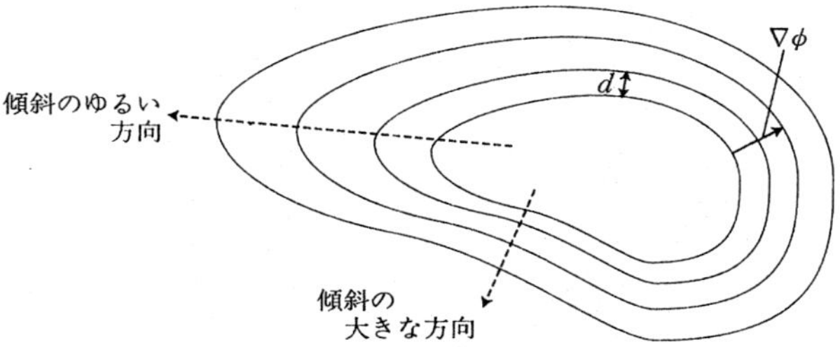

図 5.2　等高線

位面の法線になっている．別の例として，地形図に見られる等高線がある．これは高さ ϕ が一定値になるような，2 次元空間での曲線群である．$\nabla\phi$ というベクトルは等高線に垂直で，勾配が最も大きな方向になっている．等高線間の高さの差 h を一定にして多数の等高線を描けば，隣り合う等高線間の距離 d は $|\nabla\phi|d=h$ を満たすから，$\nabla\phi$ の大きさが大きいほど，つまり傾斜が大きいほど，等高線が密集することになる（図 5.2）．

5.1.2　ベクトル場の湧き出し

空間の各点にベクトル量が対応しているとき，これをベクトル場という．例えば 3 次元の流体内の各点 $\boldsymbol{x}$ では，その点での密度 $\rho(\boldsymbol{x})$ と速度 $\boldsymbol{v}(\boldsymbol{x})$ が定まるが，ベクトル場 $\boldsymbol{u}(\boldsymbol{x})=\rho(\boldsymbol{x})\boldsymbol{v}(\boldsymbol{x})$ は流体内の質量の流れの場を定義する．

流体内の点 $\boldsymbol{x}=(x, y, z)$ を 1 つの頂点として図 5.3 のような微小な直方体を考えよう．

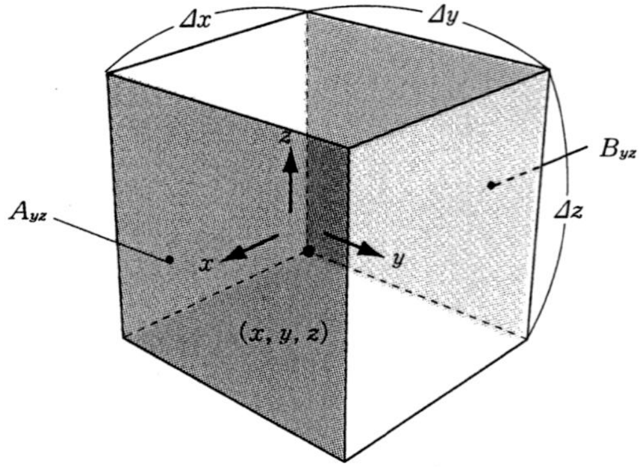

図 5.3 流体内の微小立方体

x 軸に垂直な面 A_{yz} を通して x 軸の正の向きに流れる質量は，3 辺の長さ Δx, Δy, Δz の最低次の近似の範囲で

$$u_x\left(x+\Delta x,\, y+\frac{\Delta y}{2},\, z+\frac{\Delta z}{2}\right)\Delta z\Delta y \approx u_x(x+\Delta x,\, y,\, z)\Delta z\Delta y$$

と与えられる．一方，これと向き合った面 B_{yz} を通して，x 軸の負の向きに流れる質量は，$-\boldsymbol{u}(x, y, z)\Delta z\Delta y$ である．したがって，x 軸に垂直なこれらの 2 つ面を通して，直方体の外に流れ出す質量は

$$u_x(x+\Delta x,\, y,\, z)\Delta z\Delta y - u_x(x,\, y,\, z)\Delta z\Delta y \cong \frac{\partial u_x}{\partial x}\Delta x\Delta y\Delta z$$

となる．同様にして，y 軸に垂直な 2 面，z 軸に垂直な 2 面から外に流れ出る部分を加え合わせると，単位時間当たりにこの微小直方体から外部に流れ出る質量は

$$\left(\frac{\partial u_x}{\partial x}+\frac{\partial u_y}{\partial y}+\frac{\partial u_z}{\partial z}\right)\Delta x\Delta y\Delta z = (\mathrm{div}\ \boldsymbol{u})\times\Delta V$$

と与えられる．ここで ΔV は微小直方体の体積 $\Delta x\Delta y\Delta z$ であり，また

$$\mathrm{div}\ \boldsymbol{u} = \frac{\partial u_x}{\partial x}+\frac{\partial u_y}{\partial y}+\frac{\partial u_z}{\partial z} = \nabla\cdot\boldsymbol{u} \tag{5.2}$$

はベクトル場の発散とよばれる量である．容易に確かめられるように

$$\boldsymbol{u}(\boldsymbol{x}) = \rho(\boldsymbol{x})\boldsymbol{v}(\boldsymbol{x})$$

のときには

$$\mathrm{div}(\rho(\boldsymbol{x})\boldsymbol{v}(\boldsymbol{x})) = \rho(\boldsymbol{x})\ \mathrm{div}\ \boldsymbol{v}(\boldsymbol{x}) + \nabla\rho(\boldsymbol{x})\cdot\boldsymbol{v}(\boldsymbol{x})$$

である．この量は空間の点 $\boldsymbol{x}$ から，単位時間当りに湧き出してくる流体の質量

分布を意味する．流体の場合には質量保存則が成り立つことから

$$\mathrm{div}(\rho(\boldsymbol{x})\boldsymbol{v}(\boldsymbol{x}))=\frac{\partial\rho}{\partial t} \tag{5.3}$$

でなければならない．これを連続の方程式という．もし系が時間変化のない定常系ならば，

$$\mathrm{div}(\rho\boldsymbol{v}(\boldsymbol{x}))=0$$

が成立する．

5.1.3 発散定理

簡単のため，密度が一定 $(\rho=1)$ であるような流体を考えよう．図5.4のようにベクトル場内の閉じた面 S が体積 V の領域を囲んでいるとき，$\boldsymbol{n}$ を表面上のある点での単位法線ベクトル，dS をその点のまわりの面素片とすると，$\boldsymbol{u}\cdot\boldsymbol{n}dS$ はこの微少面を通過する単位時間当たりの質量である．

そこで，領域内から曲面の外側へ出てくる全“フラックス”は

$$\Phi=\oiint_S \boldsymbol{u}\cdot\boldsymbol{n}\,dS \tag{5.4}$$

で与えられる．ここで右辺の積分は閉曲面 S の全体にわたる面積分である．流れの場では，(5.4) 式の量は単位時間当たり，外に流出する質量である．この量は体積内に涌き出してくる質量と等しいはずだから

$$\iiint_V \mathrm{div}\ \boldsymbol{u}dv=\oiint \boldsymbol{u}\cdot\boldsymbol{n}dS \tag{5.5}$$

の関係式が成り立つ．これを発散定理またはガウスの定理という．

上記の導出は直感に基づくものだったので，以下ではより解析的に導いてみ

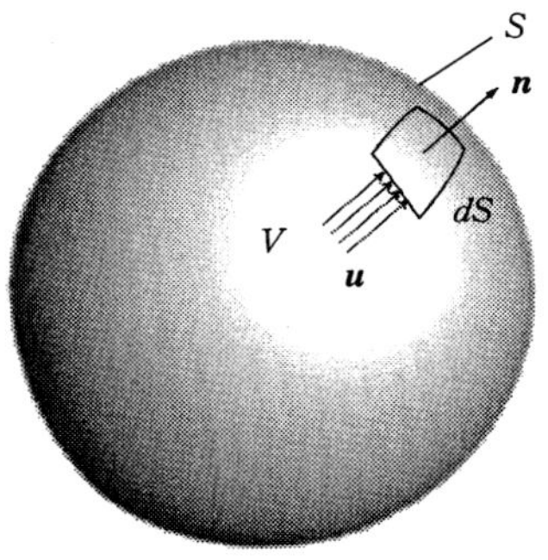

図5.4 閉じた面 S とベクトル $\boldsymbol{n}, \boldsymbol{u}$

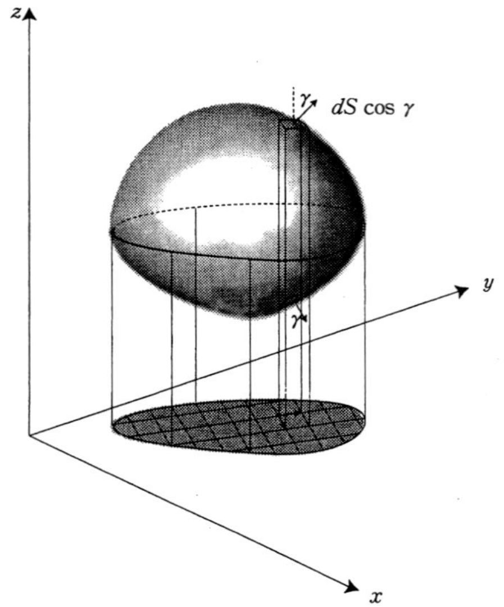

図 5.5　曲面が凸型の場合

る．ベクトル $\boldsymbol{v}$ を成分で $\boldsymbol{v}=(P, Q, R)$，曲面 S の法線ベクトルを $\boldsymbol{n}=(\cos\alpha, \cos\beta, \cos\gamma)$ とするとき，方程式 (5.5) は

$$\iiint_V\left(\frac{\partial P}{\partial x}+\frac{\partial Q}{\partial y}+\frac{\partial R}{\partial z}\right)dxdydz=\oiint_S(P\cos\alpha+Q\cos\beta+R\cos\gamma)dS \quad (5.6)$$

となる．簡単のため図 5.5 で示すように曲面が凸型 (convex) である場合を考えることにすると，z 軸に平行な直線はこの曲面と 3 つ以上の交点をもたない．そこで，2 つの交点のうち上側，下側にあるものの集合は，S の上半面を S_+，および下半面 S_- を生成する．

そこで，S を x-y 面に射影した 2 次元閉領域 (x-y 面アミ部分) を A とおくと，

$$\iiint_V\frac{\partial R}{\partial z}dxdydz=\iint_A R_{S_+}dxdy-\iint_A R_{S_-}dxdy \quad (5.7)$$

が成立する．ところが $dxdy=\cos\gamma dS$ (上半面)，$dxdy=-\cos\gamma\, dS$ (下半面) であるから

$$\iiint_V\frac{\partial R}{\partial z}dxdydz=\oiint_S R\cos\gamma dS \quad (5.8)$$

が成立する．同様の議論を，x 軸および y 軸に平行な方向についても行って，

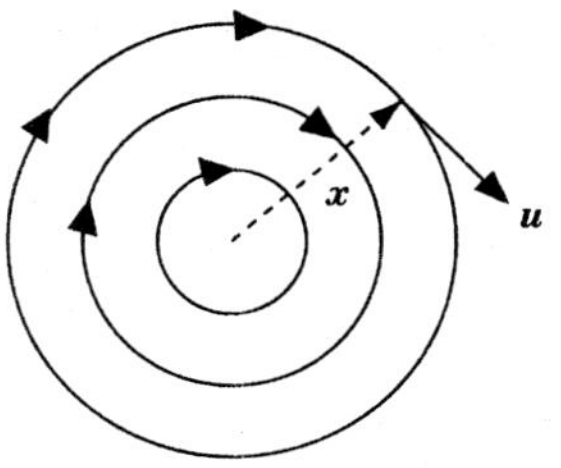

図 5.6 軸まわりに一様に回転する流体

すべての関係を加えると，(5.6) 式が得られる．

5.1.4 ベクトル場の回転

ベクトル場の回転とは，$\mathbf{A}=(A_x(\boldsymbol{x}), A_y(\boldsymbol{x}), A_z(\boldsymbol{x}))$ に対して，

$$\nabla\times\mathbf{A}=\left(\frac{\partial A_z}{\partial y}-\frac{\partial A_y}{\partial z}, \frac{\partial A_x}{\partial z}-\frac{\partial A_z}{\partial x}, \frac{\partial A_y}{\partial x}-\frac{\partial A_x}{\partial y}\right) \tag{5.9}$$

で生成されるベクトル場のことである．この物理的な意味を理解するために，ある軸のまわりに一様に回転している流体を考えてみよう．図 5.6 からわかるように，この空間内の点 $\boldsymbol{x}$ での流れの速度は，$\boldsymbol{u}=\boldsymbol{\omega}\times\boldsymbol{x}$ で与えられる．

第 4 章で述べたことからわかるように，$\boldsymbol{\omega}$ は流体の回転軸に平行な回転角速度と同じ大きさのベクトルである．ただし，$\boldsymbol{\omega}$ の向きは回転方向に右ねじを回したとき進む方向にとる．図 5.6 では紙面の表から裏に向う方向である．$\boldsymbol{u}$ の "回転" の場を求めると

$$\nabla\times\boldsymbol{u}=\begin{bmatrix}\dfrac{\partial}{\partial y}(\omega_x y-\omega_y x)-\dfrac{\partial}{\partial z}(\omega_z x-\omega_x z)\\ \dfrac{\partial}{\partial z}(\omega_y z-\omega_z y)-\dfrac{\partial}{\partial x}(\omega_x y-\omega_y x)\\ \dfrac{\partial}{\partial x}(\omega_z x-\omega_x z)-\dfrac{\partial}{\partial y}(\omega_y z-\omega_z y)\end{bmatrix}=(2\omega_x, 2\omega_y, 2\omega_z)^t=2\boldsymbol{\omega} \tag{5.10}$$

となる．上記の計算は ∇ をベクトル代数の演算と同様に扱って，

$$\nabla\times(\boldsymbol{\omega}\times\boldsymbol{x})=(\nabla\cdot\boldsymbol{x})\boldsymbol{\omega}-(\boldsymbol{\omega}\cdot\nabla)\boldsymbol{x}=2\boldsymbol{\omega} \tag{5.11}$$

としても得られる．したがって，流れの場の "回転" ($=\nabla\times$) が局所的な渦の大きさに対応することがわかる．このような一様な回転は，どの場所においても同じ大きさの渦を生じている．すなわち，空間のどの点を取っても，その点から見るとそれを中心として周辺に角速度 $\boldsymbol{\omega}$ の回転が生じていることを示している．

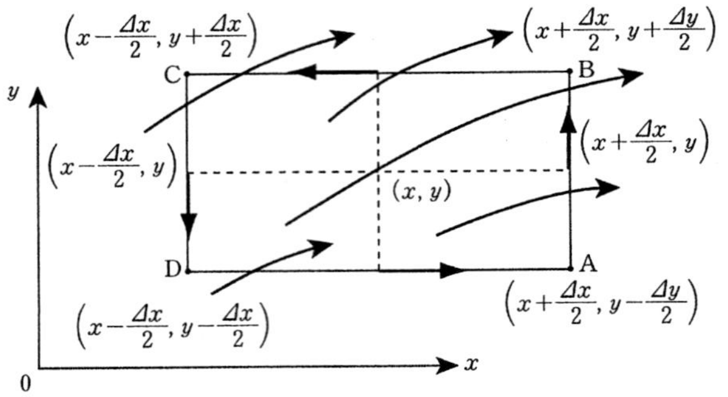

図 5.7　長方形のふちにそった流れの場 $\boldsymbol{u}$

流れの場の中で局所的な渦の大きさを知るために，図 5.7 のような小さい長方形の縁に沿って，流れの場 $\boldsymbol{u}$ の線積分を考えよう．

積分を頂点 A→B→C→D に沿って行うとき，線積分の値は

$$u_y\left(x+\frac{\Delta x}{2}, y\right)\Delta y-u_x\left(x, y+\frac{\Delta y}{2}\right)\Delta x-u_y\left(x-\frac{\Delta x}{2}, y\right)\Delta y+u_x\left(x, y-\frac{\Delta y}{2}\right)\Delta x$$
$$=\left(\frac{\partial u_y}{\partial x}-\frac{\partial u_x}{\partial y}\right)\Delta x\Delta y \tag{5.12}$$

となる．上記の量は，ループに沿った渦の大きさの成分を定義している．そして，この大きさはループの (x, y) 面への射影の面積に比例し，その係数が rot $\boldsymbol{u}$ の z 成分となることがわかる．このことから，渦ベクトルの局所的な密度が，rot $\boldsymbol{u}$ に対応していると考えることができる．

ところで，ベクトル場の“回転”にとって，基本的な性質は次のストークス (Stokes) の定理である．すなわち，任意の閉曲線 C に沿って場のベクトル量 $\boldsymbol{u}$ の線積分が，その“回転” rot $\boldsymbol{u}$ の閉曲線 C を縁とする曲面 S での面積分に等しい．

$$\iint_S \mathrm{rot}\ \boldsymbol{u}\cdot d\boldsymbol{S}=\oint_C \boldsymbol{u}\cdot d\boldsymbol{l} \tag{5.13}$$

ただし，$\iint_S \cdots d\boldsymbol{S}=\iint_S \cdots \boldsymbol{n}dS$ である．$\boldsymbol{n}$ は曲面 S の法線ベクトルである．まず，この式が C を境界とするある 1 つの曲面 S_1 で成立すれば，他の曲面 S_2 でも成立することは，次のようにわかる．S_1 と S_2 で囲まれる 3 次元領域を V とすると，発散定理により

$$\iint_{S_1} \mathrm{rot}\,\boldsymbol{u}\cdot d\boldsymbol{S}-\iint_{S_2} \mathrm{rot}\,\boldsymbol{u}\cdot d\boldsymbol{S}=\iiint_V \mathrm{div}(\mathrm{rot}\ \boldsymbol{u})dv=0 \tag{5.14}$$

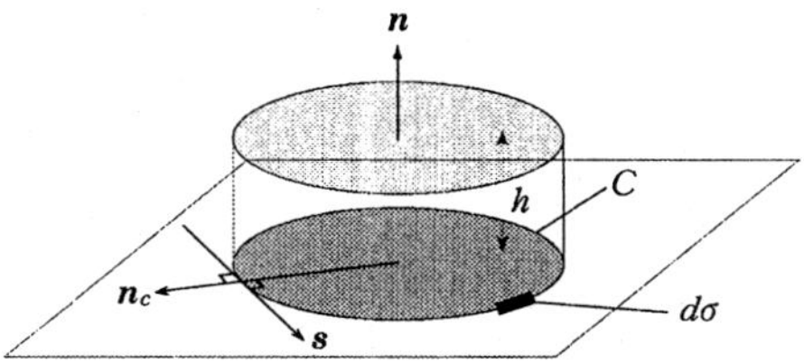

図 5.8 シリンダー内のベクトル場の発散

これは常に $\mathrm{div}(\mathrm{rot}\ \boldsymbol{u})=0$ となるためである．

さて，(5.13) 式を証明するために，曲線 C が 1 つの平面内にある場合を考える．この平面の法線方向 $\boldsymbol{n}$ に厚み h をつけた図 5.8 のような薄いシリンダー内でベクトル場 $\boldsymbol{u}\times\boldsymbol{n}$ の発散を積分すると，(5.5) 式により

$$\iiint_V \mathrm{div}(\boldsymbol{u}\times\boldsymbol{n})dv=\int_0^h\left(\iint_S \mathrm{rot}\ \boldsymbol{u}\cdot\boldsymbol{n}dS\right)dz=\int_0^h\left(\oint_C \boldsymbol{n}_c\cdot(\boldsymbol{u}\times\boldsymbol{n})d\sigma\right)dz \quad (5.15)$$

となる．ここで $d\sigma$ は曲線 C の線素である．

最初の等式は，$\mathrm{div}(\boldsymbol{u}\times\boldsymbol{n})$ を直接計算することによって得られる．最後の等式では (5.5) 式を用いたが，体積積分を表面上の積分に変換するときシリンダーの上面および下面からの積分は，$\boldsymbol{n}\times\boldsymbol{n}$ がこれらの面の法線 $\boldsymbol{n}$ と直交するために 0 となることを用いた．そのため，表面上の積分はシリンダーの側面のみの寄与からなる．(5.15) 式において，$\boldsymbol{n}_c$ は平面内にあって曲線に垂直なベクトルであり，曲線の接線ベクトル $\boldsymbol{s}$ との間に

$$\boldsymbol{n}_c=\boldsymbol{s}\times\boldsymbol{n} \quad (5.16)$$

の関係がある．そこで (5.15) 式の右辺の積分の中で，

$$\boldsymbol{n}_c\cdot(\boldsymbol{u}\times\boldsymbol{n})=(\boldsymbol{s}\times\boldsymbol{n})\cdot(\boldsymbol{u}\times\boldsymbol{n})=\boldsymbol{s}\cdot\boldsymbol{u}-(\boldsymbol{s}\cdot\boldsymbol{n})(\boldsymbol{n}\cdot\boldsymbol{u})=\boldsymbol{u}\cdot\boldsymbol{s} \quad (5.17)$$

となり，また厚さ h は任意に取れることから

$$\iint_S \mathrm{rot}\ \boldsymbol{u}\cdot\boldsymbol{n}dS=\oint_C \boldsymbol{u}\cdot\boldsymbol{s}d\sigma=\oint_C \boldsymbol{u}\cdot d\boldsymbol{l} \quad (5.18)$$

でなければならない．これで平面曲線の場合に，(5.13) 式が証明された．C が一般の曲線の場合には，ストークスの公式，(5.13) 式の証明は次のように行う．曲線上に $P_1, P_2, \cdots, P_N$ の N 個の点を取り，これらを線分で結んで得られる折れ線のループ C_N を考えよう (図 5.9)．

C_N について (5.13) 式が成立することは，P_1 を頂点とする $N-2$個の三角形 $\triangle P_1P_2P_3, \triangle P_1P_3P_4, \cdots, \triangle P_1P_{N-1}P_N$ について成立する (5.13) の関係式を，

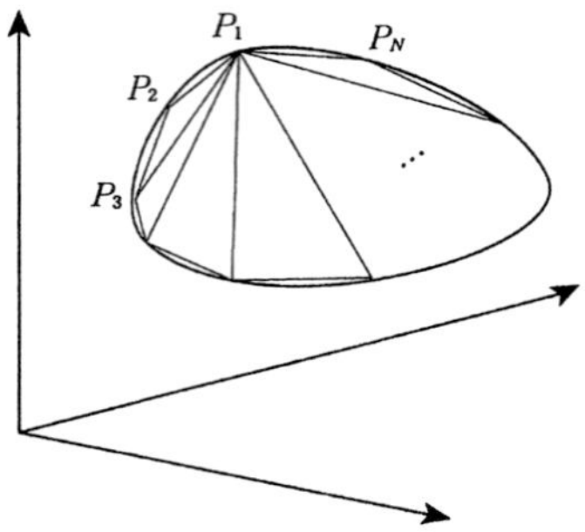

図 5.9　折れ線ループ C_N

辺々加えることによってわかる．折れ線のループ C_N 以外の線分からの線積分は，隣り合う三角形で現れるものと相殺するからである．そこでこの分点の数 N を無限に増加させたときの極限値を考えることにより，(5.13) 式が任意の曲線で成立することがわかる．

5.2　ナブラ演算子と積分公式

前節では，ベクトル場の発散や回転などの場の量の主要な微分形式の体積積分，表面積分，線積分などの相互関係を個別に議論したが，これらはナブラ演算子の別の表現を用いて，統一的に議論することができる．すなわち，点 P でのナブラ演算子 ∇ は，この点を中心とした微細な閉曲面 S を取り

$$\nabla\cdots \Longleftrightarrow \lim_{V_S\to 0}\frac{1}{V_S}\oiint_S \boldsymbol{n}dS\cdots \tag{5.19}$$

のような操作によって定義される．V_s は閉曲面 S で囲まれる微小領域の体積，極限は領域を無限に小さくすることを意味しており，以下に示すように極限値は S の形状をどう取っても変わらない．ただし…の部分には，演算される場の量やそれらの微分形式が省略されている．例えば，スカラー関数 φ をおくと，

$$\nabla\varphi=\lim_{V_S\to 0}\frac{1}{V_S}\oiint_S \boldsymbol{n}\varphi dS \tag{5.20}$$

である．またベクトル場の量 $\boldsymbol{v}(\boldsymbol{r})$ と閉曲面 S の法線 $\boldsymbol{n}$ との内積を取れば，

$$\nabla\boldsymbol{v}=\mathrm{div}\ \boldsymbol{v}=\lim_{V_S\to 0}\frac{1}{V_S}\oiint_S \boldsymbol{n}\cdot\boldsymbol{v}dS \tag{5.21}$$

となり，外積を取れば

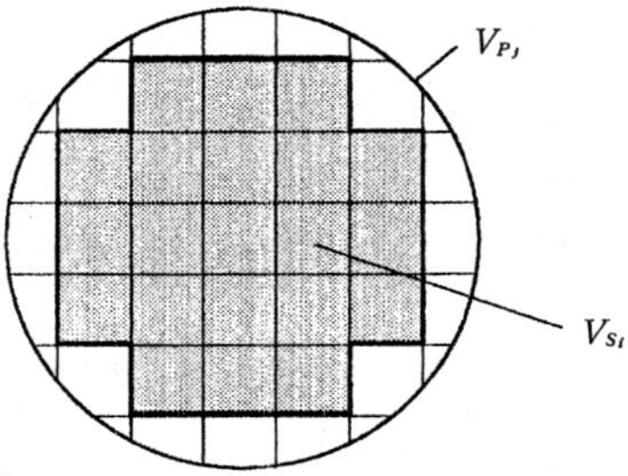

図 5.10 領域 V_{P_j} と V_{S_i}

$$\nabla\times\boldsymbol{v}=\mathrm{rot}\ \boldsymbol{v}=\lim_{V_S\to 0}\frac{1}{V_S}\oiint_S \boldsymbol{n}\times\boldsymbol{v}dS \tag{5.22}$$

となる．これらの証明は次のように行う．(5.20) 式については，S を 3 軸に平行で，辺の長さがそれぞれ $\Delta x, \Delta y, \Delta z$ である微細な直方体の表面に取れば，右辺の x 成分は

$$\frac{1}{V_S}\iint\{\varphi(x+\Delta x, y, z)-\varphi(x, y, z)\}dydz\cong\frac{1}{\Delta x\Delta y\Delta z}\frac{\partial\varphi}{\partial x}\Delta x\Delta y\Delta z=\frac{\partial\varphi}{\partial x} \tag{5.23}$$

である．y, z 成分についても同様の方法によって各側面での面積分を計算して，それらが $\dfrac{\partial\phi}{\partial y}, \dfrac{\partial\phi}{\partial z}$ であることが確かめられる．したがって，(5.20) 式が成り立っていることがわかる．領域 V_S が一般の形状のときには，これを図 5.10 のように辺が 3 軸に平行なきわめて小さな直方体 V_{S_i} $(i=1, \cdots, n)$，および直方体の一部が面 S で断ち切られた領域 (V_{p_j} $(j=1, \cdots, m)$) に分割する．

隣り合う 2 つの微細領域を分かつ面からの表面積分は相殺することから，

$$\oiint_S \boldsymbol{n}dS\cdots=\sum_{i=1}^{n}\oiint_{S_i}\boldsymbol{n}dS+\sum_{j=1}^{m}\oiint_{S_j'}\boldsymbol{n}dS \tag{5.24}$$

である．ここで S_i と S_j' は，それぞれ領域 V_{S_i} と領域 V_{p_j} の表面である．また，それらの領域の体積を同じ記号で表すことにすると，

$$\oiint_{S_i}\varphi\boldsymbol{n}dS\cong V_{S_i}\left\{\left(\frac{\partial\varphi}{\partial x}, \frac{\partial\varphi}{\partial y}, \frac{\partial\varphi}{\partial z}\right)+O(\varepsilon)\right\} \tag{5.25}$$

$$\oiint_{S_j'}\varphi\boldsymbol{n}dS\sim O(\mathrm{Max}(V_{p_j}\varphi)) \tag{5.26}$$

であるから，

$$\frac{1}{V_S}\oiint_S \boldsymbol{n}\varphi dS=\left(\frac{\partial\varphi}{\partial x}, \frac{\partial\varphi}{\partial y}, \frac{\partial\varphi}{\partial z}\right)+O(\varepsilon)+O\left(\frac{m}{n}\right) \tag{5.27}$$

という評価ができる．ただし，ε は領域 V_S のサイズであり，領域 V_{S_i} は全部同

じ大きさであるとした．このとき，n が大きければ $m \sim n^{2/3}$ であることから，(5.27) 式において，$n \to \infty$ の極限を取って，右辺の第3項は無視できる．また $V_S \to 0$ の極限は $\varepsilon \to 0$ を意味するから，(5.20) 式が導かれる．

(5.22) 式についての証明も同様にできる．このときは領域 V_{S_i} の表面についての積分が

$$\oiint_{S_i} \boldsymbol{n} \times \boldsymbol{v} dS = \left(\oiint_{S_i} (n_y v_z - n_z v_y) dS, \oiint (n_z v_x - n_x v_z) dS, \oiint (n_x v_y - n_y v_x) dS \right) \tag{5.28}$$

となる．右辺の第1成分を評価すると，

$$\begin{aligned}&(v_z(x_i, y_i+\Delta y, z_i) - v_z(x_i, y_i, z_i))\Delta x \Delta z - (v_y(x_i, y_i, z_i+\Delta z) - v_y(x_i, y_i, z_i))\Delta x \Delta y \\ &\quad = \Delta x \Delta y \Delta z \left\{ \left(\frac{\partial v_z}{\partial y} - \frac{\partial v_y}{\partial z} \right) + O(\varepsilon) \right\}\end{aligned} \tag{5.29}$$

であることから，上と同じ議論を行うことができて，

$$\frac{1}{V_S} \oiint_S \boldsymbol{n} \times \boldsymbol{v} dS = \left(\frac{\partial v_z}{\partial y} - \frac{\partial v_y}{\partial z}, \frac{\partial v_x}{\partial z} - \frac{\partial v_z}{\partial x}, \frac{\partial v_y}{\partial x} - \frac{\partial v_x}{\partial y} \right) + O(\varepsilon) + O\left(\frac{m}{n} \right) \tag{5.30}$$

となる．これから $n \to \infty$, $\varepsilon \to \infty$ の極限を取れば，(5.22) 式が得られる．(5.21) 式については，すでに証明した発散定理から明らかであるが，(5.20) 式と同様に示せるので，読者自ら試みていただきたい．

これまでの議論から直感的にはほとんど明らかであるが，(5.20)，(5.21)，(5.22) 式に対応して，次の積分公式が成り立つ．

$$\iiint_V \nabla \varphi dv = \oiint_S \boldsymbol{n} \varphi dS \tag{5.31}$$

$$\iiint_V \mathrm{div}\ \boldsymbol{v} dv = \oiint_S \boldsymbol{n} \cdot \boldsymbol{v} dS \tag{5.32}$$

$$\iiint_V \mathrm{rot}\ \boldsymbol{v} dv = \oiint_S \boldsymbol{n} \times \boldsymbol{v} dS \tag{5.33}$$

ただし，S は有限の大きさの閉領域をその内部とする表面である．これらは領域 V を微細な細胞に分割すると個々の細胞で成り立つために，その両辺の総和として成立するのである．(5.32) 式はすでに導いた発散公式である．

5.3 渦なしのベクトル場

ベクトル場 $\boldsymbol{u}(\boldsymbol{x})$ が至るところ，$\mathrm{rot}\ \boldsymbol{u}(\boldsymbol{x}) = 0$ を満たす場合，これを渦なしのベクトル場という．このとき，あるスカラー場 $\phi(\boldsymbol{x})$ が存在して，

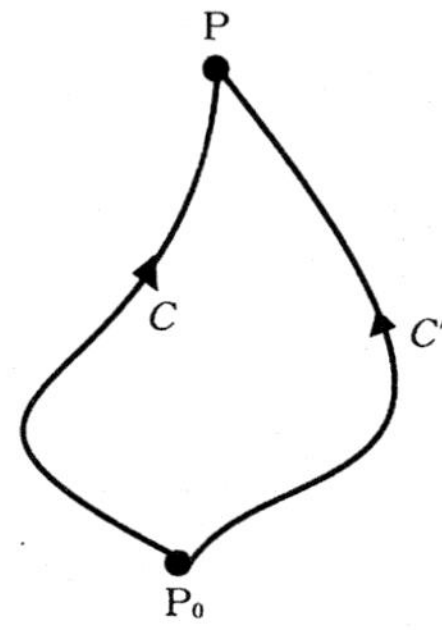

図 5.11　P_0 から P への 2 つの道すじ

$$\boldsymbol{u}(\boldsymbol{x})=\nabla\phi(\boldsymbol{x}) \tag{5.34}$$

と書けることが示せる．これは物理学に現れる多くの場について，実際に成り立つ．例えば重力の場，静電気による力場などである．これらの力場においてはスカラー場 $-\phi(\boldsymbol{x})$ をポテンシャルとよんでいる．

ストークスの定理の応用として，渦なしのベクトル場 $\boldsymbol{u}(\boldsymbol{x})$ が場 $\phi(\boldsymbol{x})$ の勾配として，(5.34) 式のように表せることを示そう．$\boldsymbol{u}(\boldsymbol{x})$ をある出発点 P_0 から他の任意の点 P まで，曲線 C に沿って線積分した量を考えよう．

$$U_C(\mathrm{P})=u_C(\boldsymbol{x})=\int_C \boldsymbol{u}\cdot d\boldsymbol{l} \tag{5.35}$$

$\boldsymbol{u}(\boldsymbol{x})$ が渦なし，すなわち $\mathrm{rot}\,\boldsymbol{u}=0$ であれば，この値は道すじ C によらない．なぜなら図 5.11 で示すような C と異なる道 C' に沿う積分との差はストークスの定理により

$$\int_C \boldsymbol{u}\cdot d\boldsymbol{l}-\int_{C'} \boldsymbol{u}\cdot d\boldsymbol{l}=\oint_{C-C'} \boldsymbol{u}\cdot d\boldsymbol{l}=\iint_S \mathrm{rot}\,\boldsymbol{u}\cdot d\boldsymbol{S}=0 \tag{5.36}$$

となるからである．

ここで $C-C'$ は，P_0 から C に沿って P まで至り，さらに C' を逆向きに P から P_0 までたどる閉じたループであり，S はこのループを境界とする任意の曲面である．

そこで (5.35) 式の $u_C(\boldsymbol{x})$ は P の位置だけの関数であるから，これを $\phi(\boldsymbol{x})$ と表そう．このとき $\boldsymbol{u}=(u_x, u_y, u_z)$ とすると

$$\phi(x+\Delta x, y, z)-\phi(x, y, z)=\int_x^{x+\Delta x} u_x(x, y, z)dx=u_x(x, y, z)\Delta x+O(\Delta x^2)$$

だから，

$$u_x=\frac{\partial\phi(x, y, z)}{\partial x}$$

となる．同様に y, z 方向での関係が成り立つから，

$$\boldsymbol{u}=\nabla\phi$$

となることがわかる．

5.4 グリーンの定理とグリーンの公式

本書の中でしばしば用いるグリーン (Green) の定理について述べておこう．2つの適当なスカラー関数，φ_1, φ_2 によって $\boldsymbol{u}=\varphi_1\nabla\varphi_2$ と書いたとする．すると $\boldsymbol{u}$ の発散は

$$\mathrm{div}(\varphi_1\nabla\varphi_2)=\varphi_1\Delta\varphi_2+\nabla\varphi_1\cdot\nabla\varphi_2 \tag{5.37}$$

と書けることから

$$\iiint_V(\varphi_1\Delta\varphi_2+\nabla\varphi_1\cdot\nabla\varphi_2)dv=\oiint_S\varphi_1\frac{\partial\varphi_2}{\partial n}dS \tag{5.38}$$

という関係が得られる．ここでラプラシアン (Laplacian) Δ は

$$\Delta=\frac{\partial^2}{\partial x^2}+\frac{\partial^2}{\partial y^2}+\frac{\partial^2}{\partial z^2}=\nabla^2=\mathrm{div}(\mathrm{grad}) \tag{5.39}$$

を意味する．また $\partial/\partial n=\boldsymbol{n}\cdot\nabla$ は曲面の法線方向を外向に向かう微分である．(5.38) 式で1と2の添字を入れ替えた関係も当然成立するが，その式を (5.38) 式の両辺から差し引くと，以下の式が得られる．

$$\iiint_V(\varphi_1\Delta\varphi_2-\varphi_2\Delta\varphi_1)dv=\oiint_S\left(\varphi_1\frac{\partial\varphi_2}{\partial n}-\varphi_2\frac{\partial\varphi_1}{\partial n}\right)dS \tag{5.40}$$

これをグリーンの公式とよぶ．また (5.38) 式において，$\varphi_1=\varphi_2=\varphi$ とおけば

$$\iiint_V\{\varphi\Delta\varphi+\nabla\varphi\cdot\nabla\varphi\}dv=\oiint_S\varphi\frac{\partial\varphi}{\partial n}dS \tag{5.41}$$

となる．

また (5.40) 式において，$\varphi_1=1$，$\varphi_2=\varphi$ とおけば

$$\iiint_V\Delta\varphi dv=\oiint_S\frac{\partial\varphi}{\partial n}dS \tag{5.42}$$

という関係が示せる．これらも有用な式で，本書でもこれ以降多く使用されることになる．ある領域内で $\Delta\phi=0$ を満たす関数を調和関数とよぶが，φ_1, φ_2 が領域内で共に調和関数であれば，(5.40) 式によって領域表面で

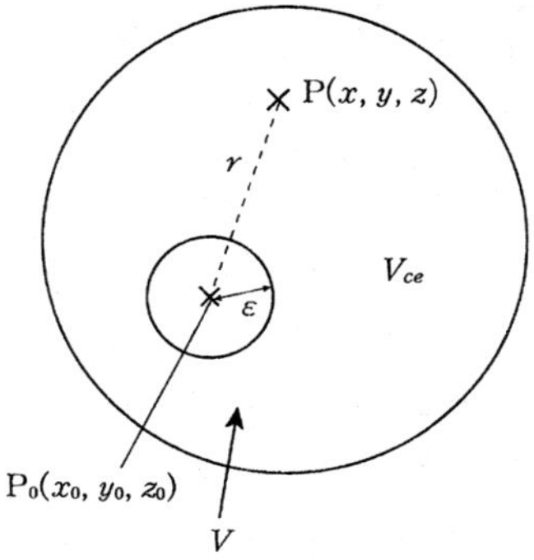

図 5.12 領域 V_{ce}

$$\oiint_S \varphi_1 \frac{\partial \varphi_2}{\partial n} dS = \oiint_S \varphi_2 \frac{\partial \varphi_1}{\partial n} dS \tag{5.43}$$

の関係が満たされることがわかる．また，φ が領域内の調和関数であれば，その表面上で

$$\oiint_S \frac{\partial \varphi}{\partial n} dS = 0 \tag{5.44}$$

となっている．

さて，領域 V の中の 1 点 $\mathrm{P_0}(x_0, y_0, z_0)$ を中心として半径 ε の球をくりぬいたものを，領域 V_{ce} とよぶことにしよう (図 5.12)．r を領域内の点 $\mathrm{P}(x, y, z)$ から $\mathrm{P_0}(x_0, y_0, z_0)$ までの距離とすれば，$\varphi_1 = 1/(4\pi r)$ は領域 V_{ce} 内で調和関数である*1)．

$\varphi_2 = \varphi$ を領域 V 内の 1 つの調和関数として，(5.40) 式の左辺の積分を領域 V_{ce} 内で行うと，これは 0 だから

$$-\oiint_{S_\varepsilon} \left(\frac{1}{4\pi r} \frac{\partial \varphi}{\partial r} + \frac{\varphi}{4\pi r^2} \right) dS_\varepsilon + \oiint_S \left\{ \frac{1}{4\pi r} \frac{\partial \varphi}{\partial n} - \frac{\varphi}{4\pi} \frac{\partial}{\partial n} \left(\frac{1}{r} \right) \right\} dS = 0 \tag{5.45}$$

となる．ここで S_ε は $\mathrm{P}(x, y, z)$ を中心として半径 ε の球面である．$\varepsilon \to 0$ の極限では，第 1 項の被積分関数の初めの項からの寄与は 0 になり，次の項の積分は φ の点 P での値になる．したがって，任意の調和関数について

---

*1) なぜなら，$r = |\boldsymbol{x} - \boldsymbol{x}_0|$ とするとき，$\boldsymbol{x}_0$ 以外の点 $\boldsymbol{x}$ において

$$\nabla \left(\frac{1}{r} \right) = -\frac{\boldsymbol{x} - \boldsymbol{x}_0}{r^3}, \qquad \Delta \left(\frac{1}{r} \right) = -\frac{3}{r^3} + \frac{3(\boldsymbol{x} - \boldsymbol{x}_0)^2}{r^5} = 0$$

となるからである．

$$\varphi(x, y, z)=\oint\!\!\oint_S\left\{\frac{1}{4\pi r}\frac{\partial\varphi}{\partial n}-\frac{\varphi}{4\pi}\frac{\partial}{\partial n}\left(\frac{1}{r}\right)\right\}dS \tag{5.46}$$

という関係が成立するが，これもグリーンの公式とよんでいる．グリーンの公式によって，調和関数は表面上の関数値と導関数の値によって決定されることがわかる．さらにそれらのうちのいずれかだけで決まっていることも示されるが，これについては第12章で述べることにしよう．

関数 φ が調和関数ではないが2階の導関数が存在するような場合，(5.40)式の左辺を取り込んで上の議論を行うと，

$$\varphi(x, y, z)=-\iiint_V\frac{\Delta\varphi}{4\pi r}dv+\oint\!\!\oint_S\left\{\frac{1}{4\pi r}\frac{\partial\varphi}{\partial n}-\frac{\varphi}{4\pi}\frac{\partial}{\partial n}\left(\frac{1}{r}\right)\right\}dS \tag{5.46$'$}$$

となる．

5.5 湧き出し点

渦なしのベクトル場 $\boldsymbol{v}(\boldsymbol{x})$ の中の1点を除いて，$\mathrm{div}\{\boldsymbol{v}(\boldsymbol{x})\}=0$ が成立するような場合を考え，この特別な点を原点に取ることにしよう．渦なしの場なので，スカラーポテンシャル ϕ によって

$$\boldsymbol{v}=\mathrm{grad}\,\phi \tag{5.47}$$

と書くことができる．この式の発散を取ると原点以外では

$$\mathrm{div}\,\boldsymbol{v}=\Delta\phi=0 \tag{5.48}$$

となる．これを利用して，原点を中心とした半径 ε の微小球 S_ε，およびこれより大きい半径 r の球 S の間の領域で発散公式(5.32)を用いれば，

$$\oint\!\!\oint_S\frac{d\varphi}{dr}dS=\oint\!\!\oint_{S_\varepsilon}\frac{d\varphi}{dr}dS_\varepsilon=4\pi r^2\frac{d\varphi}{dr} \tag{5.49}$$

の関係が得られる．最後の関係では，場は湧き出し点の存在のみに由来するので，対称性から φ は原点からの距離 r だけによることを用いた．この式の右辺の量は r によらない一定値だから，これを $-c$ とおくと

$$\frac{d\varphi}{dr}=-\frac{c}{4\pi r^2} \tag{5.50}$$

したがって

$$\varphi=\frac{c}{4\pi r} \tag{5.51}$$

となる．c は単位立体角当りの湧き出し量を表す．このようなベクトル場の例

は，電磁気学における点電荷の作る電場分布である．この場合，湧き出し量は点電荷の電荷量になっている．

ところで，上の例では原点では $\Delta\varphi$ の値は定義できないが，密度の大きい領域がごく狭い空間にあって，密度をそこで積分すると値が湧き出し量になっていると考えることができる．この空間の大きさが 0 となる極限が，上記の湧き出し点のモデルに対応する．そうすると，一般に湧き出し点が多数分布している系では湧き出し点の分布密度に個々の点の湧き出し量を乗じたもの，すなわち湧き出しの分布を ρ とおくと

$$\mathrm{div}\ \boldsymbol{v}=\Delta\phi=-\rho \tag{5.52}$$

であり，(5.46′) 式から，このときのポテンシャルは

$$\varphi(x,y,z)=\iiint_V \frac{\rho}{4\pi r}dv+\oiint_S\left\{\frac{1}{4\pi r}\frac{\partial\varphi}{\partial n}-\frac{\varphi}{4\pi}\frac{\partial}{\partial n}\left(\frac{1}{r}\right)\right\}dS \tag{5.53}$$

で与えられる．電荷が分布している空間が有界であれば，これによるポテンシャルは，上記の表面 S を無限に遠い位置に仮定すると，右辺第 2 項は 0 なることから，

$$\varphi(x,y,z)=\iiint_V \frac{\rho}{4\pi r}dv=\sum_i\frac{c}{4\pi r_i} \tag{5.54}$$

である．ここで，r_i は点 (x,y,z) から，各湧き出し点までの距離である．

5.6 湧き出しのないベクトル場

あるベクトル場 $\boldsymbol{v}$ の回転 $\boldsymbol{u}=\mathrm{rot}\ \boldsymbol{v}$ と書かれるようなベクトル場には，湧き出しがない．これは任意の $\boldsymbol{v}$ に対して

$$\mathrm{div}(\mathrm{rot}\ \boldsymbol{v})=\frac{\partial}{\partial x}\left(\frac{\partial v_z}{\partial y}-\frac{\partial v_y}{\partial z}\right)+\frac{\partial}{\partial y}\left(\frac{\partial v_x}{\partial z}-\frac{\partial v_z}{\partial x}\right)+\frac{\partial}{\partial z}\left(\frac{\partial v_y}{\partial x}-\frac{\partial v_x}{\partial y}\right)=0 \tag{5.55}$$

から明らかである．

ここで重要なことは，その逆の事実，すなわち任意の湧き出しのない場 $\boldsymbol{u}$ が常にあるベクトル場の回転として $\boldsymbol{u}=\mathrm{rot}\ \boldsymbol{v}$ と表せることである．このとき $\boldsymbol{v}$ を $\boldsymbol{u}$ のベクトルポテンシャルという．これを以下に証明する．そのため $\boldsymbol{u}$ をその成分で $\boldsymbol{u}=(X,Y,Z)$ と書くとき，次の関係を満たす P, Q, R が少なくとも一組存在することをいう．

$$X=\frac{\partial R}{\partial y}-\frac{\partial Q}{\partial z},\qquad Y=\frac{\partial P}{\partial z}-\frac{\partial R}{\partial x},\qquad Z=\frac{\partial Q}{\partial x}-\frac{\partial P}{\partial y} \tag{5.56}$$

まず，$R=0$とすると，

$$\begin{cases} Q=-\int_{z_0}^{z} X(x,y,z)dz \\ P=\int_{z_0}^{z} Y(x,y,z)dz+\psi(x,y) \end{cases} \tag{5.57}$$

ここで$\psi(x,y)$は任意のzを含まない関数である．これを(5.56)式の第3方程式に代入すると，

$$\begin{aligned} Z(x,y,z)&=-\int_{z_0}^{z}\frac{\partial X}{\partial x}dz-\int_{z_0}^{z}\frac{\partial Y}{\partial y}dz-\frac{\partial \psi}{\partial y} \\ &=\int_{z_0}^{z}\frac{\partial Z}{\partial z}dz-\frac{\partial \psi}{\partial y}=Z(x,y,z)-Z(x,y,z_0)-\frac{\partial \psi}{\partial y} \end{aligned} \tag{5.58}$$

したがって，$\psi(x,y)$は次のように書ける．

$$\psi(x,y)=-\int_{y_0}^{y} Z(x,y,z_0)dy \tag{5.59}$$

(5.57)，(5.59)式で決まるP, Qと$R=0$とは，(5.56)式を満たしている．(5.56)式を満たす上記以外の解を，$\tilde{P}=P+P'$，$\tilde{Q}=Q+Q'$，$\tilde{R}=R+R'$とすれば，ベクトル場(P', Q', R')は渦なしで，$\mathrm{rot}(P', Q', R')=0$であるから，あるスカラーポテンシャル$\phi$の勾配になっている．したがって$\tilde{\boldsymbol{v}}=(P, Q, R)+\mathrm{grad}\,\phi$も，$\boldsymbol{u}=\mathrm{rot}\ \tilde{\boldsymbol{v}}$を満たすベクトル場である．この関係は任意の微分連続関数ϕについて成り立つから，このようなベクトル場は無数にあることがわかる．

湧き出しのないベクトル場$\boldsymbol{u}$を

$$\boldsymbol{u}=\mathrm{rot}\ \tilde{\boldsymbol{v}} \tag{5.60}$$

として記述する無数のベクトル場$\tilde{\boldsymbol{v}}$の中で，さらに

$$\mathrm{div}\ \tilde{\boldsymbol{v}}=0 \tag{5.61}$$

を満たすものを選ぶことができる．これはそうでないベクトルポテンシャル$\boldsymbol{v}$について，

$$\Delta\phi=-\mathrm{div}\ \boldsymbol{v} \tag{5.62}$$

となるようにϕを決めて，$\tilde{\boldsymbol{v}}=\boldsymbol{v}+\mathrm{grad}\,\phi$とすることで実現される．方程式(5.62)を与えられた境界条件のもとで解く問題については，(5.46′)式と関係して議論したが，第12章でさらに詳しく述べる．

ベクトルポテンシャルは電磁気学でなじみの深いものである．すなわち，磁場の単極子というものは存在しないことから，常に

$$\mathrm{div}\,\boldsymbol{H}=0 \tag{5.63}$$

であって，したがって磁場はベクトルポテンシャル $\boldsymbol{A}$ によって

$$\boldsymbol{H}=\mathrm{rot}\ \boldsymbol{A} \tag{5.64}$$

と表される．定常系では電流密度 $\boldsymbol{i}$ は磁場 $\boldsymbol{H}$ と

$$\boldsymbol{i}=\mathrm{rot}\ \boldsymbol{H} \tag{5.65}$$

のように関係している．この式は電流密度の場に湧き出しがないことも意味している．ここでベクトル場 $\boldsymbol{A}$ の発散を0になるように選び，(5.64) 式を (5.65) 式に代入すると

$$\Delta\boldsymbol{A}=(\Delta A_x, \Delta A_y, \Delta A_z)=-\boldsymbol{i} \tag{5.66}$$

の関係があることがわかる．ここで，$\mathrm{rot}(\mathrm{rot}\ \boldsymbol{A})=\mathrm{grad}(\mathrm{div}\ \boldsymbol{A})-\Delta\boldsymbol{A}=-\Delta\boldsymbol{A}$ となることを用いた．(5.66) 式によって任意の電流密度から磁場のベクトルポテンシャルを決定できる．これはスカラーポテンシャルを，電荷分布から決めるポアソン (Poisson) 方程式

$$\Delta\phi=-\rho \tag{5.67}$$

と同じ形式をしている．

そこで電流密度が $\boldsymbol{i}$ であるような場合，これによる磁場 $\boldsymbol{H}$ のベクトルポテンシャル $\boldsymbol{A}$ は

$$\boldsymbol{A}=\frac{1}{4\pi}\iiint_V \frac{\boldsymbol{i}dv}{r} \tag{5.68}$$

で与えられる．この電流が断面積 σ の導線を流れるとすると，

$$\boldsymbol{A}=\frac{1}{4\pi}\int\frac{\iint_\sigma \boldsymbol{i}d\sigma}{r}dl=\frac{I}{4\pi}\int_c\frac{d\boldsymbol{l}}{r} \tag{5.69}$$

となる．ここで $|I|=\left|\iint_\sigma \boldsymbol{i}d\sigma\right|$ は，導線に沿って流れる電流の大きさである．これからループ c を流れる電流によるベクトルポテンシャルの $i\ (i=x, y, z)$ 成分は，i 方向の単位ベクトルを $\boldsymbol{e}_i$ として

$$A_i=\frac{I}{4\pi}\oint_c\frac{\boldsymbol{e}_i\cdot d\boldsymbol{l}}{r}=\frac{I}{4\pi}\oiint_S \boldsymbol{n}\cdot\mathrm{rot}\left(\frac{\boldsymbol{e}_i}{r}\right)dS \tag{5.70}$$

である．ここで S はループ c に縁取られる任意の曲面で，最後の等式はストークスの定理によって導かれた．(5.70) 式を変形すると，容易に

$$\boldsymbol{A}=\frac{I}{4\pi}\oiint_S\frac{\boldsymbol{r}\times\boldsymbol{n}}{r^3}dS \tag{5.71}$$

であることが，確かめられる．これは面 S の法線方向に微小な磁気双極子 $I\boldsymbol{n}dS$ が分布しているときの磁場を与えるベクトルポテンシャルである．一方，(5.71)

式の rot を取るとストークスの定理を用いて

$$\boldsymbol{H}=\frac{I}{4\pi}\oint_C \frac{d\boldsymbol{l}\times\boldsymbol{r}}{r^3} \tag{5.72}$$

であるが，これはビオ-サバール (Biot-Savart) の法則とよばれる．

5.7　任意のベクトル場の分解

任意のベクトル場 $\boldsymbol{v}$ を，渦なし場 $\boldsymbol{u}$ と湧き出しのない場 $\boldsymbol{w}$ へと

$$\boldsymbol{v}=\boldsymbol{u}+\boldsymbol{w} \tag{5.73}$$

のように分解することができて，さらにこの分解の仕方はただ 1 通りであることを示すことができる．一般にベクトル場 $\boldsymbol{v}$ には湧き出しがあり，渦もあるとして

$$\mathrm{div}\ \boldsymbol{v}=-\rho, \qquad \mathrm{rot}\ \boldsymbol{v}=\boldsymbol{i} \tag{5.74}$$

とおこう．

さて $\boldsymbol{u}$ については

$$\mathrm{div}\ \boldsymbol{u}=-\rho, \qquad \mathrm{rot}\ \boldsymbol{u}=0 \tag{5.75}$$

$\boldsymbol{w}$ については

$$\mathrm{div}\ \boldsymbol{w}=0, \qquad \mathrm{rot}\ \boldsymbol{w}=\boldsymbol{i} \tag{5.76}$$

であると仮定する．これまで議論してきたことからスカラーポテンシャル ϕ とベクトルポテンシャル $\boldsymbol{A}$ とが存在して，

$$\boldsymbol{u}=-\mathrm{grad}\ \phi, \qquad \boldsymbol{w}=\mathrm{rot}\ \boldsymbol{A} \tag{5.77}$$

であり，これらは

$$\phi=\frac{1}{4\pi}\iiint\frac{\rho}{r}d\boldsymbol{v}, \qquad \boldsymbol{A}=\frac{1}{4\pi}\iiint\frac{\boldsymbol{i}}{r}dv \tag{5.78}$$

のように与えることができる．結局，$\boldsymbol{v}$ は

$$\boldsymbol{v}=-\mathrm{grad}\left(\iiint\frac{\mathrm{div}\ \boldsymbol{v}}{4\pi r}dv\right)+\mathrm{rot}\left(\iiint\frac{\mathrm{rot}\ \boldsymbol{v}}{4\pi r}dv\right) \tag{5.79}$$

のように，渦なし場 (第 1 項) と湧き出しなし場 (第 2 項) に分解された．

このような分解はただ 1 通りであることは，次の考察からわかる．すなわち，$\boldsymbol{v}_1+\boldsymbol{w}_1=\boldsymbol{v}_2+\boldsymbol{w}_2$ とすると，$\boldsymbol{v}_1-\boldsymbol{v}_2$ および $\boldsymbol{w}_1-\boldsymbol{w}_2$ は，調和関数であるスカラーポテンシャル ϕ の勾配として与えられる．しかし，グリーンの公式 (5.46) において，$r\to\infty$ で $\phi\to 1/r$ 程度で 0 に近づくとして，面 S の半径 r を無限に大きくすれば，積分値は 0 に収束し，結局 ϕ が 0 であることが示せる．したがっ

て，$\boldsymbol{v}_1-\boldsymbol{v}_2=0$, $\boldsymbol{w}_1-\boldsymbol{w}_2=0$ となり，この分解がただ1通りしかないことがわかる．(5.79) 式の分解をヘルムホルツ分解という．

演 習 問 題

5.1　ベクトル場 $\boldsymbol{v}=(x, y, z)$ に対して，原点を中心とする半径 R の球の内部と表面上で，(5.5) 式の両辺をそれぞれ計算して，発散定理が成立することを確かめよ．

5.2　ベクトル場 $\boldsymbol{v}=(y, -x, 0)$ について，原点を中心とする xy 面内の半径 R の円内，および円周上の積分について，ストークスの公式 (5.13) が成立することを確かめよ．

5.3　楕円体

$$\frac{x^2}{a^2}+\frac{y^2}{b^2}+\frac{z^2}{c^2}=1$$

の点 (x, y, z) における法線ベクトルを求めよ．

5.4　$\iiint_V \mathrm{rot}\, \boldsymbol{v}\, dv=\oiint_S \boldsymbol{n}\times \boldsymbol{v}\, dS$ の関係を示せ．

5.5　調和関数 φ の点 $P(x, y, z)$ における値は，その点を中心として調和な領域に含まれる球面上の平均値

$$\varphi(x, y, z)=\frac{1}{4\pi R^2}\oiint_{S_R}\varphi(\xi, \eta, \zeta)dS$$

に等しいことを示せ．ここで R は球面上の半径で，調和な領域内で任意に取れる．

5.6　平面内の調和関数 $\varphi(x, y)$ について，C_R を点 $\mathrm{P}(x, y)$ を中心とする半径 R の円とすれば，

$$\varphi(x, y)=\frac{1}{2\pi R}\oint_{C_R}\varphi(\xi, \eta)dl$$

が成り立つことを示せ．

5.7　閉曲面 S の内部領域 V で調和な関数 φ について，

$$\iiint_V |\nabla\varphi|^2 dv=\oiint_S \varphi\frac{\partial\varphi}{\partial n}dS$$

の関係が成立することを示せ．

6 変分法

6.1 変分法とは

物理学における多くの問題は変分原理によって定式化される．古典力学における運動方程式は変分原理の１つであるハミルトンの原理から導かれるし，幾何光学における光路は，それに沿う光の到達時間が最小になるというフェルマー(Fermat)の原理から導かれ，これも変分原理で定式化される．

例１　２点 $P_1(x_1, y_1)$, $P_2(x_2, y_2)$ を結ぶ曲線を，これに沿って質点が滑りおちる時間が最小になるように決めるという問題を考えよう．ただし，図 6.1 のように x, y 面を鉛直面に取り，y の正方向は鉛直下向きに取る．

この曲線が関数 $y(x)$ で表されるものとしよう．曲線の微小な区間 $P(x, y)$, $Q(x+dx, y+dy)$ の間の長さは

$$ds=\sqrt{dx^2+dy^2}=\sqrt{1+y'^2}\,dx \tag{6.1}$$

また，この区間における質点の速さは，

$$v=\frac{ds}{dt}=\sqrt{2g(y-y_1)} \tag{6.2}$$

で与えられるから，P_1 から P_2 に質点が至るまでの時間は

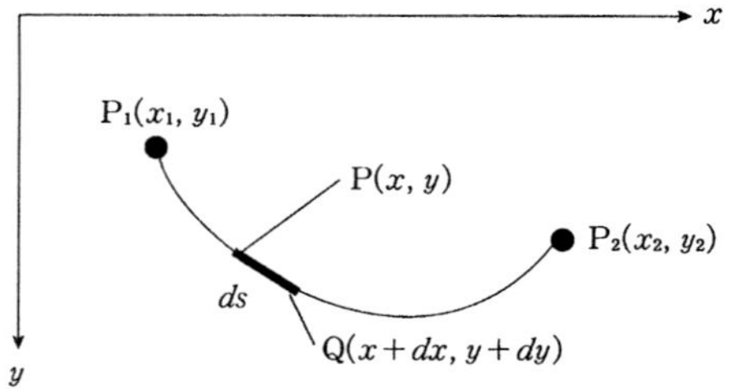

図 6.1　変分法のモデル

$$F[y(x)]=\int_{x_1}^{x_2}\frac{\sqrt{1+y'^2}}{\sqrt{2g(y-y_1)}}dx \tag{6.3}$$

で与えられる．ただし，g は重力の加速度で質点の質量を1としている．すなわち，この問題を解くには，境界条件

$$y(x_1)=y_1, \qquad y(x_2)=y_2 \tag{6.4}$$

を満たし，(6.3) 式で与えられる積分値 $F[y]$ を最小とする関数 $y(x)$ を求めればよい．(6.3) 式は関数を与えると数値が決まる関係式であるが，このような式 $F[y]$ を汎関数という．

例2 次に2点 $P_1(x_1, y_1)$, $P_2(x_2, y_2)$ の間に，長さ l の一様なひもをかけたとき，その形状を決定する問題を考えよう．例1と同じように y の正方向を鉛直下向きにとり，このひもの形状が $y(x)$ というグラフで表されるものとすると，ひもの長さが l である条件は

$$l=\int_{x_1}^{x_2}\sqrt{1+y'^2}\,dx \tag{6.5}$$

である．一方，ひもの形状は重力場の位置エネルギーが最小になるように，すなわち

$$F[y]=\sigma g\int_{x_1}^{x_2}y\sqrt{1+y'^2}\,dx \tag{6.6}$$

が最大になるように決定される．σ はひもの線密度である．この例では $y(x)$ は条件 (6.4) の他に，(6.5) 式の条件も満たさなければならない．

変分法と古典力学との重要な関わりは，「ハミルトンの原理」に典型的に見られる．すなわち，ニュートン (Newton) の運動方程式はハミルトンの原理によって次の変分原理から導かれる．1次元の保存力場 $U(x)$ にある1質点系の運動は，ラグランジュアンとよばれる次の関数

$$L(x, \dot{x})=\frac{m}{2}\dot{x}^2-U(x) \tag{6.7}$$

の作用とよばれる汎関数

$$W[x]=\int_{t_0}^{t_1}L(x, \dot{x})dt \tag{6.8}$$

を最小にするものである．ここでは，独立変数は時間 t，未知関数は $x(t)$ になっている．

このようにいくつかの条件を満たし，汎関数

$$F[y]=\int_{x_1}^{x_2} f(x, y, y', \cdots, y^{(n)})dx \tag{6.9}$$

の値を極大(または極小)にするような未知関数 $y(x)$ を決定する方法が変分法である．ここで(6.9)式の被積分関数は，任意の階数までの微分を含んでいてもよい．また関数の独立変数は，複数あってもよい．例えば2変数 x, y の関数 $u(x, y)$ を決める問題では，極大，極小にすべき汎関数は

$$F[u]=\iint_S f\left(x, y, u, \frac{\partial u}{\partial x}, \frac{\partial u}{\partial y}, \cdots\right)dxdy \tag{6.10}$$

の形に与えられる．ここで積分領域は x-y 面の1つの領域 S である．

6.2 オイラー方程式

(6.9)式または(6.10)式の汎関数に極大，極小値を取らせるにはどうしたらよいだろうか？　ここで汎関数が極大値(極小値)を取るとは，汎関数の“変数”である関数 $y(x)$ をある関数 $y_0(x)$ の近くでわずかに変化させても，それよりも大きく(小さく)なれないことをいう．ただしこれらの関数および $n-1$ 階までの導関数は，(6.9)式の問題では端点 x_1 と x_2 において，あらかじめ与えられた値を取り，(6.10)式の問題では領域 S の境界に沿ってそれらの値が定まっているものとしよう．簡単のため f が1階の導関数まで含む場合を考える．端点を固定して関数 $y(x)$ をわずかに変化させることは，微小な ε について

$$y(x)=y_0(x)+\varepsilon\eta(x) \tag{6.11}$$

とおいて，

$$\eta(x_1)=\eta(x_2)=0 \tag{6.12}$$

を満たす任意の関数 $\eta(x)$ を導入することで実現できる．汎関数(6.9)式が極大，極小になるとは，(6.11)式の $\eta(x)$ をどのように選んでも，ε の1次の範囲では汎関数が変化しないことである．これを汎関数の停留条件という．

(6.11)式を(6.9)式に代入すると，次のようになる．

$$\begin{aligned}F[y_0+\varepsilon\eta]&=\int_{x_1}^{x_2} f(x, y_0+\varepsilon\eta, y_0'+\varepsilon\eta')dx\\&=\int_{x_1}^{x_2} f(x, y_0, y_0')dx+\varepsilon\int_{x_1}^{x_2}\left(\eta\frac{\partial f}{\partial y}+\eta'\frac{\partial f}{\partial y'}\right)dx+O(\varepsilon^2)\end{aligned} \tag{6.13}$$

右辺第2項の被積分関数の中，η' の因子のある項を部分積分して，(6.12)式を用いると

$$F[y_0+\varepsilon\eta]=F[y_0]+\varepsilon\int_{x_1}^{x_2}\eta\left(\frac{\partial f}{\partial y}-\frac{d}{dx}\frac{\partial f}{\partial y'}\right)dx+O(\varepsilon^2) \tag{6.14}$$

となる．汎関数の停留条件は，(6.14) 式の第 2 項が任意の関数 η について 0 になることであるが，そのためには

$$\frac{\partial f}{\partial y}-\frac{d}{dx}\left(\frac{\partial f}{\partial y'}\right)=0 \tag{6.15}$$

でなければならない．これをオイラー方程式という．例えば作用 (6.8) 式についてのオイラー方程式は

$$\frac{\partial L}{\partial x}-\frac{d}{dt}\left(\frac{\partial L}{\partial \dot{x}}\right)=0 \tag{6.16}$$

であるが，(6.7) 式の L を用いると

$$m\ddot{x}=-\frac{\partial U}{\partial x} \tag{6.17}$$

であり，古典力学における運動方程式が得られる．

オイラー方程式 (6.15) は未知関数 y の微分方程式として書きくだせば

$$f_y-f_{y'x}-f_{y'y}y'-f_{y'y'}y''=0 \tag{6.18}$$

である．ただし

$$f_y=\frac{\partial f}{\partial y},\qquad f_{y'x}=\frac{\partial^2 f}{\partial y'\partial x},\qquad f_{y'y}=\frac{\partial^2 f}{\partial y'\partial y},\qquad f_{y'y'}=\frac{\partial^2 f}{\partial (y')^2} \tag{6.19}$$

などの記号を用いている．したがって，汎関数の被積分関数が $f(x,y,y')$ と書ける場合には，オイラー方程式は未知関数 y についての 2 階の微分方程式である．最高階数 y'' の係数 $f_{y'y'}$ が 0 にならないときは，この微分方程式の独立なパラメータを 2 つ含む解が存在する．したがって，積分の両端点での与えられた値を取るように，この関数を決定することができる．

f が n 階までの導関数を含む場合は，ε による汎関数の微小変化は，$\delta F[y_0]=F[y_0+\varepsilon\eta]-F[y_0]$ とすると

$$\delta F[y_0]=\varepsilon\int_{x_1}^{x_2}\left(\eta\frac{\partial f}{\partial y}+\eta'\frac{\partial f}{\partial y'}+\cdots+\eta^{(n)}\frac{\partial f}{\partial y^{(n)}}\right)dx+0(\varepsilon^2) \tag{6.20}$$

であるから，同じように右辺第 1 項の積分を部分積分して，

$$f_y-\frac{d}{dx}f_{y'}+\frac{d^2}{dx^2}f_{y''}-\cdots+(-1)^n\frac{d^n}{dx^n}f_{y^{(n)}}=0 \tag{6.21}$$

というオイラー方程式が得られる．

n 階までの導関数が現れる変分問題では，特別な場合を除いて最高階の微分階数は $2n$ 階であり，$2n$ 個の境界条件を満たすことができる．高次導関数の現れ

る変分問題の簡単な例として，次の汎関数 $U[u]$

$$U[u]=\int_0^l\left(\frac{1}{2}(u''(x))^2-q(x)u(x)\right)dx \tag{6.22}$$

を，極小にする問題をあげよう．これは単位長さ当り $q(x)$ の重さをもつ梁のたわみのエネルギーである．上の議論から上記の汎関数に停留値を与える条件は，オイラー方程式

$$f_u-\frac{d}{dx}f_{u'}+\frac{d^2}{dx^2}f_{u''}=0 \tag{6.23}$$

で与えられる．ただし f は被積分関数 $f(x, u, u', u'')=(1/2)(u''(x))^2-q(x)u(x)$ である．これより未知関数 $u(x)$ についての微分方程式

$$u''''(x)=q(x) \tag{6.24}$$

が得られるが，これは簡単に積分できて，

$$u(x)=\int_0^x dx_4\int_0^{x_4}dx_3\int_0^{x_3}dx_2\int_0^{x_2}q(x_1)dx_1+ax^3+bx^2+cx+d \tag{6.25}$$

のように，解が求められる．a, b, c, d は任意定数であるが，これらは例えば梁の両端における変位 $u(0)$，$u(l)$，および梁の傾き $\partial u(0)/\partial x$，$\partial u(l)/\partial x$ を与えることによって，決めることができる．

6.3 独立変数が複数ある場合

独立変数が 2 つより多くある場合の変分問題も，基本的には 1 変数の場合と同じ考え方で議論を進めることができる．はじめに，いくつかの例をあげてみよう．

例 3 最小曲面 与えられた 3 次元の閉曲線 C で縁取られる面積の最小な曲面を求めること．この曲面を $z(x, y)$ とおけば，表面積

$$S=\iint_S\sqrt{1+\left(\frac{\partial z}{\partial x}\right)^2+\left(\frac{\partial z}{\partial y}\right)^2}\,dxdy \tag{6.26}$$

を細小にすることである．ただし，曲面 $z(x, y)$ は曲線 C：$x(l)$，$y(l)$，$z(l)$ $(a\leq l\leq b)$ を通るように，すなわち $z(l)=z(x(l), y(l))$ を満たさなければならない．(6.26) 式の被積分関数は，z 軸と点 $z(x, y)$ における曲面の法線がなす角を θ として，$1/\cos\theta$ になっている．すなわち $\sqrt{1+(\partial z/\partial x)^2+(\partial z/\partial y)^2}\,dxdy$ は曲面上の面素の面積になっている．

この問題で曲線 C の x, y 平面からのはずれがごく小さいなら，(6.26) 式を近似して

$$S=\frac{1}{2}\iint_s\left\{\left(\frac{\partial z}{\partial x}\right)^2+\left(\frac{\partial z}{\partial y}\right)^2\right\}dxdy+\text{定数} \tag{6.27}$$

と表すことができる．

例 4　水平面内に与えられた枠 C：$x(l), y(l)$ にシャボン玉が張りついている．重力場の中でのその形状を決める問題である．これは $z(l)=z(x(l), y(l))=0$ の境界条件下で

$$U=\iint_s\left[\frac{T}{2}\left\{\left(\frac{\partial z}{\partial x}\right)^2+\left(\frac{\partial z}{\partial y}\right)^2\right\}+\rho gz\right]dxdy \tag{6.28}$$

を最小にすればよい．ただし表面張力 T，膜の面密度 ρ は定数，g は重力加速度である．

例 5　測地線　これは曲面に沿って，与えられた 2 点間の最短経路を決める問題である．一般に連続な曲面は 2 つのパラメータ u, v によって $x(u, v)$, $y(u, v)$, $z(u, v)$ と表され，またこの曲面上に乗っている曲線は適当な関数 $u(v)$ を指定すると得られる．この曲線の線素 ds は

$$ds^2=dx^2+dy^2+dz^2=E(u, v)du^2+2F(u, v)dudv+G(u, v)dv^2 \tag{6.29}$$

のように書ける．ここで

$$\left.\begin{aligned}
E(u, v)&=\left(\frac{\partial x}{\partial u}\right)^2+\left(\frac{\partial y}{\partial u}\right)^2+\left(\frac{\partial z}{\partial u}\right)^2\\
F(u, v)&=\frac{\partial x}{\partial u}\frac{\partial x}{\partial v}+\frac{\partial y}{\partial u}\frac{\partial y}{\partial v}+\frac{\partial z}{\partial u}\frac{\partial z}{\partial v}\\
G(u, v)&=\left(\frac{\partial x}{\partial v}\right)^2+\left(\frac{\partial y}{\partial v}\right)^2+\left(\frac{\partial z}{\partial v}\right)^2
\end{aligned}\right\} \tag{6.30}$$

とおいた．点 $(u_0, v_0(u_0))$ と点 $(u_l, v_l(u_l))$ を結ぶ測地線は

$$L=\int_{u_0}^{u_1}\sqrt{E+2Fv'+Gv'^2}\,du \tag{6.31}$$

を最小にする．

変数が複数ある場合の，オイラー方程式はどうなるだろうか？　簡単のため汎関数が $F[u]=\iint_S f(x, y, u, \partial u/\partial x, \partial u/\partial y)dxdy$ ((6.10) 式) で与えられる独立変数が 2 つある場合のオイラー方程式を導いておこう．ベクトル場を

$$\boldsymbol{v}=(-\eta f_{u_y}, \eta f_{u_x}, 0) \tag{6.32}$$

とおき，ストークスの公式を閉曲線 C とこれに囲まれる領域 S に適用して

$$\iint_S \left\{\frac{\partial}{\partial x}(\eta f_{u_x})+\frac{\partial}{\partial y}(\eta f_{u_y})\right\}dxdy=\oint_C (\eta f_{u_x}dy-\eta f_{u_y}dx) \tag{6.33}$$

を得る．そこで $\eta(x, y)$ が境界 C の上で 0 であるなら，(6.33) 式の右辺は 0 となる．したがって (6.33) 式の左辺を変形して

$$\iint_S (\eta_x f_{u_x}+\eta_y f_{u_y})dxdy=-\iint_S \eta\left(\frac{\partial}{\partial x}f_{u_x}+\frac{\partial}{\partial y}f_{u_y}\right)dxdy \tag{6.34}$$

が得られる．η をそのような任意の関数として

$$u(x, y)=u_0(x, y)+\varepsilon\eta(x, y) \tag{6.35}$$

として，関数が u_0 からわずかにずれたときの $F[u]$ の変化量を見積もると

$$\begin{aligned}\delta F&=\varepsilon\iint_S(\eta f_u+\eta_x f_{u_x}+\eta_y f_{u_y})dxdy+O(\varepsilon^2)\\&=\varepsilon\iint_S \eta\left(f_u-\frac{\partial}{\partial x}f_{u_x}-\frac{\partial}{\partial y}f_{u_y}\right)dxdy+O(\varepsilon^2)\end{aligned} \tag{6.36}$$

が得られる．2 行目の変形において，(6.34) 式を用いた．(6.36) 式から，汎関数が $u(x, y)=u_0(x, y)$ で極大 (極小) 値を取るためには，

$$f_u-\frac{\partial}{\partial x}f_{u_x}-\frac{\partial}{\partial y}f_{u_y}=0 \tag{6.37}$$

でなければならないことがわかる．これが 2 変数関数の変分についてのオイラー方程式である．

はじめにあげた例 3 についての，オイラー方程式を見てみよう．例 3 の最小曲面について，$f=\sqrt{1+(\partial z/\partial x)^2+(\partial z/\partial y)^2}$ として，(6.37) 式に代入すると

$$\frac{\partial^2 z}{\partial x^2}\left\{1+\left(\frac{\partial z}{\partial y}\right)^2\right\}-2\frac{\partial^2 z}{\partial x\partial y}\frac{\partial z}{\partial x}\frac{\partial z}{\partial y}+\frac{\partial^2 z}{\partial y^2}\left\{1+\left(\frac{\partial z}{\partial x}\right)^2\right\}=0 \tag{6.38}$$

となる． この式は曲面 $z(x, y)$ の平均曲率がいたるところ 0 であることを示している．上記の最小曲面の問題において，曲面の平面からのずれが小さくて $\partial z/\partial x$, $\partial z/\partial y$ などが 1 に比べてごく小さければ，表面積として (6.27) 式が使える．この場合のオイラー方程式は

$$\frac{\partial^2 z}{\partial x^2}+\frac{\partial^2 z}{\partial y^2}=0 \tag{6.39}$$

である．これは (6.38) 式から偏導関数の積の項を省略してもえられる．方程式 (6.39) は 2 次元のラプラス方程式とよばれるものであり，これを満たす関数は調和あるいは調和関数であるという．ある領域の境界で指定された値をもち，領域内部で調和な関数を求める問題をディリクレ (Dirichlet) 問題という．したがって，上記の問題はディリクレ問題に帰着するが，これについての考察は第

12 章で行う．次に重力場の中で枠に張られたシャボン玉の形状を求める問題，すなわち (6.28) 式の変分問題に対応するオイラー方程式は

$$\frac{\partial^2 z}{\partial x^2}+\frac{\partial^2 z}{\partial y^2}=\frac{\rho}{T}g \tag{6.40}$$

となる．これは 2 次元のポアソン方程式とよばれるものである．2 次元のラプラス方程式あるいはポアソン方程式の解法については，第 12 章で述べることにしよう．

次に球面上の測地線について，考えよう．半径 R の球面では極座標の角度 θ と ϕ を座標系に用いるのが便利である．これは付録 C の (C.1) 式で定義される．(6.30) 式の u, v が θ, ϕ になっていることに注意して，(6.30) 式の E, F, G を求めると

$$E(\theta, \phi)=R^2, \qquad F(\theta, \phi)=0, \qquad G(\theta, \phi)=R^2\sin^2\theta \tag{6.41}$$

であることは，容易に確かめられる．すると，球面上の曲線の長さは

$$L=\int_{\theta_0}^{\theta} R\sqrt{1+\sin^2\theta\left(\frac{d\phi}{d\theta}\right)^2}\,d\theta \tag{6.42}$$

と書ける．これがある球面上の曲線 $\phi=\phi(\theta)$ に対して極小になるには，オイラーの方程式から

$$\frac{\sin^2\theta\dfrac{d\phi}{d\theta}}{\sqrt{1+\sin^2\theta\left(\dfrac{d\phi}{d\theta}\right)^2}}=\text{一定} \tag{6.43}$$

であればよいことがわかる．これから特に $d\phi/d\theta=0$ の場合が解になっていることがわかる．これは球の子午線である．なぜなら出発点 (θ_0, ϕ_0) を極に選んでも一般性を失わないので，そのように仮定すると (6.43) 右辺の定数は 0 になり，測地線上で $d\phi/d\theta=0$ となって，測地線が子午線になることがわかる．このことから，球上の測地線は大円であることがわかる．

6.4 オイラー方程式の解 — 付帯条件のない場合 —

本章のはじめに述べた最速降下線の例 (例 1) について，オイラー方程式を実際に解いて，答えを求めてみよう．簡単のため例 1 において $2g=1$, $y_1=0$ として

$$f(x, y, y')=\sqrt{\frac{1+y'^2}{y}} \tag{6.44}$$

とおこう．(6.44) 式は f の中に独立変数 x が含まれていないが，このような場合には，オイラー方程式の積分は簡単になる．すなわち

$$\frac{d}{dx}(y'f_{y'}-f)=y''f_{y'}+y'\frac{d}{dx}f_{y'}-y'f_y-y''f_{y'}=-y'\left(f_y-\frac{d}{dx}f_{y'}\right)=0 \tag{6.45}$$

であるから，

$$y'f_{y'}-f=C\ (\text{定数}) \tag{6.46}$$

となる．(6.46) 式は y と y' だけを含むから

$$y'=\varphi(y, C) \tag{6.47}$$

と解くと，

$$x=\int\frac{dy}{\varphi(y, C)} \tag{6.48}$$

として，x, y の関数関係が得られる．(6.44) 式の場合，(6.46) 式に相当するのは

$$\frac{y'^2}{\sqrt{y}\sqrt{1+y'^2}}-\frac{\sqrt{1+y'^2}}{\sqrt{y}}=C \tag{6.49}$$

であり，これを解くと

$$y'=\sqrt{\frac{(1/C)^2-y}{y}} \tag{6.50}$$

となる．そこでパラメータ t を用いて曲線を表すことにしよう．

$$y(t)=\frac{1}{2C^2}(1-\cos t) \tag{6.51}$$

とおくと，(6.50) 式より

$$y'=\frac{\dot{y}(t)}{\dot{x}(t)}=\cot\left(\frac{t}{2}\right) \tag{6.52}$$

(6.51)，(6.52) 式から

$$\dot{x}(t)=\frac{1}{2C^2}(1-\cos t) \tag{6.53}$$

したがって，C_1 を適当な定数として

$$x(t)=C_1+\frac{1}{2C^2}(t-\sin t) \tag{6.54}$$

が得られる．(6.51)，(6.54) 式が求める曲線をパラメータ t によって表示したものである．この曲線の幾何学的な意味は，図 6.2 のように理解できる．

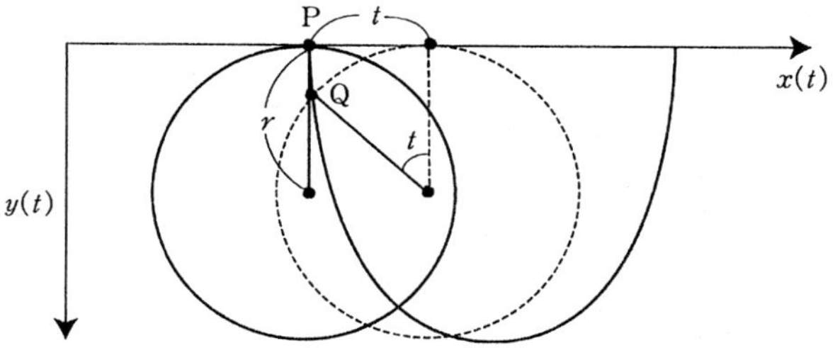

図 6.2 パラメータ t による曲線の表現

半径 $r(=1/2C^2)$ の円板を水平な直線の下において，滑らないようにして転がす．はじめ直線に接していた円周上の点 P は円が角度 t だけ回転すると図の Q の位置にくるが，その座標は

$$x(t)=r(t-\sin t), \qquad y(t)=r(1-\cos t) \tag{6.55}$$

であり，このような軌跡が曲線を形成する．これはサイクロイドとよばれる曲線である．

2 つ以上の未知関数を含む問題の例として，3 次元空間における最小光路あるいは最速降下曲線を考えてみよう．これらは 3 次元空間において光や質点の通る曲線 (軌跡) を，次のような汎関数が極小になるように定める問題である．

$$J[y(x), z(x)]=\int_{x_0}^{x_1} n(x, y, z)\sqrt{1+\left(\frac{dy}{dx}\right)^2+\left(\frac{dz}{dx}\right)^2}\,dx \tag{6.56}$$

$$J[y(x), z(x)]=\int_{x_0}^{x_1} \frac{\sqrt{1+(dy/dx)^2+(dz/dx)^2}}{v(x, y, z)}\,dx \tag{6.57}$$

ここで $n(x, y, z)$ と $v(x, y, z)$ は，それぞれ光の屈折率あるいは粒子の速度である．光の位相速度は屈折率と $n(x, y, z)=c/v(x, y, z)$ のように関係しているから，(6.57) 式を光の問題と考えてもよい．はじめに 2 つ以上の未知関数を含む問題のオイラー方程式を導いておこう．

一般的には汎関数が複数の未知関数 $y, z, \cdots$ を含んで

$$J[y, z, \cdots]=\int_{x_0}^{x_1} f(x, y, z, \cdots, y', z', \cdots)\,dx \tag{6.58}$$

と与えられる場合を考える．ここで x は独立変数で

$$\frac{dy}{dx}=y', \quad \frac{dz}{dx}=z', \cdots \tag{6.59}$$

などである．未知関数が $y=y_0, z=z_0, \cdots$ のときに J が極小 (または極大) になるとして，それぞれの近傍でこれらの関数をわずかに変えたとしよう．すなわち

$\varepsilon_1, \varepsilon_2, \cdots$ などを微少量，$\eta(x), \zeta(x), \cdots$ などを，区間の両端 x_1, x_2 で 0 になる任意の連続関数として

$$y(x)=y_0(x)+\varepsilon_1\eta(x)$$
$$z(x)=z_0(x)+\varepsilon_2\zeta(x) \qquad (6.60)$$
$$\vdots$$

などとしてみよう．すると汎関数 J は

$$J[y_0+\varepsilon_1\eta, z_0+\varepsilon_2\zeta, \cdots]=\int_{x_1}^{x_2} f(x, y_0+\varepsilon_1\eta, z_0+\varepsilon_2\zeta, \cdots, y_0'+\varepsilon_1\eta', z_0'+\varepsilon_2\zeta', \cdots)dx$$
$$=\int_{x_1}^{x_2} f(x, y_0, z_0, \cdots, y_0', z_0', \cdots)dx+\varepsilon_1\int_{x_1}^{x_2}\left(\eta\frac{\partial f}{\partial y}+\eta'\frac{\partial f}{\partial y'}\right)dx$$
$$+\varepsilon_2\int_{x_1}^{x_2}\left(\zeta\frac{\partial f}{\partial z}+\zeta'\frac{\partial f}{\partial z'}\right)dx+O(\varepsilon_1^2, \varepsilon_1\varepsilon_2, \varepsilon_2^2, \cdots)$$
$$=J[y_0, z_0, \cdots]+\varepsilon_1\int_{x_1}^{x_2}\eta\left(\frac{\partial f}{\partial y}-\frac{d}{dx}\frac{\partial f}{\partial y'}\right)dx+\varepsilon_2\int_{x_1}^{x_2}\zeta\left(\frac{\partial f}{\partial z}-\frac{d}{dx}\frac{\partial f}{\partial z'}\right)dx+\cdots$$
$$+O(\varepsilon_1^2, \varepsilon_1\varepsilon_2, \varepsilon_2^2, \cdots) \qquad (6.61)$$

のように表すことができる．汎関数の停留条件は，$\varepsilon_1, \varepsilon_2, \cdots$ などの 1 次の項が存在しないことである．端点が 0 である任意の関数 $\eta(x), \zeta(x), \cdots$ についてそのようになるための条件は

$$\frac{\partial f}{\partial y}-\frac{d}{dx}\left(\frac{\partial f}{\partial y'}\right)=0, \qquad \frac{\partial f}{\partial z}-\frac{d}{dx}\left(\frac{\partial f}{\partial z'}\right)=0, \cdots \qquad (6.62)$$

であることは，未知関数が 1 つの場合と同様に示せる．(6.62) 式が 2 つ以上の未知関数に対する変分問題のオイラー方程式である．

先に述べた例題について，オイラー方程式を適用してみよう．はじめに，一様媒質中の光の伝播について見ると，n_0 を一定の屈折率として

$$n(x, y, z)=n_0 \qquad (6.63)$$

であるから，オイラー方程式は

$$\frac{d}{dx}\frac{n_0 y'}{\sqrt{1+y'^2+z'^2}}=0, \qquad \frac{d}{dx}\frac{n_0 z'}{\sqrt{1+y'^2+z'^2}}=0 \qquad (6.64)$$

したがって，その解は a, b を定数として

$$\frac{y'}{\sqrt{1+y'^2+z'^2}}=a, \qquad \frac{z'}{\sqrt{1+y'^2+z'^2}}=b \qquad (6.65)$$

となる．これより y', z' を解けば

$$y'=\frac{a}{\sqrt{1-a^2-b^2}}, \qquad z'=\frac{b}{\sqrt{1-a^2-b^2}} \qquad (6.66)$$

のように，それぞれ定数になる．これは一様媒質中では光の進路は直線であることを意味している．

6.5 オイラー方程式の解 ― 付帯条件のある場合 ―

ここでは例2にあげる付帯条件のある問題を考えよう．すなわちこの系では未知関数 $y(x)$ は，端点を通るという条件の他に一般には

$$G[y]=\int_{x_1}^{x_2} g(x, y, y')dx=c \tag{6.67}$$

の形で表される条件を満たさなければならない．このような条件式を満たし，

$$F[y]=\int_{x_1}^{x_2} f(x, y, y')dx \tag{6.68}$$

を最大（最小）とする未知関数 $y(x)$ を求める問題を等周問題という．これを解くには，付録Bに述べるラグランジュの未定乗数法という手法が有効である．すなわち，この方法では (6.68) 式の最大最小を考える代わりに，汎関数

$$U[y]=F[y]-\lambda(G[y]-c) \tag{6.69}$$

を最大（最小）とする未知関数 $y(x)$ と，パラメータ λ の値を求める．関数 y をわずかに変化させたときの汎関数の変化が0になることから，

$$\delta U[y]=\delta F[y]-\lambda\delta G[y]=0 \tag{6.70}$$

である．一方，パラメータ λ をわずかに変化させたときにも，極値になっていることから，

$$\frac{\partial U[y]}{\partial\lambda}=G[y]-c=0 \tag{6.71}$$

となる．(6.70) 式の条件は，前節での汎関数を与える被積分関数が f から $f-\lambda g$ に代わったことになるので，これから未知関数 $y(x\,;\lambda)$ が λ をパラメータとして含む形で解くことができる．この関数を (6.71) 式に代入すると，λ はこの方程式から決まった値に定まり，問題が最終的に解ける．

具体的に例2の問題を解くことにしよう．

$$\left.\begin{aligned} f(x, y, y')&=y\sqrt{1+y'^2} \\ g(x, y, y')&=\sqrt{1+y'^2} \end{aligned}\right\} \tag{6.72}$$

とすると，$f-\lambda g$ は x をあらわに含まないので，(6.46) 式を導いたのと同じように次の関係が得られる．

$$-c=y'(f_{y'}-\lambda g_{y'})-(f-\lambda g)=-\frac{y}{\sqrt{1+y'^2}}+\frac{\lambda}{\sqrt{1+y'^2}} \tag{6.73}$$

よって

$$y'=\sqrt{\left(\frac{y-\lambda}{c}\right)^2-1} \tag{6.74}$$

であるが，この微分方程式を解くと

$$y-\lambda=c\cosh\left(\frac{x}{c}+c_1\right) \tag{6.75}$$

が得られる．c, c_1, λ は端点の条件と，長さ一定

$$\int_{x_1}^{x_2}\sqrt{1+y'^2}\,dx=l \tag{6.76}$$

の条件から定まる．

ここで歴史的には等周問題の語源となった素朴な問題，すなわち長さが一定の糸を輪にして最大の面積を囲むためにはどのような図形にすればよいかを，考察しよう．答えはよく知られているように円になる．これは他の直接的な方法でも証明できるが，ここでは変分法で議論する．

糸の長さを $2l$ とおき，糸の上にあらかじめ 2 点 A, B を糸に沿った両点間の長さが l になるように決めておく．そうするとこの問題は，点 A, B を共に x 軸上においてその上半平面と下半平面に長さ l の両端を固定された糸で，それぞれ面積最大の図形を求めることに帰着する．この 2 つは当然同じ問題であるが，これを次のように変分法で解く．

点 A を原点，点 B を x 軸上の $x=\xi\,(\xi<l)$ の位置において，糸の曲線を $y(x)$ と書こう．この曲線が x 軸と囲む面積は

$$S=\int_0^{\xi} y\,dx \tag{6.77}$$

であるが，糸の長さは l であるから積分の形に書かれた次の条件

$$l=\int_0^{\xi}\sqrt{1+y'^2}\,dx \tag{6.78}$$

がある．これは上に述べた等周問題の形式をしているが，積分の上端が決まっていない点では少し複雑である．そこで次の方法で進めよう．まず ξ の値を固定して S を最大にする図形とそのときの S の値 $S(\xi)$ を求める．次に，ξ の値を 0 から l まで変化させたとき $S(\xi)$ が最大となるときの ξ とそのときの図形を決めるのである．

はじめに 1 段目のステップである．(6.78) 式の条件で (6.77) 式の値を最大に

するのは，次の被積分関数

$$f=y-\lambda\sqrt{1+y'^2} \tag{6.79}$$

を用いて，汎関数(6.80)に停留値を取らせる関数 $y(x)$ と，パラメータ λ を決定する．

$$J[y\,;\,\lambda]=\int_0^{\xi} f(x,y,y'\,;\,\lambda)dx \tag{6.80}$$

オイラー方程式は

$$0=\frac{\partial f}{\partial y}-\frac{d}{dx}\left(\frac{\partial f}{\partial y'}\right)=1+\lambda\frac{d}{dx}\left(\frac{y'}{\sqrt{1+y'^2}}\right) \tag{6.81}$$

である．これから導関数 y' は容易に求められて

$$y'=\left(c-\frac{x}{\lambda}\right)\Big/\sqrt{1-\left(c-\frac{x}{\lambda}\right)^2} \tag{6.82}$$

となる．c は積分定数である．これをさらに x で積分して，$x=0$, $x=\xi$ の点で 0 になるようにすると

$$y(x)=\frac{\xi}{2c}\left(\sqrt{1-c^2\left(1-\frac{2x}{\xi}\right)^2}-\sqrt{1-c^2}\right) \tag{6.83}$$

となる．ただし，$\lambda=\xi/2c$ とおいた．ここで x の代わりに独立変数として θ を，次の関係式で導入するのが便利である．

$$x=\frac{\xi}{2\sin\alpha}(\sin\alpha+\sin\theta) \tag{6.84}$$

ここで α は

$$\sin\alpha=c \tag{6.85}$$

で定義される．x が 0 から ξ まで動くとき，θ は $-\alpha$ から α までの範囲を動く．このとき y と曲線の線素は

$$y=\frac{\xi}{2\sin\alpha}(\cos\theta-\cos\alpha) \tag{6.86}$$

$$\sqrt{1+y'^2}dx=\frac{dx}{\cos\theta}=\frac{\xi}{2\sin\alpha}d\theta \tag{6.87}$$

のように表される．(6.87) 式から，糸の長さは

$$l=\frac{\xi}{2\sin\alpha}\int_{-\alpha}^{\alpha}d\theta=\frac{\alpha\xi}{\sin\alpha} \tag{6.88}$$

と表される．このとき面積は

$$S(\xi)=\left(\frac{\xi}{2\sin\alpha}\right)^2(\alpha-\sin\alpha\cos\alpha) \tag{6.89}$$

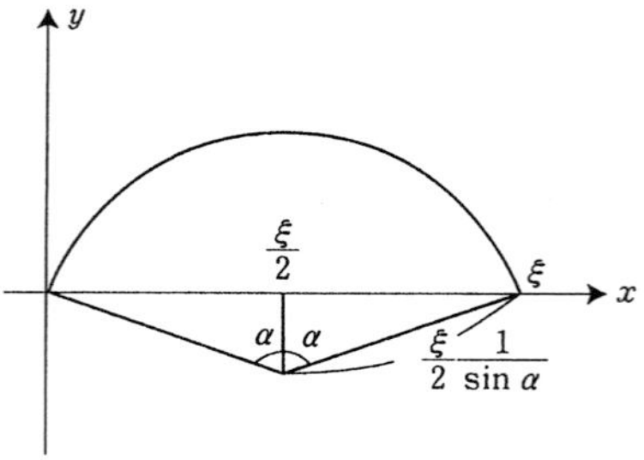

図 6.3 曲線の概型

と求められるが，α は (6.88) 式から ξ の関数となっている．また，(6.84), (6.86) 式は，曲線が $(\xi/2, -\xi\cot\alpha/2)$ を中心とし，半径を $\xi/2\sin\alpha$ とする円弧の一部であることを示している (図 6.3).

次のステップでは，(6.89) 式の $S(\xi)$ を最大にする ξ を決める．(6.88) 式から

$$\xi=\frac{l\sin\alpha}{\alpha} \tag{6.90}$$

と書くと，ξ は区間 $[0,\pi]$ で α の単調な 1 価減少関数であり，$\alpha=\pi$ が $\xi=0$ に，$\alpha=0$ が $\xi=l$ に対応する．そこで (6.89), (6.90) 式から得られる

$$S(\xi(\alpha))=\left(\frac{l}{2}\right)^2\frac{\alpha-\sin\alpha\cos\alpha}{\alpha^2} \tag{6.91}$$

の関係を α で微分すると，

$$S'(\xi(\alpha))\xi'(\alpha)=\frac{l^2}{4}\left\{-\frac{1}{\alpha^2}+\frac{1}{\alpha^3}(\sin 2\alpha-\alpha\cos 2\alpha)\right\} \tag{6.92}$$

となる．この右辺は α の区間 $[0,\pi]$ の 1 点 $\alpha=\pi/2$ だけで 0 になる．この点での ξ の値は

$$\xi=\frac{2l}{\pi} \tag{6.93}$$

これは弧長を l とする半円の直径に他ならない．このとき図 6.3 の円弧の中心は，x 軸上にある．このときの面積 S は $(\pi/2)(l/\pi)^2$ である．ここで得られた結果は，はじめの問題，すなわち長さの一定な閉曲線が囲む面積が，最大の領域は円であることを示している．この議論の途中で，両端が一直線上に固定された長さ一定の曲線が囲む領域が面積最大になるのは，この曲線が円弧になるときであることも示された．

6.6 曲線や曲面の上を端点が動けるとき

これまでの考察では，すべて端点は固定されていると考えてきた．変分の興味ある性質は，端点が自由に動ける場合に現れる．はじめに独立変数 x と未知関数 $y(x)$ とからなる (x, y)2 次元系の変分問題を考えよう．汎関数

$$J[y]=\int_{x_0}^{x_1} f(x, y, y')dx \tag{6.94}$$

に停留値を取らせる曲線，すなわち停留曲線 $y(x)$ を求めることについては，これまでと同じである．しかしこのとき，一方の端点 x_0, y_0 は決まっていて，$y_0=y(x_0)$ でなければならないが，もう 1 つの端点 x_1, y_1 は曲線

$$\varphi(x, y)=c \tag{6.95}$$

の上のどこにあってもよいとする．このような条件を満たす曲線群の中から，(6.94) 式の値を停留させる曲線を探すのである．さて停留曲線 $y_0(x)$ に近い曲線を $y(x, \alpha)$ とし，$\alpha=0$ では $y(x, 0)=y_0(x)$ になるとしておこう．以前の表し方では

$$\varepsilon\eta(x) \to \frac{\partial y(x, \alpha)}{\partial \alpha}\delta\alpha \tag{6.96}$$

と対応するが，端点で $\eta(x)=0$ になることは仮定していない．さらに端点 $x_1=x_1(\alpha)$ は α によって変化し，変化量は

$$\delta x_1=\frac{dx_1}{d\alpha}\delta\alpha \tag{6.97}$$

であるとしよう．さて試行関数を $y(x, \alpha)$ としたときの汎関数の値は

$$J(\alpha)=\int_{x_0}^{x_1(\alpha)} f\left(x, y(x, \alpha), \frac{\partial y}{\partial x}(x, \alpha)\right)dx \tag{6.98}$$

である．α が小さな値 $\delta\alpha$ のとき停留値からの差は，以下で与えられる．

$$\delta J=f_1\delta x_1+\int_{x_0}^{x_1(0)}\left(\frac{\partial f}{\partial y}\frac{\partial y(x, \alpha)}{\partial \alpha}\delta\alpha+\frac{\partial f}{\partial y'}\frac{\partial^2 y(x, \alpha)}{\partial\alpha\partial x}\delta\alpha\right)dx \tag{6.99}$$

ただし，$f_1=f(x_1, y_1, y_1')$ である．被積分関数の第 2 項からの寄与は

$$\int_{x_0}^{x_1(0)}\frac{\partial f}{\partial y'}\frac{\partial^2 y}{\partial x\partial\alpha}\delta\alpha dx=-\int_{x_0}^{x_1(0)}\frac{\partial y(x, \alpha)}{\partial\alpha}\delta\alpha\frac{d}{dx}\left(\frac{\partial f}{\partial y'}\right)dx+\frac{\partial f_1}{\partial y'}(\delta y_1-y_1'\delta x_1) \tag{6.100}$$

になることが示せる．なぜなら，端点の y 座標の変化は

$$\delta y_1=\frac{\partial y(x_1,\alpha)}{\partial \alpha}\delta\alpha+\frac{\partial y(x_1,\alpha)}{\partial x_1}\delta x_1=\frac{\partial y(x_1,\alpha)}{\partial \alpha}\delta\alpha+y_1{}'\delta x_1 \tag{6.101}$$

となるからである．そこで(6.100)式を(6.99)式に代入し，積分項はオイラー方程式から0になっていることを用いると，αの関数として停留になるためには

$$\delta J=\left(f_1-y_1{}'\frac{\partial f_1}{\partial y'}\right)\delta x_1+\frac{\partial f_1}{\partial y'}\delta y_1=0 \tag{6.102}$$

が成立しなければならないことがわかる．ベクトル$(\delta x_1, \delta y_1)$は曲線(6.95)式の接線方向を向いているので，条件(6.102)はベクトル$(f_1-y_1{}'(\partial f_1/\partial y'), (\partial f_1/\partial y'))$がこの曲線と直交することを意味する．以上のことをまとめよう．汎関数Jにおいて，試行関数の境界条件として端点がある曲線上に束縛されている場合，その端点で(6.102)が満たされる．あるいはベクトル$(f_1-y_1{}'(\partial f_1/\partial y'), (\partial f_1/\partial y'))$が曲線と直交する．

3次元の曲線についての変分問題

$$J[y,z]=\int_{x_0}^{x_1}f(x,y,z,y',z')dx \tag{6.103}$$

について，端点x_1, y_1, z_1がある曲面$\phi(x,y,z)=C$に束縛されているという条件で停留曲線をさがすと，オイラー方程式(6.62)の他に境界条件

$$\left(f-y'\frac{\partial f}{\partial y'}-z'\frac{\partial f}{\partial z'}\right)\delta x+\frac{\partial f}{\partial y'}\delta y+\frac{\partial f}{\partial z'}\delta z=0 \tag{6.104}$$

が得られる．この条件は，ベクトル

$$\boldsymbol{v}=(f-y'f_{y'}-z'f_{z'}, f_{y'}, f_{z'}) \tag{6.105}$$

が曲面の法線と平行(曲面と直交)ということである．(6.102)式，あるいは(6.104)式は積分の端点がそれぞれ，曲線あるいは曲面に束縛されているという条件で，汎関数の停留曲線が満たすべき条件式である．これらは被積分関数，その偏導関数，それらの1次結合などから定義されるベクトルが，束縛曲線あるいは曲面の法線方向に 向くという形をしており，横断条件とよばれる．横断条件のイメージをより具体的にするために，被積分関数が(6.56)式あるいは(6.57)式で与えられる場合について(6.104)式を計算してみる．容易に確かめられるように

$$\boldsymbol{v}=\frac{n}{\sqrt{A}}(1, y', z') \tag{6.106}$$

となり，ベクトル$\boldsymbol{v}$は停留曲線の端点でその接線に平行である．ただし，Aは$A=1+y'^2+z'^2$で与えられる．この場合の横断条件は停留曲線が束縛面と直交す

る条件になっている．

粒子の速度や光の屈折率が一定と見なせる状況で，粒子の軌跡あるいは光線が端点の束縛面と垂直に交わることは，最小作用の原理またはフェルマーの原理に照らして，無理なく理解できよう．端点が束縛面上を自由に動けるとき，端点に到達するまでの作用(距離)や時間を極小にするためには，軌跡は束縛面と直交しなければならないからである．

6.7 停留曲線の場と正準方程式

古典力学の最も整った数学的な記述は正準理論によって与えられる．しかし，この理論の枠組は変分学の論理の自然な帰結でもある．汎関数を停留値にする無数の停留曲線が，互いに交わることなく隙間なく空間を埋め尽くしているとき，これを停留曲線の場という．この場を記述する基本的な関数は，汎関数積分の値を端点の関数として扱うことによって得られる．

例として 3 次元系の停留曲線を決める変分問題の汎関数

$$J[y,z]=\int_{x_0}^{x_1} f(x,y,z,y',z')\,dx \tag{6.107}$$

から，スタートしよう．すでに述べてきたように停留曲線は，オイラー方程式

$$\frac{\partial f}{\partial y}-\frac{d}{dx}\left(\frac{\partial f}{\partial y'}\right)=0, \qquad \frac{\partial f}{\partial z}-\frac{d}{dx}\left(\frac{\partial f}{\partial z'}\right)=0 \tag{6.108}$$

と，端点に関する条件式から決められる．通常，(6.108) 式は未知関数 y, z に関する 2 階の微分方程式であるが，これを未知関数の数を 2 倍に増やして，4 つの変数 y, z, u, v についての 1 階の微分方程式に変換しよう．このためには

$$u=\frac{\partial f}{\partial y'}, \qquad v=\frac{\partial f}{\partial z'} \tag{6.109}$$

とおいて，y', z' を上の方程式から解いて，x, y, z, u, v の関数として表せばよい．このように表しておいて，次に

$$H(x,y,z,u,v)=y'u+z'v-f \tag{6.110}$$

という関数を導入する．これは力学系ではハミルトニアンとよばれる関数に対応する．関数 H の y に関する偏導関数を求めると

$$\frac{\partial H}{\partial y}=u\frac{\partial y'}{\partial y}+v\frac{\partial z'}{\partial y}-\frac{\partial f}{\partial y}-\frac{\partial f}{\partial y'}\frac{\partial y'}{\partial y}-\frac{\partial f}{\partial z'}\frac{\partial z'}{\partial y}=-\frac{\partial f}{\partial y} \tag{6.111}$$

になる．最後の関係は (6.109) 式を用いて導いた．同様にして

$$\frac{\partial H}{\partial z}=-\frac{\partial f}{\partial z},\qquad \frac{\partial H}{\partial u}=y',\qquad \frac{\partial H}{\partial v}=z' \tag{6.112}$$

の関係式を導くことができる．オイラー方程式(6.108)は

$$\frac{du}{dx}=\frac{\partial f}{\partial y},\qquad \frac{dv}{dx}=\frac{\partial f}{\partial z} \tag{6.113}$$

と表すことができるから，これを用いると(6.111)，(6.112)式は次の整った形にまとめることができる．

$$\left.\begin{aligned}\frac{du}{dx}&=-\frac{\partial H}{\partial y},\qquad \frac{dv}{dx}=-\frac{\partial H}{\partial z}\\ \frac{dy}{dx}&=\frac{\partial H}{\partial u},\qquad \frac{dz}{dx}=\frac{\partial H}{\partial v}\end{aligned}\right\} \tag{6.114}$$

これは正準方程式とよばれるものである．力学系では x は時間であり，u と v はそれぞれ，座標 y と z に共役な運動量とよばれる．しかし，ここでは純粋に幾何学的な関係として考えている．

さて，(6.107)式の汎関数積分の値は，3次元空間の始点 $P_0(x_0, y_0, z_0)$ と終点 $P_1(x_1, y_1, z_1)$ を指定するとその値は1通りに決定される．そこでこれを $J(P_0, P_1)=J[y, z]$ と表すことにしよう．ただし，積分値はそれらを通る停留曲線にそって計算されるものとする(図6.4)．そこで P_0 は常に同じ点に決めておいて，積分 J の値を終点 $P(x, y, z)$ の関数として考えたものを

$$W(x, y, z)=J(P_0, P(x, y, z)) \tag{6.115}$$

と表すことにしよう．これを特性関数という．特性関数 $W(x, y, z)$ の値が等し

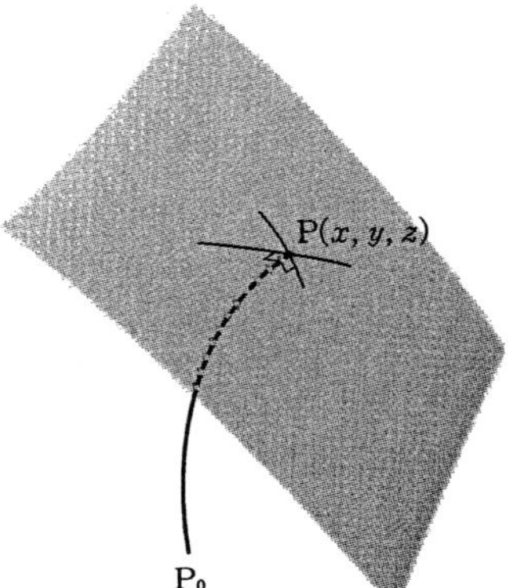

図 6.4　P_0 からの停留曲線と $W(x, y, z)$

い点は，3次元空間にある曲面を構成するが，これは P_0 からスタートするすべての停留曲線と横断条件を満たして交わることが示せる．

すなわち J の値の1次の変分は次のように書ける．

$$\delta J=\left(f-y'\frac{\partial f}{\partial y'}-z'\frac{\partial f}{\partial z'}\right)\delta x+\frac{\partial f}{\partial y'}\delta y+\frac{\partial f}{\partial z'}\delta z+\int_{x_0}^{x}\delta y\left\{\frac{\partial f}{\partial y}-\frac{d}{dx}\left(\frac{\partial f}{\partial y'}\right)\right\}dx$$
$$+\int_{x_0}^{x}\delta z\left\{\frac{\partial f}{\partial z}-\frac{d}{dx}\left(\frac{\partial f}{\partial z'}\right)\right\}dx \tag{6.116}$$

積分で書かれる項は共に停留曲線上の積分の性質から0になる．W の値が等しい曲面上では，その定義から J の変化はなく(6.116)式から

$$\left(f-y'\frac{\partial f}{\partial y'}-z'\frac{\partial f}{\partial z'}\right)\delta x+\frac{\partial f}{\partial y'}\delta y+\frac{\partial f}{\partial z'}\delta z=0 \tag{6.117}$$

となる．これは横断条件(6.104)に他ならない．(6.116)式を y', z' に代えて u, v の表示に書くと

$$\delta J=-H\delta x+u\delta y+v\delta z \tag{6.118}$$

と変形することができる．第1項の変形には(6.110)式を利用した．これから関数 $W(x, y, z)$ の偏導関数が，

$$\frac{\partial W}{\partial x}=-H, \qquad \frac{\partial W}{\partial y}=u, \qquad \frac{\partial W}{\partial z}=v \tag{6.119}$$

であることがわかる．第1式の H は x, y, z, u, v の関数であることに注意して，これを

$$\frac{\partial W}{\partial x}+H\left(x, y, z, \frac{\partial W}{\partial y}, \frac{\partial W}{\partial z}\right)=0 \tag{6.120}$$

と表すことができる．これは古典力学でよく知られたハミルトン-ヤコビ(Hamilton–Jacobi)の方程式とよばれるもので，特性関数 $W(x, y, z)$ を決める1階の偏微分方程式である．

我々のこれまでの議論は，はじめにオイラー方程式から停留曲線を決め，それに沿う線積分から特性関数 $W(x, y, z)$ を求めたのであるが，逆に(6.120)式から W を決定しこれから停留曲線，すなわち古典力学の軌道を求めることも可能である．詳しくは第7章に述べる．

停留曲線を粒子の軌道とすると，特性曲線の値が一定値を取る曲面はこれに付随する波面のようなものである．この類推から波動力学のアイデアが浮上し，量子力学の構築に寄与した．波面は量子力学における波動場の波面である．光学の場合には軌道は光線で波面は電磁場の波動場の波面である．光線を光子の軌跡と

解釈することもできよう．このようにして，粒子の運動と波動場との対応が数学的に得られることは興味深い．

演 習 問 題

6.1　円柱上の測地線はどのようなものか．

6.2　張力 T を受けている線密度 $\rho(x)$ の弦の運動を記述するラグランジュアンを求めよ．このラグランジュアンから構成した作用に基づいて，弦の運動方程式を導け．

6.3　長さ a の直線の両端点に長さ l のひも $(l>a)$ 両端を固定し，この直線のまわりにひもを回転してできる軸対称な図形を考える．表面積を最大にするには，ひものなす曲線をどのようにしたらよいか．

6.4　問題 6.3 において，この図形の体積を最大にしたい．ひものなす曲線はどのような微分方程式を満たすか．

6.5　問題 6.2 において，糸の両端を水平に固定する．重力場の中での糸の微小振動の運動方程式はどのようになるか．

6.6　平面内の枠に固定された膜がポテンシャル場 $u(x, y)$ の中におかれたとき，その形状を決める方程式はどのようなものか．ただし，表面張力を T とし，膜の変位は微小であるとしてよい．

6.7　図のようなトーラス図形の表面は，パラメータ ϕ, ψ によって

$$x=(R+a\cos\psi)\cos\phi, \qquad y=(R+a\cos\psi)\sin\phi, \qquad z=a\sin\psi$$

と与えられる．トーラス表面上の測地線が満たすべき方程式を求めよ．

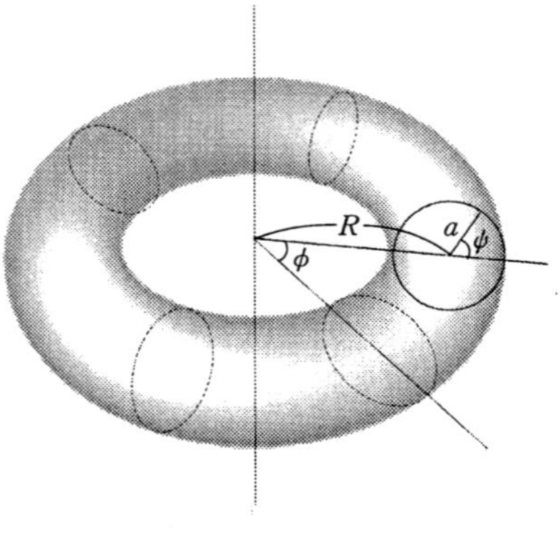

6.8　3 次元の一様な空間における粒子の運動において，特性関数を求めよ．また，一定の曲面と粒子の軌道との関係を調べよ．

7

1階の偏微分方程式

7.1　一　　般　　解

ニュートンの運動方程式は，粒子の座標についての2階の常微分方程式であるが，波動などの場の量の時間変化は，偏微分方程式で表される．物理学において偏微分方程式は場の量の空間的な変化や時間的な変化を記述するさまざまな関係式に現れ，その解析的な取り扱いは物理数学の最も重要な課題である．偏微分方程式とは多変数の未知関数およびその偏導関数の間の関係式のことである．例えば，変数を x, y，未知関数を $z(x, y)$ とおくと

$$F\left(x, y, z, \frac{\partial z}{\partial x}, \frac{\partial z}{\partial y}, \frac{\partial^2 z}{\partial x^2}, \frac{\partial^2 z}{\partial x \partial y}, \frac{\partial^2 z}{\partial y^2}\right)=0 \tag{7.1}$$

などと表される．偏導関数の中で最も大きい階数を，偏微分方程式の階数という．(7.1) 式はしたがって，2階の偏微分方程式である．未知関数やその偏導関数の2次以上のべきや，それらの間の積が存在しないとき，この偏微分方程式を線形 (linear) であるという．例えば，

$$x^2 y \frac{\partial z}{\partial x}+(x^2+y^2)\frac{\partial z}{\partial y}=xyz \tag{7.2}$$

は1階の線形偏微分方程式である

常微分方程式の一般解は任意パラメータを含むが，偏微分方程式の一般解は任意関数を含む．簡単な1階の偏微分方程式

$$\frac{\partial z}{\partial x}-3\frac{\partial z}{\partial y}=0 \tag{7.3}$$

について見ると，後で示すように，その一般解は

$$z=\phi(y+3x) \tag{7.4}$$

で与えられる．ここで ϕ は任意の関数であり，

$$z=\sin(y+3x), \qquad z=\frac{1}{y+3x}, \qquad z=\log(y+3x) \tag{7.5}$$

などは，いずれも(7.3)式を満たすことが確かめられる．常微分方程式では一般解に含まれるパラメータは初期条件(または境界条件)で決められるが，偏微分方程式ではある初期関数(または境界条件)から一般解に含まれる任意関数が定まる．例えば，上の例で $y=0$ のとき

$$z=e^x \tag{7.6}$$

とすれば，

$$z=e^{x+y/3} \tag{7.7}$$

となる．

逆に，任意関数を含むような関数が一般的に満たすべき関係式は偏微分方程式であることを示そう．例として2つの任意関数を含む関数

$$z=\phi(x-y)+\psi(x+3y)+xy \tag{7.8}$$

を，考えよう．z の2階偏導関数は容易に確かめられるように

$$\frac{\partial^2 z}{\partial x^2}=\phi''+\psi'', \qquad \frac{\partial^2 z}{\partial x \partial y}=-\phi''+3\psi''+1, \qquad \frac{\partial^2 z}{\partial y^2}=\phi''+9\psi'' \tag{7.9}$$

を満たす．これから ϕ'', ψ'' を消去すれば，2階の偏微分方程式

$$3\frac{\partial^2 z}{\partial x^2}+2\frac{\partial^2 z}{\partial x \partial y}-\frac{\partial^2 z}{\partial y^2}=2 \tag{7.10}$$

が得られるが，この関係式こそ(7.8)式で書ける関数の一般的な性質を表すものである．2階の偏微分方程式は，ポアソン方程式，ラプラス方程式，波動方程式など，物理学のさまざまな場面に登場する．それらの方程式や解の性質についての考察は，第11章以降に行うことにして，本章では1階の偏微分方程式の一般的な性質について学ぼう．

7.2　特　性　曲　線

この節では線形の1階偏微分方程式

$$P(x, y, z)\frac{\partial z}{\partial x}+Q(x, y, z)\frac{\partial z}{\partial y}=R(x, y, z) \tag{7.11}$$

の解の性質を，考察しよう．この方程式の解 $z=z(x, y)$ は x, y, z 空間にある曲面を描くから，これを

$$F(x, y, z)=c \tag{7.12}$$

とすることができる．これを解曲面という．ここで c は1つの定数で，この値を変えると曲面も変わるが，それらはすべて(7.11)式の解である．(7.12)式中

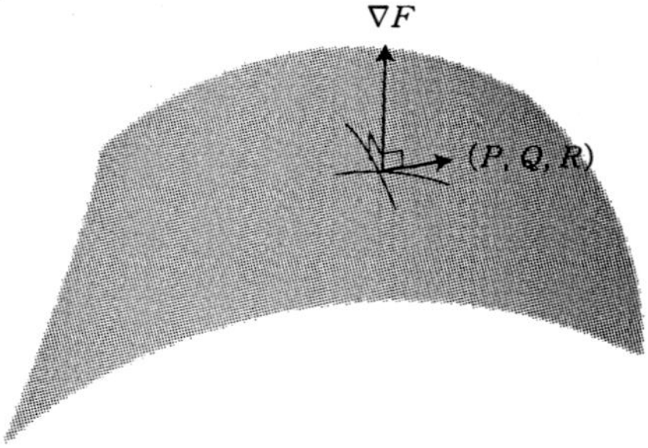

図 7.1 解曲面

の z は x, y の関数であるとして，(7.12) 式の両辺を x または y で偏微分すると

$$\frac{\partial F}{\partial x}+\frac{\partial F}{\partial z}\frac{\partial z}{\partial x}=0, \qquad \frac{\partial F}{\partial y}+\frac{\partial F}{\partial z}\frac{\partial z}{\partial y}=0 \tag{7.13}$$

すなわち

$$\frac{\partial z}{\partial x}=-\frac{\partial F/\partial x}{\partial F/\partial z}, \qquad \frac{\partial z}{\partial y}=-\frac{\partial F/\partial y}{\partial F/\partial z} \tag{7.14}$$

が得られる．これらを (7.11) 式に代入すると

$$P\frac{\partial F}{\partial x}+Q\frac{\partial F}{\partial y}+R\frac{\partial F}{\partial z}=0 \tag{7.15}$$

という関係が成立することがわかる．これは図 7.1 に示したように，曲面 (7.12) の法線ベクトルがベクトル (P, Q, R) に直交することを意味する．

ここで，特性曲線 (characteristic curve) という概念を，導入しよう．これは点 (x, y, z) における接線の方向がベクトル (P, Q, R) に平行な曲線で，次の特性微分方程式

$$\left.\begin{aligned}\frac{dx}{ds}&=P(x, y, z)\\ \frac{dy}{ds}&=Q(x, y, z)\\ \frac{dz}{ds}&=R(x, y, z)\end{aligned}\right\} \tag{7.16}$$

の解として与えられる．これは

$$\frac{dx}{P}=\frac{dy}{Q}=\frac{dz}{R} \tag{7.17}$$

と書くこともできる．微分方程式 (7.17) は 2 元連立方程式であるから，その解は 2 つの独立なパラメータを含んでいる．これは次のように考えると理解でき

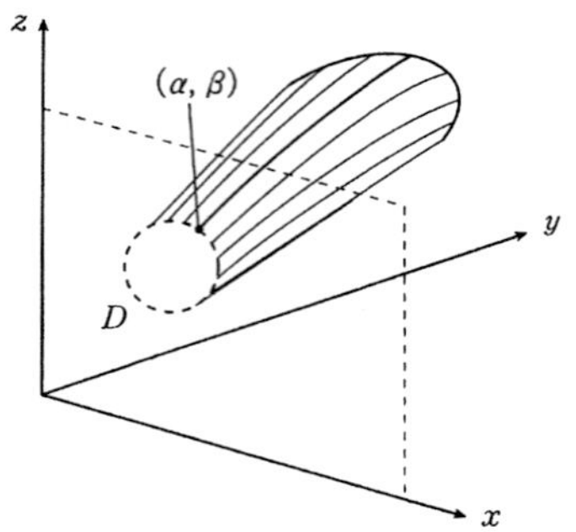

図 7.2　特性曲線と解曲面

る．これらの解曲線はそれが通過する (x, y, z) 空間の1点を指定すれば決定されてしまうのであるが，図7.2に示すように，この点を $y=0$ すなわち原点を通る x-z 面を通過する点 $(x, z)=(\alpha, \beta)$ に選ぶこともできる．

したがって方程式(7.16)，(7.17)の解曲線は

$$\left.\begin{aligned} y&=\varphi(x, \alpha, \beta) \\ z&=\psi(x, \alpha, \beta) \end{aligned}\right\} \tag{7.18}$$

と表されるが，これから α と β を解けば

$$\left.\begin{aligned} u(x, y, z)&=\alpha \\ v(x, y, z)&=\beta \end{aligned}\right\} \tag{7.19}$$

のように書くこともできる．この2つの式はいずれも，偏微分方程式の解曲面である．なぜなら，例えば，(7.17)式の解である曲線(7.18)式に沿って微分すると $(\partial u/\partial x)dx+(\partial u/\partial y)dy+(\partial u/\partial z)dz=0$ であるが，(7.17)式より $dx=\lambda P$, $dy=\lambda Q$, $dz=\lambda R$ と表せるので，$u(x, y, z)=\alpha$ は(7.15)式の解曲面の1つである．同様に，$v(x, y, z)=\beta$ も偏微分方程式(7.11)式の解曲面である．このことから，任意の関数 f を含む偏微分方程式(7.11)の解は，

$$f(\alpha, \beta)=0 \tag{7.20}$$

の α と β に，(7.19)式の左辺を代入して

$$f(u(x, y, z),\ v(x, y, z))=0 \tag{7.21}$$

のように求められることが示せる．あるいはこれを u について解いた形で

$$u(x, y, z)=g(v(x, y, z)) \tag{7.22}$$

と表してもよい．ここで f や g は任意の関数である．図7.2で直感的な説明をしてみよう．(7.20)式のような α と β の関数関係は，x-z 面のある曲線 D を定

義する．そしてD上の各点を始点とするような無数の特性曲線が形成する曲面(特性曲線がおりなす面)が解曲面(7.21)に他ならない．

ごく簡単な例として，7.1節で述べた次の線形偏微分方程式を解いてみよう．

$$\frac{\partial z}{\partial x}-3\frac{\partial z}{\partial y}=0 \tag{7.23}$$

その特性微分方程式は，

$$\frac{dx}{1}=\frac{dy}{-3}=\frac{dz}{0} \tag{7.24}$$

である．これらは $dy+3dx=0$, $dz=0$ を意味するが，これから直ちに

$$\left.\begin{aligned} &y+3x=\alpha \\ &z=\beta \end{aligned}\right\} \tag{7.25}$$

が得られる．したがって，(7.23)式の一般解は，任意関数 f を用いて次のようになる．

$$z=f(y+3x) \tag{7.26}$$

また，別の例として

$$y\frac{\partial z}{\partial x}+x\frac{\partial z}{\partial y}=\frac{1}{z} \tag{7.27}$$

を考えよう．特性方程式は

$$\frac{dx}{y}=\frac{dy}{x}=zdz \tag{7.28}$$

である．左側の方程式は x と y だけで閉じているので，これだけで1つの解曲線が得られる．すなわち $xdx-ydy=0$ から

$$x^2-y^2=\alpha \tag{7.29}$$

である．これを右側の方程式に利用すると

$$zdz=\frac{dy}{x}=\frac{dy}{\sqrt{y^2+\alpha}} \tag{7.30}$$

であるが，これから

$$d\left(\frac{z^2}{2}\right)=d(\log(y+\sqrt{y^2+\alpha})) \tag{7.31}$$

すなわち

$$\frac{z^2}{2\log(x+y)}=\beta \tag{7.32}$$

を得る．したがって任意関数 f を含む(7.27)式の一般解は，次のようになる．

$$z^2=\log(x+y)f(x^2-y^2) \tag{7.33}$$

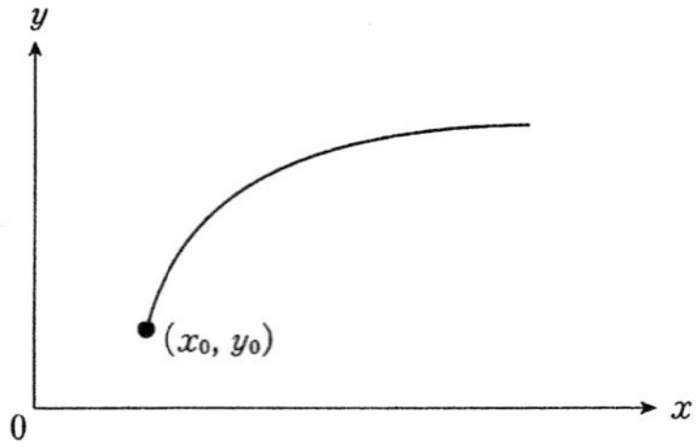

図 7.3 $f(x, y)$ の解曲線

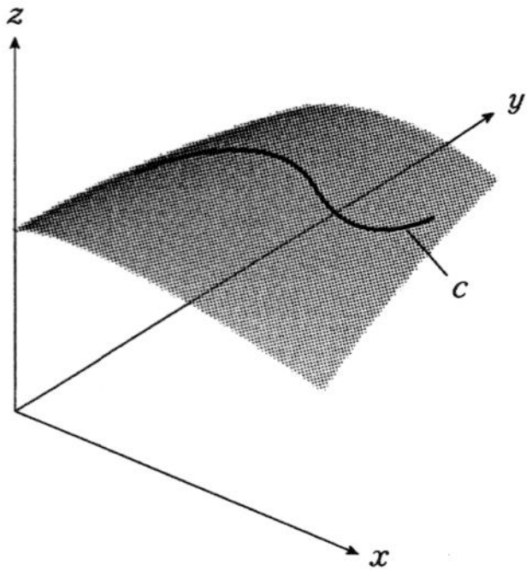

図 7.4 曲線 c を含む解曲面

次に常微分方程式の場合と対比しながら，初期値問題について考えよう．常微分方程式

$$\frac{dy}{dx}=f(x, y) \tag{7.34}$$

の場合には，点 x_0 での y の値，y_0 を与えると，解である曲線がただ1通りに決定された（図 7.3）．

これに対応する偏微分方程式 (7.11) 式の初期値問題は，xyz 空間内に曲線 c を適当に仮定して，これをその中に含むような解曲面を求めることである（図 7.4）．

c が2つの曲面の交線として

$$c:\begin{cases}\varphi_1(x, y, z)=0\\ \varphi_2(x, y, z)=0\end{cases} \tag{7.35}$$

で与えられるものとしよう．偏微分方程式の特性曲線は (7.18) 式の関係で与えられ，2つのパラメータ α，β を含んでいる．そこで，(7.18) 式および (7.35) 式の全部で4つの関係式から x, y, z を消去すれば，α と β の間のある関係式

$$F(\alpha, \beta)=0 \tag{7.36}$$

が得られる．するとこの α と β に (7.19) 式を代入して得られる

$$F(u(x, y, z), v(x, y, z))=0 \tag{7.37}$$

が，問題とされた初期値問題の解を与える．なぜなら，(7.37) 式が偏微分方程式 (7.19) 式の1つの解曲面

$$P\frac{\partial F}{\partial x}+Q\frac{\partial F}{\partial y}+R\frac{\partial F}{\partial z}=\frac{\partial F}{\partial u}\left(P\frac{\partial u}{\partial x}+Q\frac{\partial u}{\partial y}+R\frac{\partial u}{\partial z}\right)+\frac{\partial F}{\partial v}\left(P\frac{\partial v}{\partial x}+Q\frac{\partial v}{\partial y}+R\frac{\partial v}{\partial z}\right)=0$$

であることは明らかであり，また (7.35) 式の2つの式を満たす点は (7.37) 式も満たすからである．ただし曲線 c が特性曲線であると，このような解はただ1通りに決まらず，無限に多くの条件を満たす解曲面が存在することが示される．

7.3 完 全 解

前節では主に未知関数の偏微分の1次式からなる1階偏微分方程式について述べたが，ここでは一般の1階偏微分方程式の完全解と特異解について述べよう．完全解とは独立変数に等しい数の独立な任意定数を含む解のことである．例えば x と y を独立変数，z をこれらの未知関数とするとき，次の式で表されるような解，

$$F(x, y, z, \alpha, \beta)=0 \tag{7.38}$$

を，完全解という．この式の中で z が x，y の関数であるとして，それらについて偏微分すれば

$$\frac{\partial F}{\partial x}+\frac{\partial F}{\partial z}p=0, \qquad \frac{\partial F}{\partial y}+\frac{\partial F}{\partial z}q=0 \tag{7.39}$$

が得られる．ただし，

$$p=\frac{\partial z}{\partial x}, \qquad q=\frac{\partial z}{\partial y} \tag{7.40}$$

と簡略に記した．(7.38) 式が満たす偏微分方程式は，(7.38)，(7.39) 式の全部で3つの式からパラメータ α と β を消去した式

$$f(x, y, z, p, q)=0 \tag{7.41}$$

である．このような完全解が求められたとき，任意関数 ϕ を含む一般解は

$$\alpha=\phi(\beta) \tag{7.42}$$

とおいて，

$$\frac{\partial F(x, y, z, \phi(\beta), \beta)}{\partial \beta}=0 \tag{7.43}$$

と (7.38) 式の α を $\phi(\beta)$ で置き換えたもの，

$$F(x, y, z, \phi(\beta), \beta)=0 \tag{7.44}$$

とから β を消去して得られる．

一方，(7.38) 式を α または β で偏微分すると，次式が得られる．

$$\left.\begin{aligned}\frac{\partial}{\partial \alpha}F(x, y, z, \alpha, \beta)=0\\ \frac{\partial}{\partial \beta}F(x, y, z, \alpha, \beta)=0\end{aligned}\right\} \tag{7.45}$$

(7.38)，(7.45) 式から α, β を消去して得られる式

$$G(x, y, z)=0 \tag{7.46}$$

はやはり偏微分方程式 (7.41) を満たすが，これをその特異解とよんでいる．特異解は一般解の包絡面になっている．

例として，パラメータ α, β を含む独立変数 x, y の関数 z

$$z=\alpha x+\beta y+\alpha\beta \tag{7.47}$$

を考えよう．容易にわかるように

$$p=\frac{\partial z}{\partial x}=\alpha, \qquad q=\frac{\partial z}{\partial y}=\beta \tag{7.48}$$

であるから，(7.47) 式が満たす偏微分方程式は

$$z=xp+yq+pq \tag{7.49}$$

である．ここで (7.42) 式を仮定して，(7.47) 式に代入すると

$$z=\phi(\beta)x+\beta y+\beta\phi(\beta) \tag{7.50}$$

であるが，これを β で偏微分すると

$$\phi'(\beta)x+y+\phi(\beta)+\beta\phi'(\beta)=0 \tag{7.51}$$

となる．(7.50) 式と (7.51) 式から β を消去すると，2つの平面の交わりとして，1つの積分曲面が構成される．すなわち，ある β の値に対しては，(7.50) 式と (7.51) 式は直線を与えるが，これが β と共に連続的に動いて積分曲面になるのである．このとき，その直線は特性曲線になっている．

さて (7.45) 式の関係から

$$x=-\beta, \qquad y=-\alpha \tag{7.52}$$

であるが，これらを (7.47) 式に代入すると

$$z=-xy \tag{7.53}$$

となるが，これは特異解である．

7.4 ヤコビの方法とハミルトン-ヤコビ方程式

解析力学と関係の深い1階偏微分方程式は，第6章で述べたハミルトン-ヤコビ方程式である．この偏微分方程式(6.120)は，未知関数をあらわに含まないことに特色がある．ここではそのような1階偏微分方程式の解法について考えよう．簡単のため，独立変数の数が2つの場合で説明すると，この場合の偏微分方程式は

$$f\left(x, y, \frac{\partial W}{\partial x}, \frac{\partial W}{\partial y}\right)=0 \tag{7.54}$$

と書ける．ただし，ここでは未知関数を W と書いている．ここで

$$p=\frac{\partial W}{\partial x}, \qquad q=\frac{\partial W}{\partial y} \tag{7.55}$$

とおくと，解くべき偏微分方程式(7.54)式は

$$f(x, y, p, q)=0 \tag{7.56}$$

である．ここでもう1つこれとは別の偏微分方程式

$$g(x, y, p, q)=a \tag{7.57}$$

を導入し，この2つの偏微分方程式に対応する積分曲面の交線として，(7.56)式の完全解を求めよう．

(7.56)式と(7.57)式から p と q を解き，これらを x と y の関数として表したとき，

$$pdx+qdy \tag{7.58}$$

が完全微分になる条件を調べよう．ここで完全微分というのは，微分形式(7.58)式を線積分するとき，その値が端点のみにより道筋によらないことをいう．これは2次元のベクトル場 (p, q) が渦なしということと同等であり，第5章で学んだことからその条件は

$$\frac{\partial q}{\partial x}=\frac{\partial p}{\partial y} \tag{7.59}$$

と書ける．さて x と y で表した p と q を(7.56), (7.57)式に代入し，それらを x で偏微分すると

$$\frac{\partial f}{\partial x}+\frac{\partial f}{\partial p}\frac{\partial p}{\partial x}+\frac{\partial f}{\partial q}\frac{\partial q}{\partial x}=0 \tag{7.60}$$

$$\frac{\partial g}{\partial x}+\frac{\partial g}{\partial p}\frac{\partial p}{\partial x}+\frac{\partial g}{\partial q}\frac{\partial q}{\partial x}=0 \tag{7.61}$$

が得られるが，これから $\partial p/\partial x$ を消去すると

$$\left(\frac{\partial f}{\partial x}\frac{\partial g}{\partial p}-\frac{\partial g}{\partial x}\frac{\partial f}{\partial p}\right)+\left(\frac{\partial f}{\partial q}\frac{\partial g}{\partial p}-\frac{\partial g}{\partial q}\frac{\partial f}{\partial p}\right)\frac{\partial q}{\partial x}=0 \tag{7.62}$$

となる．同様に y で偏微分した2つの式を作り，それらから $\partial q/\partial y$ を消去して

$$\left(\frac{\partial f}{\partial y}\frac{\partial g}{\partial q}-\frac{\partial g}{\partial y}\frac{\partial f}{\partial q}\right)+\left(\frac{\partial f}{\partial p}\frac{\partial g}{\partial q}-\frac{\partial f}{\partial q}\frac{\partial g}{\partial p}\right)\frac{\partial p}{\partial y}=0 \tag{7.63}$$

が得られる．(7.62) 式と (7.63) 式とを辺々加え合わせると，左辺の第2項からの寄与は (7.59) 式の条件によって相殺され

$$\frac{\partial f}{\partial p}\frac{\partial g}{\partial x}+\frac{\partial f}{\partial q}\frac{\partial g}{\partial y}-\frac{\partial f}{\partial x}\frac{\partial g}{\partial p}-\frac{\partial f}{\partial y}\frac{\partial g}{\partial q}=0 \tag{7.64}$$

となる．左辺の式は解析力学においてヤコビの括弧式とよばれ，(f, g) と表されるものである．さてこの方程式は f が既知であるから，g を決定するための偏微分方程式であると見なすことができる．ただし，独立変数は x, y, p, q の4つである．その特性方程式は

$$\frac{dx}{\partial f/\partial p}=\frac{dy}{\partial f/\partial q}=-\frac{dp}{\partial f/\partial x}=-\frac{dq}{\partial f/\partial y} \tag{7.65}$$

である．上の連立微分方程式から特性曲線を求めると，これまで議論してきたように g のある積分曲面 (7.57) が得られる．これは (7.56) と連立させて p, q を解いたときに，(7.58) 式を完全微分にするようなものである．そこで

$$W(x, y)=\int^{P(x,y)}(pdx+qdy) \tag{7.66}$$

によって，$W(x, y)$ を定義すると，これは付加定数としてのパラメータと (7.57) 式の a との2つの独立なパラメータを含んでいる．したがって前節で議論されたように，偏微分方程式 (7.54) の完全解であり，これから一般解も求めることができる．

解析力学に登場するハミルトン-ヤコビ方程式は，1次元系では

$$\frac{\partial W}{\partial t}+H\left(x, \frac{\partial W}{\partial x}\right)=0 \tag{7.67}$$

と表される．ここで，$H(x, p)$ は座標 x と運動量 p で表されたハミルトニアンである．これまでの議論で y を時間 t とすれば，(7.67) の左辺は，(7.54) 式の

左辺の形式をしている．これに対応して

$$q=\frac{\partial W}{\partial t} \tag{7.68}$$

であるから，(7.56) 式の形にハミルトン-ヤコビ偏微分方程式を書けば，

$$f(x,\ t,\ p,\ q)=q+H(x,\ p)=0 \tag{7.69}$$

である．f のいろいろな偏微分は

$$\frac{\partial f}{\partial x}=\frac{\partial H}{\partial x},\qquad \frac{\partial f}{\partial t}=0,\qquad \frac{\partial f}{\partial p}=\frac{\partial H}{\partial p},\qquad \frac{\partial f}{\partial q}=1 \tag{7.70}$$

で与えられるから，特性方程式 (7.65) は

$$\frac{dx}{\partial H/\partial p}=\frac{dt}{1}=\frac{dp}{-\partial H/\partial x}=\frac{dq}{0} \tag{7.71}$$

のように書ける．この微分方程式から

$$q=-E\quad (=\text{定数}) \tag{7.72}$$

であることがわかる．これを (7.69) 式に代入すれば

$$H(x,\ p)=E \tag{7.73}$$

となる．ハミルトニアン $H(x, p)$ は全エネルギーに対応するが，これは一定値 E であることがわかる．残りの関係は

$$\frac{dx}{dt}=\frac{\partial H}{\partial p},\qquad \frac{dp}{dt}=-\frac{\partial H}{\partial x} \tag{7.74}$$

であるが，これは古典力学の運動方程式を正準方程式として表現したものである．つまり (7.71) 式で決まる特性曲線とは，ハミルトニアン $H(x, p)$ に従う粒子の運動の位相空間での軌跡に他ならない．そして，ハミルトン-ヤコビ偏微分方程式と対になる補助偏微分方程式 (7.57) の積分曲面 $g(x, t, p, q)=a$ は，これらの軌跡から，その初期条件のパラメータを連続的に変化させて生成される曲面である．どのように W が解けるかは，具体的な個々の問題に応じて議論しなければならない．

ここではむしろ，ハミルトン-ヤコビ偏微分方程式の完全解が求められたならば，正準方程式，すなわち，系の運動が解析的に解けることを示そう．未知関数 W は 2 つの独立変数 x と t に依存するので独立なパラメータを 2 つ含むが，そのうちの 1 つは付加定数である．これを別にすると，完全解は

$$W=F(x,\ t,\ \alpha) \tag{7.75}$$

のように書ける．すると，系の運動は

$$\frac{\partial W}{\partial \alpha}=\beta \quad (=一定) \tag{7.76}$$

$$\frac{\partial W}{\partial x}=p \tag{7.77}$$

の2つの方程式から，x と p を解くことによって求められる．この性質は普通，解析力学における正準変換の理論によって導かれるが，ここでは違った方法でこれを示そう．すなわち，(7.76)，(7.77)式によって決定される座標 x と運動量 p とが，正準方程式の解であることを証明しよう．まず(7.76)式を t で偏微分すると

$$\frac{\partial^2 W}{\partial \alpha \partial t}+\frac{\partial^2 W}{\partial \alpha \partial x}\frac{dx}{dt}=0 \tag{7.78}$$

である．ところが，ハミルトン-ヤコビ偏微分方程式(7.67)を α について微分すると

$$\frac{\partial^2 W}{\partial \alpha \partial t}+\frac{\partial H}{\partial(\partial W/\partial x)}\frac{\partial^2 W}{\partial \alpha \partial x}=0 \tag{7.79}$$

すなわち

$$\frac{\partial^2 W}{\partial \alpha \partial t}+\frac{\partial^2 W}{\partial \alpha \partial x}\frac{\partial H}{\partial p}=0 \tag{7.79$'$}$$

であるが，これが(7.78)式と一致するためには，正準方程式(7.74)の第1式が成立しなければならない．次に(7.77)式を t で微分すると

$$\frac{dp}{dt}=\frac{\partial^2 W}{\partial t \partial x}+\frac{\partial^2 W}{\partial x^2}\frac{dx}{dt}=\frac{\partial^2 W}{\partial t \partial x}+\frac{\partial^2 W}{\partial x^2}\frac{\partial H}{\partial p} \tag{7.80}$$

となる．最後の関係では，すでに証明された(7.74)式の第1式を用いた．一方，(7.67)式を x で偏微分し，(7.80)式の関係を用いると

$$0=\frac{\partial^2 W}{\partial x \partial t}+\frac{\partial H}{\partial x}+\frac{\partial H}{\partial(\partial W/\partial x)}\frac{\partial^2 W}{\partial x^2}=\frac{dp}{dt}+\frac{\partial H}{\partial x} \tag{7.81}$$

である．これから，(7.74)式の第2式が導かれる．

演習問題

7.1　ϕ と ψ を任意関数として

$$z=\phi(x-ct)+\psi(x+ct)+x^2-c^2t^2$$

の満たすべき，偏微分方程式はどのようなものか．

7.2　次の偏微分方程式の一般解を求めよ．

$$\frac{\partial z}{\partial x}-2\frac{\partial z}{\partial y}=2$$

また，$x=0$ のとき，$z=e^y$ となる解を求めよ．

7.3　次の偏微分方程式を満たす $f(x, y)$

$$\frac{2}{y}\frac{\partial f}{\partial x}+\frac{1}{x}\frac{\partial f}{\partial y}=\frac{3}{f}$$

の一般的な形を求めよ．

7.4　多数粒子系の輸送現象を記述する基礎方程式は，その粒子の確率分布 $f(\boldsymbol{r}, \boldsymbol{p}, t)$ の時間変化を記述するボルツマン (Boltzman) 方程式である．

$$\frac{\partial f}{\partial t}=-e\boldsymbol{F}\frac{\partial f}{\partial \boldsymbol{p}}-\frac{\boldsymbol{p}}{m}\frac{\partial f}{\partial \boldsymbol{r}}-\frac{f-f_0}{\tau}$$

この偏微分方程式の特性曲線は，どのようなものか．

7.5　1次元の調和振動子の系について，ハミルトン-ヤコビ方程式を具体的に表せ．また，その解を求め，これによってこの力学系の問題を記述せよ．

8

スツルム-リウヴィル系

8.1　固有値と固有関数

第1章では N 次元線形ベクトル空間の2次形式の最大，最小問題を考えたが，ここでは，関数空間の2次形式の問題にこれを拡張することを考えよう．区間 $[a, b]$ で定義された関数 $\varphi(x)$ に対して

$$L[\varphi]=\int_a^b \left\{p(x)\left(\frac{d\varphi}{dx}\right)^2+q(x)\varphi^2\right\}dx \tag{8.1}$$

および

$$H[\varphi]=\int_a^b \rho(x)\varphi^2 dx \tag{8.2}$$

を考え，条件

$$H[\varphi]=1 \tag{8.3}$$

のもとで，(8.1) 式の $L[\varphi]$ を極小にする関数 $\varphi(x)$ を求めよう．ただし，区間 $[a, b]$ で $p(x)>0$, $\rho(x)>0$ と仮定する．また，端点で φ は

$$\left.\begin{aligned} p(a)\varphi'(a)\sin\alpha-\varphi(a)\cos\alpha=0 \\ p(b)\varphi'(b)\sin\beta-\varphi(b)\cos\beta=0 \end{aligned}\right\} \tag{8.4}$$

の関係を満たさなければならないと仮定しよう．ラグランジュの未定乗数法を用いれば，これは汎関数

$$M[\varphi]=L[\varphi]-\lambda(H[\varphi]-1) \tag{8.5}$$

の極値を，φ および λ に対して求める問題である．

(8.5) 式を φ について変分すると，そのオイラー方程式は

$$\frac{d}{dx}\left(p(x)\frac{d\varphi}{dx}\right)-q\varphi+\lambda\rho\varphi=0 \tag{8.6}$$

であるが，この微分方程式 (8.6) を境界条件 (8.4) 式のもとで解くことをスツルム-リウヴィル (Sturm-Liouville) の固有値問題という．

恒等的にゼロである関数 $\varphi=0$ は，明らかに (8.4)，(8.6) 式の解であるが，物

理的に意味のあるそれ以外の解が存在するためには，λ は特定の値のうちのどれかでなければならない．後で詳しく述べるように，スツルム-リウヴィルの固有値問題は，線形代数の固有値問題 (1.23) 式における次元数 N を無限大とする場合への拡張と見なすこともできる．

簡単な例として，$\rho(x)=p(x)=1$, $q(x)=0$ の場合を考えてみよう．境界条件としては固定端，すなわち (8.4) 式で $\alpha=\beta=0$ となる場合を仮定する．このとき (8.6) 式と (8.4) 式はそれぞれ，

$$\frac{d^2\varphi}{dx^2}=-\lambda\varphi \tag{8.7}$$

$$\varphi(a)=\varphi(b)=0 \tag{8.8}$$

となっている．端点 a での境界条件と微分方程式 (8.7) より

$$\varphi(x)=\sin\sqrt{\lambda}(x-a) \tag{8.9}$$

でなければならない．さらに $\varphi(b)=0$ の条件から

$$\sin\sqrt{\lambda}(b-a)=0 \tag{8.10}$$

したがって λ として許される値は

$$\lambda_n=n^2\left(\frac{\pi}{b-a}\right)^2 \qquad (n=1, 2, 3\cdots) \tag{8.11}$$

に限られることがわかる．固有値 λ_n $(n=1, 2, \cdots)$ に対応する $H[\varphi_n]=1$ のように規格化された固有関数は

$$\varphi_n(x)=\sqrt{\frac{2}{b-a}}\sin\left(\frac{n\pi(x-a)}{b-a}\right) \tag{8.12}$$

と表される．

この例でもわかるように，スツルム-リウヴィル系の固有値は加附番無限個あって，$\lambda_1, \lambda_2, \lambda_3, \cdots$ と番号づけすることが可能である．スツルム-リウヴィル系固有関数の最も重要な性質は，区分的に連続な任意の関数 f が

$$f(x)=\sum_{n=1}^{\infty}c_n\varphi_n(x) \tag{8.13}$$

のように展開できることである．ただし，右辺の展開は 8.2 節で述べる「平均収束」の意味で，$f(x)$ を表現していればよい．

さてスツルム-リウヴィル系の固有値が実数であること，固有関数が互いに直交すること，などの性質を以下に議論していくことにしよう．

関数の線形微分演子 $\mathscr{L}[\varphi]$ を次のように定義する．

$$\mathscr{L}[\varphi]=\{p(x)\varphi'\}'-q(x)\varphi \tag{8.14}$$

このとき，φ_m, φ_n をそれぞれスツルム-リウヴィル系の固有関数とすれば，

$$\left.\begin{aligned}\mathscr{L}[\varphi_n]=-\lambda_n\rho\varphi_n\\ \mathscr{L}[\varphi_m]=-\lambda_m\rho\varphi_m\end{aligned}\right\} \tag{8.15}$$

を満たす．このときこれらは

$$\varphi_m\mathscr{L}[\varphi_n]-\varphi_n\mathscr{L}[\varphi_m]=\{p(\varphi_m\varphi_n'-\varphi_n\varphi_m')\}'=(\lambda_m-\lambda_n)\rho\varphi_m\varphi_n \tag{8.16}$$

の関係がある．(8.16) 式を区間内で積分し，境界条件 (8.4) を用いれば，

$$(\lambda_m-\lambda_n)\int_a^b \rho\varphi_m\varphi_n dx=p\varphi_m\varphi_n\left(\frac{\varphi_n'}{\varphi_n}-\frac{\varphi_m'}{\varphi_m}\right)\Bigg|_a^b=0 \tag{8.17}$$

が得られる．(8.17) 式から異なる固有値に対応する固有関数は内積，

$$(\varphi_m,\ \varphi_n)=\int_a^b \rho\varphi_m{}^*\varphi_n dx \tag{8.18}$$

に関して直交する，すなわち

$$(\varphi_m,\ \varphi_n)=0 \qquad (m\neq n) \tag{8.19}$$

であることがわかる．(8.17) 式左辺の積分と (8.18) 式のそれとでは，φ_m が複素共役になっている点が異なるが，有限区間のスツルム-リウヴィル系では固有関数は常に実数値を取るようにできるから，これはどちらを用いてもよい．

次に (8.17) 式の φ_n を $\varphi_m{}^*$ に置き換えると，

$$(\lambda_m-\lambda_m{}^*)\int_a^b \rho|\varphi_m|^2 dx=0 \tag{8.20}$$

という関係が得られるが，これから $\lambda_m=\lambda_m{}^*$ すなわち，固有値がすべて実数であることがわかる．

次に固有値の集合が可附番無限集合であり，$\lambda_1<\lambda_2<\lambda_3<\cdots$ のように番号づけられること，番号が 1 つ増すごとに固有関数の節の数が 1 つずつ増えていくことを示そう．

$$p(x)\varphi'(x)=r(x)\cos\theta(x) \tag{8.21}$$

$$\varphi(x)=r(x)\sin\theta(x) \tag{8.22}$$

によって，新しい 2 つの関数 $r(x)$, $\theta(x)$ を導入する．

$$r(x)=\sqrt{\{\varphi(x)\}^2+\{p(x)\varphi'(x)\}^2} \tag{8.23}$$

であるので，$r(x)$ は区間内では決して 0 にならない．φ と φ' がある x の値に対して共に 0 であれば，すべての x で $\varphi(x)=0$ となってしまうからである．

$\varphi(x)$ を波動を表す関数と考えるとき，その振幅と位相が，それぞれ $r(x)$ と $\theta(x)$ に対応している．もともとのスツルム-リウヴィル微分方程式 ((8.6) 式) は，$r(x)$ と $\theta(x)$ に対する次の連立 1 階微分方程式

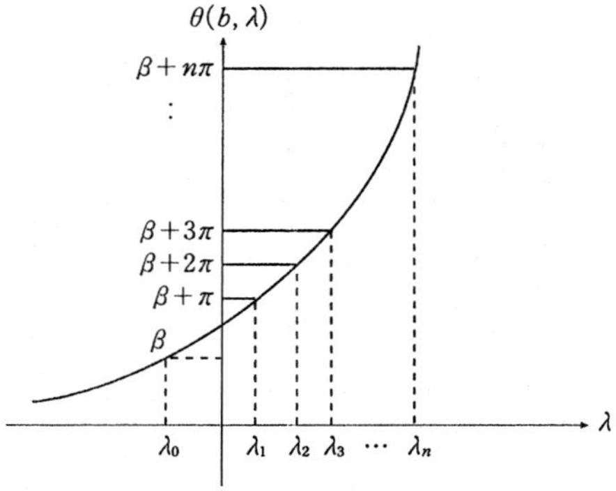

図 8.1 増加関数 $\theta(b,\lambda)$

$$r'(x)=\left(\frac{1}{p(x)}+q(x)-\lambda\rho(x)\right)r(x)\sin\theta(x)\cos\theta(x) \tag{8.24}$$

$$\theta'(x)=\frac{\cos^2\theta(x)}{p(x)}+(\lambda\rho(x)-q(x))\sin^2\theta(x) \tag{8.25}$$

と等価である．また境界条件 (8.4) は次のように表される．

$$\left.\begin{aligned}\sin(\alpha-\theta(a))=0\\ \sin(\beta-\theta(b))=0\end{aligned}\right\} \tag{8.26}$$

$0\leq\alpha<\pi$ として，$\theta(a)=\alpha$ を満たす微分方程式 (8.25) の解を $\theta(x,\lambda)$ と表す．詳しい証明は行わないが，$\theta(x,\lambda)$ は λ の増加関数であり，$\lim_{\lambda\to\infty}\theta(b,\lambda)=\infty$ であることを示せる．そこで $\theta(b,\lambda)$ を定性的に示すと，図 8.1 のようになる．したがって

$$\theta(b,\lambda)=\beta+n\pi \tag{8.27}$$

となる λ の値を λ_n とおくと，これらは固有値をすべて尽くして $\lambda_0<\lambda_1<\lambda_2<\cdots$ のようになっている．対応する $\theta(x,\lambda_n)$ $(n=0,1,2,\cdots)$ は (8.25) 式から決定され，また $r(x,\lambda_n)$ は (8.24) 式から求めることができる．これらによって固有関数が

$$\varphi_n(x)=r(x,\lambda_n)\sin\theta(x,\lambda_n) \tag{8.28}$$

と与えられることはもちろんである．例えば $q(x)=0$ の場合，$\theta(x,\lambda_n)$ は x の単調増加関数であるので，λ_n の n が 1 つ増すごとに節の数 ($\varphi_n(x)=0$ となる x の数) が 1 個ずつ増すことがわかる．

8.2 固有関数展開

物理学で登場するさまざまな量を表す関数はほとんど連続，あるいは，区分的に連続なものである．これらの関数は直交関数系の基底 $\{\varphi_n\}$ を用いて

$$f(x)=\sum_{n=1}^{\infty} c_n\varphi_n \tag{8.29}$$

と展開できる．ただし，この級数の収束は「平均収束」の意味で考えており，必ずしも各点での収束を要求していない．ここで関数列 $\{f_n(x)\}$ が $f(x)$ に平均収束するとは，$\lim_{n\to\infty}\int_a^b |f(x)-f_n(x)|^2dx=0$ のように，$f(x)$ と $f_n(x)$ との差の絶対値2乗の積分が0に収束することを意味する．(8.29) 式の展開可能性は基底系の完全性と関係しているが，本節ではこの事情を簡単に述べておくことにする．

2つの関数 f, g の内積は，

$$(f, g)=\int_a^b f^*(x)g(x)\rho(x)dx \tag{8.30}$$

によって定義される．ここで $\rho(x)$ は区間 (a, b) 内で正値を取る定まった関数である．内積の基本的性質として以下のものがある．

$$\left.\begin{array}{l} 1)\ (f, g)=(g, f)^* \\ 2)\ (f, f)\geq 0 \\ 3)\ |(f, g)|\leq \|f\|\|g\| \end{array}\right\} \tag{8.31}$$

ここで $\|f\|=\sqrt{(f, f)}$ は f のノルムとよばれる．この内積によって，関数の集合に関数間の距離の概念が導入される．すなわち，関数 f と g の間の距離を $\|f-g\|$ によって定義する．このとき第3の関数 h と，f, g との間の距離の関係は

$$\|f-g\|\leq\|f-h\|+\|h-g\| \tag{8.32}$$

であり，通常の空間における距離のもつ性質が満たされている．内積の性質や距離に関する上の関係は，(8.30) 式の内積の定義から容易に導ける (演習問題 8.3)．

このようにして関数の空間に幾何学的性質が導入されるので，個々の関数をこの空間の点と見なすことにしよう．このとき互いの距離が0になる2つの関数は，関数空間の同じ点なので両者は一致するものとして区別はしない．すなわち $\|f-g\|=0$ は $f=g$ であると考える．あるいは $\|f\|=0$ は $f=0$ であると考える．

これは区分的に連続な関数の集合だけを考慮しているときは自明である．しかし，例えば x が有理数のとき 1，無理数のとき 0 を与える関数などを許す場合については，実軸上の有理数の点の集合で関数値の 0 との違いを無視することと同じである．これは，区間内の測度 0 の点集合では $f(x)$ と $\sum_{n=1}^{\infty} c_n\varphi_n$ との差が 0 と異なってもよいことを意味する．(8.29) 式の右辺が平均収束の意味で左辺を与えればよいことも，これに対応する．

関数の集合 $\{f_1, f_2, f_3, \cdots, f_n, \cdots\}$ があり，この中から任意の 2 つの異なる関数を選ぶと

$$(f_i, f_j)=0 \qquad (i\neq j) \tag{8.33}$$

となる場合，これを直交関数系という．特に各関数のノルムを 1 に選ぶと

$$(f_i, f_j)=\delta_{ij} \tag{8.34}$$

となっているが，このような系は規格化直交関数系とよばれる．スツルム-リウヴィル問題の固有関数系は直交関数系をなしていることは，すでに述べた．

任意の関数 f が，互いに直交する関数の集合 $(f_1, f_2, \cdots, f_n, \cdots)$ を用いてその線形結合として表せるとき，すなわち平均収束の意味で

$$f=\sum_{n=1}^{\infty} c_n f_n \tag{8.35}$$

あるいは $\{c_n\}$ を適当に選んで，

$$\lim_{N\to\infty}\left\| f-\sum_{n=1}^{N} c_n f_n\right\|^2=0 \tag{8.36}$$

とできるとき，この直交関数の集合 $\{f_i\}_{i=1,2,\cdots}$ は完全系をなすという．

8.3 ヒルベルト空間

前節で述べた性質と関連して，量子力学で主要な役割を演じるヒルベルト (Hilbert) 空間について紹介しておこう．

内積が定義された線形空間では，8.2 節に述べたようにこの内積によって空間内に距離が導入される．ここで線形空間とは，要素間に以下のベクトル代数の算法が成立する空間を意味する．すなわち，ϕ, ψ, χ などを空間要素とすると

i）$\phi+\psi=\psi+\phi$ （加法の可換則）

ii）$(\phi+\psi)+\chi=\phi+(\psi+\chi)$ （加法の結合則）

iii）$a(\phi+\psi)=a\phi+a\psi$ （乗法の分配則）

iv) $(ab)\phi=a(b\phi)$　　　　(乗法の結合則)

v) $0f=0,\quad 1f=f$　　　　(0 と 1 の役割)

が成立する．また，内積は次の性質を満たすものとする．

i) $(\phi+\phi', \psi)=(\phi, \psi)+(\phi', \psi)$　　(分配則)

ii) $(a\phi, \psi)=a^*(\phi, \psi)$　　(結合則)

iii) $(\phi, \psi)=(\psi, \phi)^*$　　(エルミート対称性)

iv) $(\phi, \phi)\geq 0$　　(定符号性)

$\phi=0$ に対してのみ，$(\phi, \phi)=0$

この内積によって，要素 ϕ のノルム $\|\phi\|=\sqrt{(\phi, \phi)}$ と 2 つの要素 ϕ, ψ 間の距離 $\|\phi-\psi\|(\geq 0)$ が導入されることは，すでに述べた．iv) の性質から ϕ と ψ の距離が 0 なら，$\phi=\psi$ となる．

さて，上述の性質を満たす線形空間 H がさらに完備であるときに，これをヒルベルト空間とよぶ．距離を導入された線形空間 H が完備であるとは，H の中のコーシー (Cauchy) の収束条件を満たす点列 $\varphi_1, \varphi_2, \cdots$ が収束することである．すなわち，

$$\lim_{n\to\infty}\|\varphi_n-\varphi\|=0 \tag{8.37}$$

となる φ が H の中に存在することをいう．ただし，コーシーの収束条件とは，任意の $\varepsilon>0$ に対してある自然数 N が存在し，$m, n\geq N$ である任意の m, n について $\|\varphi_m-\varphi_n\|<\varepsilon$ となることである．

ヒルベルト空間の例はいろいろあるが，重要なものは 2 乗可積分関数のなす空間である．すなわち，区間 (a, b) で定義され，$\int_a^b|f(x)|^2dx<\infty$ であるような関数全体のなす空間は，内積

$$(f, g)=\int_a^b f^*(x)g(x)dx \tag{8.38}$$

によって，ヒルベルト空間になる．また，ノルムが有界な無限次元の複素ベクトル空間 V_∞ も，次の内積の定義

$$(a, b)=\sum_{i=1}^{\infty}a_i{}^*b_i \tag{8.39}$$

によって，ヒルベルト空間となる．ただし，$\{a_i\}, \{b_i\}$ はこの空間の元 (無限次元ベクトル) の成分であり，

$$a=\begin{pmatrix} a_1 \\ a_2 \\ \vdots \\ a_n \\ \vdots \end{pmatrix}, \qquad b=\begin{pmatrix} b_1 \\ b_2 \\ \vdots \\ b_n \\ \vdots \end{pmatrix} \tag{8.40}$$

と表される．それぞれのノルム

$$\|a\|=\sqrt{\sum_{i=1}^{\infty}|a_i|^2}, \qquad \|b\|=\sqrt{\sum_{i=1}^{\infty}|b_i|^2} \tag{8.41}$$

が有限なので，内積もすべて有限値を取る．

さまざまなヒルベルト空間 H は，完全規格直交系 $\{\varphi_i\}_{i=1,2,\cdots}$ を導入することによって，上述した無限次元複素ベクトル空間 V_∞ に帰着する．そのため，V_∞ を一般のヒルベルト空間の共通の表現と見なすことができる．ここで完全規格化直交系 $\{\varphi_i\}_{i=1,2,\cdots}$ とは，以下の完全性の条件を満たす規格化直交系のことである．すなわち，$\varphi_1, \varphi_2, \cdots$ の張る線形多様体 $\sum_{i=1}^{\infty} c_i\varphi_i$ が H であり，H の元は常に

$$f=\sum_{i=1}^{\infty}(f, \varphi_i)\varphi_i \tag{8.42}$$

と表される．量子力学における物理量は，ヒルベルト空間に作用するエルミート演算子であるので，どのような基底系(＝完全規格化直交系)を選ぶかが，見通しのよい解析を行うために重要である．以後，本書で取り上げる直交多項式系，三角関数系，その他の特殊関数系は，適宜議論されるように，いずれも上述の完全性の条件を満たすもので，任意関数の展開可能性が保証されている．

8.4 直交多項式

物理学の多くの問題で，任意の関数を直交関数系で展開することが重要になる．直交関数系の多くは(特異)スツルム-リウヴィル固有値問題の固有関数として導入されるが，ここでは与えられた区間の種々の内積に関する直交多項式に着目し，これらを統一的な見方から記述してみる．

8.4.1 ロドリゲスの式

有限区間 $[a, b]$ における種々の重みの内積についての直交多項式は，以下の方法で得られる．すなわち重み関数 $\rho(x)$ と区間の両端で0になる2次関数

$X(x)$,

$$\rho(x)=(b-x)^{\alpha}(x-a)^{\beta} \qquad (\alpha, \beta>-1) \tag{8.43}$$

$$X(x)=(b-x)(x-a) \tag{8.44}$$

に関して

$$F_n(x)=\frac{D^n[\rho(x)X(x)^n]}{\rho(x)} \qquad \left(D=\frac{d}{dx}\right) \tag{8.45}$$

は n 次多項式になっているが，これらは次の内積に関して直交関数系をなしている．

$$(f, g)=\int_a^b \rho(x)f(x)g(x)dx \tag{8.46}$$

すなわち $k\neq l$ であれば $(F_k, F_l)=0$ であることが示せる．(8.45) 式をロドリゲス (Rodriges) の式という．ただしここでは簡単のため，すべての関数値は実数値を取るものとして，内積を定義している．

以上の事実を確認してみよう．まず $\rho(x)X(x)^n$ を x で n 回微分すると

$$\begin{aligned}D^n[(b-x)^{n+\alpha}(x-a)^{n+\beta}]=&\sum_{m=1}^{n}{}_n\mathrm{C}_m(n+\alpha)(n+\alpha-1)\cdots(n+\alpha-m+1)(b-x)^{n+\alpha-m}\\&\times(n+\beta)(n+\beta-1)\cdots(n+\beta-(n-m)+1)(x-a)^{m+\beta}\\=&(b-x)^{\alpha}(x-a)^{\beta}\times(x\text{ の }n\text{ 次多項式})\end{aligned} \tag{8.47}$$

だから，(8.45) 式の右辺を計算して得られる結果は，n 次多項式であることがわかる．また $k\leq l-1$ であるような任意の k 次多項式 G_k について

$$\begin{aligned}(G_k, F_l)&=\int_a^b G_kD^l[\rho(x)X(x)^l]dx\\&=G_kD^{l-1}[\rho(x)X(x)^l]|_a^b-\int_a^b(DG_k)D^{l-1}[\rho(x)X(x)^l]dx=\cdots\\&=(-1)^{k+1}\int_a^b(D^{k+1}G_k)D^{l-k-1}[\rho(x)X(x)^l]dx=0\end{aligned} \tag{8.48}$$

したがって $k\neq l$ であれば F_k と F_l は直交することになる．F_n のノルム $\|F_n\|=\sqrt{(F_n, F_n)}$ によって規格化して

$$\widetilde{F}_n=\frac{F_n}{\|F_n\|} \tag{8.49}$$

とおくと，$\{\widetilde{F}_n\}$ は規格化直交多項式系

$$(\widetilde{F}_k, \widetilde{F}_l)=\delta_{kl} \tag{8.50}$$

をなしている．

有限区間の直交多項式の中でも重要なものは，ヤコビ多項式，超球多項式，ル

ジャンドル多項式，チェビシェフ (Chebyschev) 多項式などとよばれるものであるが，これらは上記で $a=-1$, $b=1$ とおいて得られる．これらの多項式系のうちで最も一般的なものはヤコビ多項式で

$$P_n{}^{(\alpha,\beta)}(x)=\frac{(-1)^n(1-x)^{-\alpha}(1+x)^{-\beta}}{2^n n!}D^n[(1-x)^{n+\alpha}(1+x)^{n+\beta}] \tag{8.51}$$

と与えられる．上にあげた他の多項式は，ヤコビ多項式の一種であり，以下のようになっている．

超球多項式：　$P_{n-m}^{(m,m)}(x)=\dfrac{(-1)^{n-m}}{2^{n-m}(n-m)!}\dfrac{D^{n-m}(1-x^2)^n}{(1-x^2)^n}$

ルジャンドル多項式：　$P_n(x)=P_n^{(0,0)}(x)=\dfrac{(-1)^n}{2^n n!}D^n[(1-x^2)^n]$ (8.52)

チェビシェフ多項式：

$$T_n(x)=\frac{n!\pi}{\Gamma(n+1/2)}P_n{}^{(-1/2,-1/2)}(x)=\frac{(-1)^n(1-x^2)^{1/2}}{1\cdot3\cdot5\cdots(2n-1)}D^n[(1-x^2)^{n-1/2}] \tag{8.53}$$

これらの直交多項式は興味深い性質を示し，数理物理学の種々の問題に用いられる．

無限区間 $(-\infty,\infty)$ あるいは半無限区間 $(0,\infty)$ における直交多項式系も同じような方法で導入できる．すなわち区間 $(0,\infty)$ については

$$X(x)=x,\qquad \rho(x)=e^{-x}x^\alpha\quad(\alpha>-1) \tag{8.54}$$

として，また区間 $(-\infty,\infty)$ については

$$X(x)=x,\qquad \rho(x)=e^{-x^2} \tag{8.55}$$

とおくことによって，ロドリゲスの式 (8.45) により直交多項式系が導入される．ただし，それぞれの場合についての内積は

$$(f,g)=\int_0^\infty\rho(x)f(x)g(x)dx\qquad(\text{区間 }(0,\infty)) \tag{8.56}$$

$$(f,g)=\int_{-\infty}^\infty\rho(x)f(x)g(x)dx\qquad(\text{区間 }(-\infty,\infty)) \tag{8.57}$$

によって定義する．

半無限区間の直交多項式は一般にはソニン (Sonine) の多項式とよばれ

$$S_n^\mu(x)=\frac{e^x x^{-\mu}}{n!}D^n[e^{-x}x^{n+\mu}] \tag{8.58}$$

で与えられる．ラゲール (Laguerre) 多項式，ラゲール陪多項式はこの仲間で，それぞれ

$$L_n(x)=n!\,S_n^0(x)=e^xD^n[e^{-x}x^n] \tag{8.59}$$

$$L_n^m(x)=(-1)^m n!\,S_{n-m}^m(x)=(-1)^m e^x x^{-m} D^{n-m}[e^{-x}x^n] \tag{8.60}$$

と表される．無限区間の直交多項式はエルミート多項式とよばれ，以下で定義される．

$$H_n(x)=(-1)^n \exp(x^2) D^n[\exp(-x^2)] \tag{8.61}$$

次数の低いものを具体的に書くと，以下のようになる．

$$H_0(x)=1, \qquad H_1(x)=2x, \qquad H_2(x)=4x^2-2, \cdots \tag{8.62}$$

8.4.2 直交多項式の満たす微分方程式

スツルム-リウヴィル問題の固有関数が直交関数系をなすことを8.1節で学んだが，ロドリゲスの式で導入される多項式関数系も，何らかの線形微分方程式の固有関数系をなすだろうか？　この質問については以下に述べるように，肯定的な答えが得られる．すなわち，次の定理が成立するのである．

定理　$X(x)$ を任意の x の2次式として，$F_n(x)=(1/\rho(x))D^n[\rho(x)X(x)^n]$ とおくと，$u=F_n(x)$ は，次の2階微分方程式を満たす．

$$X(x)\frac{d^2u}{dx^2}+F_1(x)\frac{du}{dx}+\lambda_n u=0 \tag{8.63}$$

ただし，定数 λ_n は $F_1(x)$ の x の係数 k_1 を用いて，

$$\lambda_n=-n\left(k_1+\frac{(n-1)X''}{2}\right) \tag{8.64}$$

と与えられる．

この定理を証明する前に，微分方程式(8.63)は以下のようにスツルム-リウヴィル型の微分方程式として書けることに注意しておこう．

$$(\rho(x)X(x)u')'+\lambda_n\rho u=0 \tag{8.65}$$

(8.6)式における係数関数と比べると $p(x)=\rho(x)X(x)$, $q(x)=0$ となっていることがわかる．定理の証明は次のように行う．まず，積の高階微分についての2項展開定理により

$$\begin{aligned}D^{n+1}[XD(\rho X^n)]&=XD^{n+2}(\rho X^n)+(n+1)X'D^{n+1}(\rho X^n)+\frac{n(n+1)}{2}X''D^n(\rho X^n)\\&=XD^2(\rho F_n)+(n+1)X'D(\rho F_n)+\frac{n(n+1)}{2}X''\rho F_n\end{aligned} \tag{8.66}$$

であるが，同じ式を次のように表すことができる．

$$D^{n+1}[XD(\rho X^n)]=D^{n+1}[XD(\rho X\cdot X^{n-1})]=D^{n+1}[X^nD(\rho X)+(n-1)X'\cdot\rho X^n]$$

表 8.1 直交多項式系と対応するスツルム-リウヴィル固有値問題

多項式	$p(x)$	$q(x)$	$\rho(x)$	区間
ルジャンドル多項式	$1-x^2$	—	1	$[-1,1]$
超球多項式	$(1-x^2)^{m+1}$	—	$(1-x^2)^m$	$[-1,1]$
ヤコビ多項式	$(1-x)^{\alpha+1}(1+x)^{\beta+1}$	—	$(1-x)^{\alpha}(1+x)^{\beta}$	$[-1,1]$
チェビシェフ多項式	$\sqrt{(1-x)(1+x)}$	—	$\dfrac{1}{\sqrt{(1-x)(1+x)}}$	$[-1,1]$
ラゲール多項式	$x\exp(-x)$	—	$\exp(-x)$	$[0,\infty)$
エルミート多項式	$\exp(-x^2)$	—	$\exp(-x^2)$	$(-\infty,\infty)$

$$
\begin{aligned}
&=D^{n+1}[(F_1+(n-1)X')\rho X^n]\\
&=(F_1+(n-1)X')D(\rho F_n)+(n+1)(F_1'+(n-1)X'')\rho F_n \qquad (8.67)
\end{aligned}
$$

そこで (8.66) 式の右辺から (8.67) 式の右辺を差し引くと

$$
X\mathrm{D}^2(\rho F_n)+(2X'-F_1)D(\rho F_n)-(n+1)\left(F_1'+\frac{(n-2)X''}{2}\right)\rho F_n=0 \qquad (8.68)
$$

この方程式は (8.65) 式に一致することが確かめられる．

微分方程式 (8.63) あるいは (8.65) 式において，λ_n を任意の λ に置き換え，端点で有限であるという境界条件のもとで $u(x)$ を求めると，その解は結局ロドリゲスの式で導入される多項式だけに限られることがわかる．そして λ はどれかの λ_n と一致しなければならない．この微分方程式の境界値問題は端点で，$p(x)$ または重み関数 ρ が 0 になるという点を除いては，8.1 節で述べたスツルム-リウヴィル固有値問題と同じである．そこで端点で値が有限であるという境界条件のもとで，微分方程式 (8.63) あるいは (8.65) 式を解くことを，特異スツルム-リウヴィル固有値問題という．ロドリゲスの式 (8.45) で導入される直交多項式系は特異スツルム-リウヴィル固有値問題の固有関数系になっているわけである．8.4.1 項で述べた種々の直交多項式の満たす微分方程式の係数関数と適用区間などを，表 8.1 にあげておこう．

8.4.3 直交多項式の母関数

本シリーズ『物理数学 I』の複素関数論に関する章で学んだ正則関数 $f(z)$ に関する積分公式（グルサ (Goursat) の式），

$$
f^{(n)}(z)=\frac{n!}{2\pi i}\oint_C\frac{f(t)}{(t-z)^{n+1}}dt \qquad (8.69)
$$

を用いると，ロドリゲスの式で導入される直交多項式 $F_n(z)$ について，次の関係で導入される母関数 $Q(z,\xi)$ の簡単な表式が得られる．

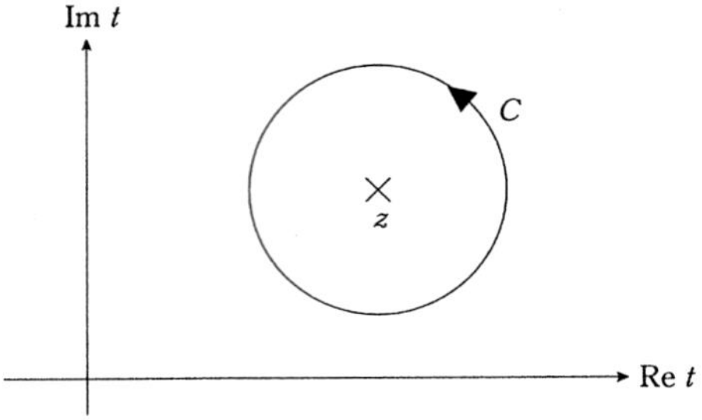

図 8.2　(8.69) 式右辺の積分路 C

$$Q(z, \zeta)=\sum_{n=0}^{\infty}F_n(z)\zeta^n \tag{8.70}$$

(8.69) 式右辺の複素積分で積分路は，z を含み $f(t)$ が正則である領域内にある閉じた道である (図 8.2)．$Q(z, \zeta)$ を具体的に決定する例を，ヤコビ多項式の場合について述べよう．(8.69) 式の $f(z)$ として，$(1-z)^{n+\alpha}(1+z)^{n+\beta}$ を選ぶと，ロドリゲスの式から

$$\begin{aligned}P_n{}^{(\alpha,\beta)}(z)&=\frac{(-1)^n(1-z)^{-\alpha}(1+z)^{-\beta}}{2^n n!}D^n[(1-z)^{n+\alpha}(1+z)^{n+\beta}]\\&=\frac{1}{2\pi i}\oint_C\left[\frac{t^2-1}{2(t-z)}\right]^n\left(\frac{1-t}{1-z}\right)^\alpha\left(\frac{1+t}{1+z}\right)^\beta\frac{\mathrm{d}t}{t-z}\end{aligned} \tag{8.71}$$

と変形できる．ここで積分変数を t から，

$$\zeta=\frac{2(t-z)}{t^2-1} \tag{8.72}$$

で与えられる ζ に変えると，次の式が得られる．

$$P_n{}^{(\alpha,\beta)}(z)=\frac{1}{2\pi i}\oint\frac{1}{\zeta^n}\left(\frac{2}{1-\zeta+R}\right)^\alpha\left(\frac{2}{1+\zeta+R}\right)^\beta\frac{d\zeta}{\zeta R} \tag{8.73}$$

$$=\frac{1}{n!}D^n\left[\frac{2^{\alpha+\beta}}{R(1-\zeta+R)^\alpha(1+\zeta+R)^\beta}\right]\Bigg|_{\zeta=0} \tag{8.74}$$

ただし

$$R=\sqrt{1-2z\zeta+\zeta^2} \tag{8.75}$$

2 行目の式の D は ζ に関する微分である．(8.73) 式の積分路は原点を正の向きに回る円，(8.73) 式から (8.74) 式への変形は再び公式 (8.69) を用いるのである．(8.74)，(8.75) 式からテイラー展開定理を用い

$$\frac{2^{\alpha+\beta}}{R(1-\zeta+R)^\alpha(1+\zeta+R)^\beta}=\sum_{n=0}^{\infty}P_n{}^{(\alpha,\beta)}(z)\zeta^n \tag{8.76}$$

表 8.2 直交多項式の母関数

多項式	母関数
ヤコビ多項式	$\dfrac{2^{\alpha+\beta}}{R(1-\zeta+R)^{\alpha}(1+\zeta+R)^{\beta}}=\sum_{n=0}^{\infty}P_n^{(\alpha,\beta)}(z)\zeta^n$
ルジャンドル多項式	$\dfrac{1}{R}=\sum_{n=0}^{\infty}P_n(z)\zeta^n$
ソニン多項式	$\dfrac{\exp\{-z\zeta/(1-\zeta)\}}{(1-\zeta)^{\mu+1}}=\sum_{n=0}^{\infty}S_n^{\mu}(z)\zeta^n$
ラゲール多項式	$\dfrac{(-1)^m\exp\{-z\zeta/(1-\zeta)\}}{(1-\zeta)^{m+1}}=\sum_{n=0}^{\infty}L_{n+m}^m(z)\dfrac{\zeta^n}{(n+m)!}$
エルミート多項式	$\exp(2z\zeta-\zeta^2)=\sum_{n=0}^{\infty}H_n(z)\dfrac{\zeta^n}{n!}$

であることは明らかだから，(8.76) 式の左辺がヤコビ多項式の母関数になる．他の直交多項式の母関数も同様の方法で得られる．これらを表 8.2 にまとめておく．

8.5 フーリエ級数

8.5.1 ベッセルの不等式

有限区間の規格化直交関数系 $(\phi_1, \phi_2, \cdots, \phi_n, \cdots)$ により，任意関数 $f(x)$ をできるだけよく近似するという問題を考えてみよう．まず $n=1$ から N までの有限項の級数での近似を考えると，これは $\|f-\sum_{n=1}^{N}c_n\phi_n\|^2$ を最小にすることで実現される．恒等式

$$\left\|f-\sum_{n=1}^{N}c_n\phi_n\right\|^2=\|f\|^2-\sum_{n=1}^{N}|(f, \phi_n)|^2+\sum_{n=1}^{N}|c_n-(\phi_n, f)|^2 \tag{8.77}$$

によれば，(8.77) 式を最小にする c_n は N によらずに

$$c_n=(\phi_n, f) \tag{8.78}$$

となる．(8.78) 式で定義される c_n を，ϕ_n に対応する f のフーリエ (Fourier) 係数という．このとき (8.77) 式右辺の最小値は

$$d_N{}^2=\|f\|^2-\sum_{i=1}^{N}|(f, \phi_n)|^2 \tag{8.79}$$

であるが，これは負にはならないから

$$\sum_{n=1}^{N}|c_n|^2=\sum_{n=1}^{N}|(f, \phi_n)|^2\leq\|f\|^2 \tag{8.80}$$

が成立する．この N はいくらでも大きくできるから，$\sum_{n=1}^{\infty}|c_n|^2\leq\|f\|^2$ も成り立

つ．(8.80) 式をベッセル (Bessel) の不等式という．規格化直交関数系 $\{\phi_n\}$ が完全であるとは，(8.79) 式の $d_N{}^2$ が N の無限大の極限で0になること，または (8.80) 式左辺がこの極限で $\|f\|^2$ に等しいこと

$$\sum_{n=1}^{\infty}|(f,\ \phi_n)|^2=\|f\|^2 \tag{8.81}$$

に他ならない．ある任意の関数 f のフーリエ係数 c_n から級数 $\sum_{n=1}^{\infty}c_n\phi_n$ を作るとき，これが収束することはベッセルの不等式 (8.80) から保障されるが，完全規格化直交系の場合には，これが元の関数 f と一致するのである．

8.5.2　フーリエ級数

区間 $(-\pi, \pi)$ における規格化直交関数系として

$$\left(\frac{1}{\sqrt{2\pi}}, \frac{\cos x}{\sqrt{\pi}}, \frac{\cos 2x}{\sqrt{\pi}}, \cdots, \frac{\sin x}{\sqrt{\pi}}, \frac{\sin 2x}{\sqrt{\pi}}, \cdots\right) \tag{8.82}$$

を選ぶことができる．任意の関数 $f(x)$ が与えられたとき，上記の各関数に対応するフーリエ係数は

$$A_0=\frac{1}{\sqrt{2\pi}}\int_{-\pi}^{\pi}f(x)dx \tag{8.83}$$

$$A_n=\frac{1}{\sqrt{\pi}}\int_{-\pi}^{\pi}f(x)\cos(nx)dx \qquad (n=1, 2, \cdots) \tag{8.84}$$

$$B_n=\frac{1}{\sqrt{\pi}}\int_{-\pi}^{\pi}f(x)\sin(nx)dx \qquad (n=1, 2, \cdots) \tag{8.85}$$

で与えられる．

前節で述べた一般論に従えば，フーリエ級数の部分和

$$f_N(x)=\frac{A_0}{\sqrt{2\pi}}+\frac{1}{\sqrt{\pi}}\sum_{n=1}^{N}(A_n\cos nx+B_n\sin nx) \tag{8.86}$$

は，$N\to\infty$ の極限で平均収束の意味で $f(x)$ に収束する．証明は付録Dで述べるワイエルシュトラス (Weierstrass) の定理を用いて行うことができる．平均収束は点ごとの収束になるとは限らないのであるが，三角級数の場合には点ごとの収束に関して次のような性質が成立する．すなわち，「区分的に連続な関数」に対しては，(8.86) 式の極限は区間内の任意の x について必ず存在して，

$$\frac{f(x+0)+f(x-0)}{2}=\lim_{N\to\infty}f_N(x) \tag{8.87}$$

が成立する．これをディリクレの定理という．ここで $f(x+0)$ は，x より大きい領域からの極限で

$$\lim_{\varepsilon \to +0} f(x+\varepsilon) = f(x+0) \tag{8.88}$$

また $f(x-0)$ は x より小さい領域からの極限で

$$\lim_{\varepsilon \to +0} f(x-\varepsilon) = f(x-0) \tag{8.89}$$

を意味する．また「区分的に連続な関数」とは変数の領域を有限個の区間に分割すると各区間内では連続で，各区の端で有限な極限値をもつような関数である．

ディリクレの定理を証明するには，(8.83)〜(8.85) 式の $\{A_n\}, \{B_n\}$ を (8.86) 式の右辺に代入する．すると

$$\begin{aligned} f_N(x) &= \frac{1}{\pi}\int_{-\pi}^{\pi} f(t)\left(\frac{1}{2} + \sum_{k=1}^{N}(\cos kt \cos kx + \sin kt \sin kx)\right)dt \\ &= \frac{1}{\pi}\int_{-\pi}^{\pi} f(t)\frac{\sin\{(N+1/2)(t-x)\}}{2\sin\{(t-x)/2\}}dt \end{aligned} \tag{8.90}$$

の関係が得られる．$f(x)$ を区間 $(-\pi, \pi)$ の外側に周期的に延長しておくとすれば

$$f_N(x) = \frac{1}{\pi}\int_0^{\pi}\{f(x-2t)+f(x+2t)\}\frac{\sin(2N+1)t}{\sin t}dt \tag{8.91}$$

と書くこともできる．さて，$f(x)=1$ のときは，$N \geq 1$ について $f_N(x)=1$ だから

$$1 = \frac{2}{\pi}\int_0^{\pi}\frac{\sin\{(2N+1)t\}}{\sin t}dt \tag{8.92}$$

(8.91)，(8.92) 式から

$$\begin{aligned} &f_N(x) - \frac{1}{2}\{f(x+0)+f(x-0)\} \\ &= \frac{1}{\pi}\int_0^{\pi}\frac{\{f(x-2t)+f(x+2t)-f(x-0)-f(x+0)\}}{\sin t}\sin(2N+1)t\,dt \end{aligned} \tag{8.93}$$

の関係が得られる．ところが，右辺の積分は以下に述べるリーマン (Riemann) の定理によって，$N \to \infty$ の極限で 0 に収束することが示される．

定理 (リーマンの定理)　有限区間 $[0, A]$ で定義され，有限個の点を除いて連続な有界関数 $f(x)$ は

$$\lim_{\lambda \to \infty}\int_0^A f(x)\sin \lambda x\,dx = 0 \tag{8.94}$$

を満たす．

(証明)　まず $x<0$ および $x>A$ で $f(x)=0$ と定義して，積分領域を $(-\infty, \infty)$ に広げておこう．すると，(8.94) 式左辺の積分は

$$
\begin{aligned}
\int_{-\infty}^{\infty} f(x)\sin\lambda x dx &= \int_{-\infty}^{\infty} f\left(x+\frac{\pi}{\lambda}\right)\sin\lambda\left(x+\frac{\pi}{\lambda}\right)dx \\
&= -\int_{-\infty}^{\infty} f\left(x+\frac{\pi}{\lambda}\right)\sin\lambda x dx \\
&= \frac{1}{2}\int_{-\infty}^{\infty}\left\{f(x)-f\left(x+\frac{\pi}{\lambda}\right)\right\}\sin(\lambda x)dx
\end{aligned}
\tag{8.95}
$$

と表せる．$\pi<\lambda$ である場合は，したがって

$$
\left|\int_0^A f(x)\sin\lambda x dx\right| \leq \frac{1}{2}\int_{-\infty}^{\infty}\left|f(x)-f\left(x+\frac{\pi}{\lambda}\right)\right|dx \leq \frac{1}{2}\int_{-1}^{A}\left|f(x)-f\left(x+\frac{\pi}{\lambda}\right)\right|dx \tag{8.96}
$$

であるが，$\lambda\to\infty$ の極限で(8.96)式の右辺は0に収束する．したがって，(8.94)式の極限値がゼロになることが示された．

以上から $(-\pi,\pi)$ 内の点 x について，(8.87)式の極限が成立することが示されたが，同じ議論から端点においては

$$
\frac{f(\pi-0)+f(-\pi+0)}{2} = \lim_{N\to\infty} f_N(\pm\pi) \tag{8.97}
$$

が成り立つことも明らかである．■

ここでいくつかの簡単な関数の例について，フーリエ展開がどのように表されるかを見ておこう．読者自ら(8.83)～(8.85)式によって係数を導いて確認していただきたい．まず，次のような不連続点を含む関数 $f_1(x)$

$$
f_1(x) = \begin{cases} 1 & (0<x<\pi) \\ -1 & (-\pi<x<0) \end{cases} \tag{8.98}
$$

について考える．ただし，区間 $(-\pi,\pi)$ の外側では $f(x)$ は周期的に拡張されていると考える．この関数のフーリエ展開は，次式で与えられる．

$$
f_1(x) = \frac{4}{\pi}\left(\sin x + \frac{1}{3}\sin 3x + \frac{1}{5}\sin 5x + \cdots\right) \tag{8.99}
$$

$x=0, \pm\pi, \pm 2\pi$ では，右辺は明らかに0でありディリクレの定理((8.87), (8.97)式)が成立していることが確かめられる．(8.99)式をグラフで示すと，図8.3のようになる．図8.3において黒丸で示される値 $f_1(n\pi)=0$, $n=0, \pm 1, \pm 2, \cdots$ は，(8.98)式では定義されていなかったけれど，フーリエ展開した関数では自動的に値が定まってしまう．関数 $f_1(x)$ を x で積分した関数は

$$
f_2(x) = |x| \qquad (-\pi<x<\pi) \tag{8.100}
$$

であり，図8.4の太い実線のように与えられる．この関数のフーリエ係数を定義式(8.83)～(8.85)式から決めれば，次のフーリエ展開

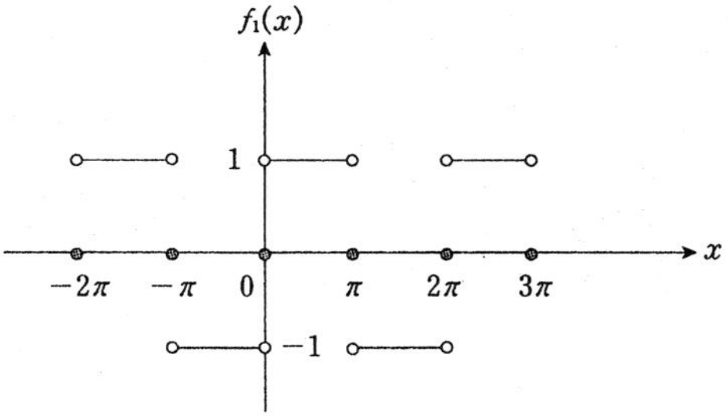

図 8.3 $f_1(x)$ のフーリエ展開

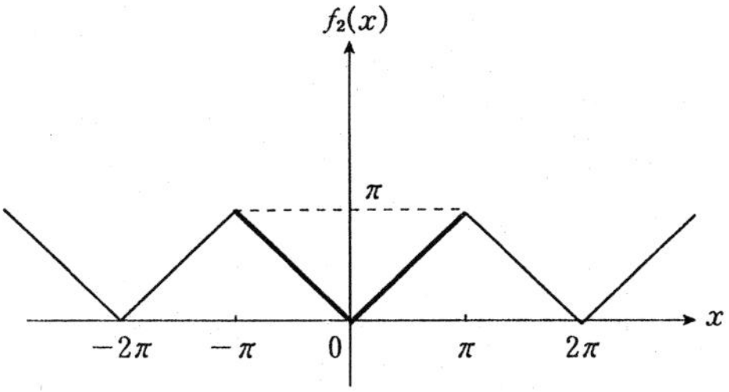

図 8.4 $f_2(x)$ のフーリエ展開

$$f_2(x)=\frac{\pi}{2}-\frac{4}{\pi}\left(\cos x+\frac{1}{3^2}\cos 3x+\frac{1}{5^2}\cos 5x+\cdots\right) \tag{8.101}$$

が得られる．これを図示したものが，図 8.4 の細い実線である．(8.101) 式の右辺を項別に微分した展開式は (8.98) 式のフーリエ展開である (8.99) 式に一致している．$f_2(x)$ は全区間で連続な関数であるが，このような場合にはフーリエ級数は原関数 $f_2(x)$ に一様に収束することが知られている．

一方，原関数に不連続なとびがあると，フーリエ級数はこの関数に一様には収束しない．その典型的な例は，以下に述べるギブス (Gibbs) の現象である．

関数 $f_1(x)$ の場合について述べよう．(8.99) 式の右辺の級数の部分和を $f_N(x)$ とおくと，

$$\begin{aligned} f_{N+1}(x)&=\frac{4}{\pi}\int_0^x[\cos t+\cos 3t+\cdots\cos\{(2N+1)t\}]dt \\ &=\frac{2}{\pi}\int_0^x\frac{\sin\{2(N+1)t\}}{\sin t}dt \end{aligned} \tag{8.102}$$

右辺の被積分関数は N が大きいとき，原点付近で高さ $2(N+1)$ の鋭いピークをとり，t の増加につれて激しく振動しながら減少する．そこで，$f_{N+1}(x)$ が最も

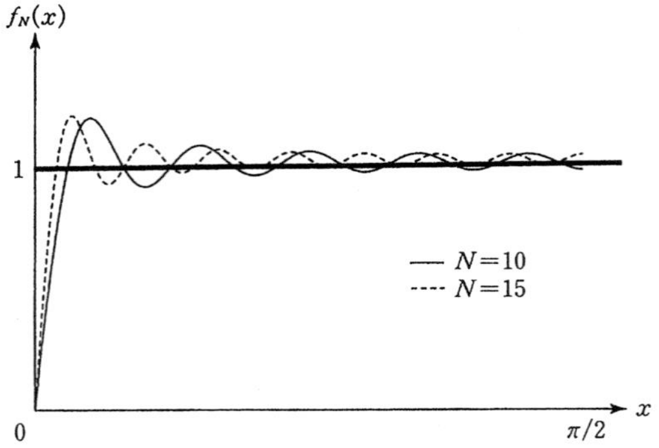

図 8.5　ギブスの現象

大きくなるのは x が被積分関数の最初の 0 点に一致するときで，その値は

$$f_{N+1}\left(\frac{\pi}{2(N+1)}\right) \approx \frac{2}{\pi}\int_0^{\pi}\frac{\sin t}{t}dt \sim 1.18 \tag{8.103}$$

と与えられる．この最大値を取った後，$f_{N+1}(x)$ は 1 に向かって減衰振動しながら近づいてゆく．この様子を示したのが図 8.5 である．

このようにフーリエ級数の部分和は不連続点の近くで余分に跳躍してしまい，その跳躍量は項数を増加しても有限にとどまる．これは不連続点を含む区間では，フーリエ級数が一様には収束しないことを示している．

演習問題

8.1　スツルム-リウヴィルの固有値問題 (8.6) 式において，$\varphi(x)$ を固有値 λ に対応する固有関数とすると，このときの $L[\varphi]$ の極値は λ に等しいことを示せ．ただし，境界条件 (8.4) の α, β が 0 または $\pi/2$ であるとする．

8.2　ヒルベルト空間における 1 つの完全規格化直交関数系を $\{\varphi_v(x)\}_{v=1,2,\cdots,\infty}$ とおく．

$$\Gamma(x, \xi) = \sum_{v=1}^{n}\varphi_v(x)\varphi_v{}^*(\xi)$$

とするとき，このヒルベルト空間の任意の関数 $f(x)$ について

$$f(x) = \int \Gamma(x, \xi) f(\xi) d\xi$$

が成立することを示せ．

8.3　内積の定義式によって，(8.31) 式の性質を証明せよ．また，関数の間の距離の関係 (8.32) 式を導け．

8.4　ヒルベルト空間における規格化直交関数系が完全であるための必要十分条件は，この空間の任意の要素 f, g について，常に

$$(f, g)=\sum_{i=1}^{\infty}(f, \varphi_i)(\varphi_i, g)$$

が成立することである．これを証明せよ．

8.5　ルジャンドル多項式 $P_n(x)$ を $n=0, 1, 2, 3$ の場合について求めよ．また，それらが内積

$$(f, g)=\int_{-1}^{1}f^*(x)g(x)dx$$

に関して直交していることを確かめよ．

8.6　異なる次数のラゲール多項式，およびエルミート多項式は，それぞれ(8.56)，(8.57)式で定義される内積に関して直交することを示せ．

8.7　(8.58)式，および(8.60)式で導入されるソニンの多項式の母関数が表8.2で与えられるものとなることを確かめよ．

8.8　(8.98)式，および(8.100)式で与えられる関数のフーリエ級数が，それぞれ(8.99)，(8.101)式となることを，直接フーリエ係数を計算することによって確かめよ．

8.9　$f(x)$ の導関数 $f'(x)$ が $(-\pi, \pi)$ において

$$f'(x)=\sum_{n=1}^{\infty}a_n \cos nx+\sum_{n=1}^{\infty}b_n \sin nx$$

のように展開されるとき，$f(x)$ は常にフーリエ級数によって展開できる．このとき

$$f(x)=\sum_{n=0}^{\infty}A_n \cos nx+\sum_{n=1}^{\infty}B_n \sin nx$$

の係数，A_n, B_n を a_n, b_n によって表せ．

8.10　$\cosh x$ を区間 $(-\pi, \pi)$ のフーリエ級数で展開せよ．

9

フーリエ変換とラプラス変換

9.1 フーリエ変換

前章では有限区間 $(-\pi, \pi)$ で定義される関数の三角多項式による展開を考えたが，本節ではこれを拡張して無限区間における関数の展開を考えよう．

区間の幅を一般化することからはじめる．すなわち，区間 $(-L/2, L/2)$ で定義された関数 $f(x)$ を前節の議論にしたがって三角多項式に展開するためには，独立変数を x から $\xi=2\pi x/L$ に変換すればよい．このとき $x=L\xi/2\pi$ なので，ξ を変数とした関数

$$\varphi(\xi)=f\left(\frac{L\xi}{2\pi}\right) \tag{9.1}$$

について，

$$\varphi(\xi)=\frac{a_0}{\sqrt{2\pi}}+\frac{1}{\sqrt{\pi}}\sum_{n=1}^{\infty}\{a_n\cos(n\xi)+b_n\sin(n\xi)\} \tag{9.2}$$

が成立する．ここでフーリエ係数は第 8 章の (8.83)～(8.85) 式の積分において，$f(x)$ の代わりに $\varphi(x)$ を用い得られたものである．(9.1)，(9.2) 式から変数をもとの x に戻して変形すると

$$f(x)=\sum_{n=-\infty}^{\infty}\alpha(n)\exp\left(i\frac{2\pi nx}{L}\right) \tag{9.3}$$

$$\alpha(n)=\frac{a_{|n|}-i\,\mathrm{sgn}(n)b_{|n|}}{2\sqrt{\pi}}=\frac{1}{L}\int_{-L/2}^{L/2}f(x)\exp\left(-i\frac{2\pi nx}{L}\right)dx \qquad (n=\pm1, \pm2, \cdots) \tag{9.4}$$

$$\alpha(0)=\frac{1}{\sqrt{2\pi}}a_0=\frac{1}{L}\int_{-L/2}^{L/2}f(x)dx$$

の関係が得られる．(9.3)，(9.4) 式が任意区間 $(-L/2, L/2)$ での関数のフーリエ展開式に他ならない．

次に上の関係式の $L\to\infty$ の極限を考えてみよう．(9.3) 式で L が充分に大き

いときは，右辺は積分変数を

$$k=\frac{2\pi n}{L} \tag{9.5}$$

とした積分の形に表すことができる．すなわち

$$\sum_{n=-\infty}^{\infty}\alpha(n)\exp\left(i\frac{2\pi nx}{L}\right)=\int_{-\infty}^{\infty}\frac{L}{2\pi}\alpha\left(\frac{Lk}{2\pi}\right)\exp(ikx)\,dk \tag{9.6}$$

そこで(9.4)式を用いれば，

$$f(x)=\frac{1}{2\pi}\int_{-\infty}^{\infty}\left(\int_{-\infty}^{\infty}f(x')\exp(-ikx')\,dx'\right)\exp(ikx)\,dk \tag{9.7}$$

という関係が得られる．(9.7)式の関係をより厳密に述べたものが，次のフーリエの積分定理である．

定理（フーリエの積分定理） $f(x)$ は $-\infty<x<\infty$ で定義された複素数値関数で

i) x の任意区間で区分的に滑らか

ii) $\int_{-\infty}^{\infty}|f(x)|\,dx<\infty$ (9.8)

であるとする．このとき，次の関係が成り立つ．

$$\frac{1}{2}\{f(x+0)+f(x-0)\}=\lim_{\lambda\to\infty}\frac{1}{2\pi}\int_{-\lambda}^{\lambda}e^{ikx}dk\int_{-\infty}^{\infty}e^{-ikx'}f(x')\,dx' \tag{9.9}$$

（証明） (8.102)式で $N\to\infty$ の極限を考えると，任意の $a>0$ について

$$\lim_{\lambda\to\infty}\frac{1}{\pi}\int_0^a\frac{\sin\lambda x}{\sin x}dx=\lim_{\lambda\to\infty}\frac{1}{\pi}\int_0^a\frac{\sin\lambda x}{x}dx=\frac{1}{2} \tag{9.10}$$

となることがわかる．そこでリーマンの定理を用いると

$$\lim_{\lambda\to\infty}\frac{1}{\pi}\int_0^a f(x+t)\frac{\sin\lambda t}{t}dt-\frac{1}{2}f(x+0)=\lim_{\lambda\to\infty}\frac{1}{\pi}\int_0^a\frac{\sin\lambda t}{t}\{f(x+t)-f(x+0)\}dt=0 \tag{9.11}$$

同様にして，

$$\lim_{\lambda\to\infty}\frac{1}{\pi}\int_{-a}^0 f(x+t)\frac{\sin\lambda t}{t}dt-\frac{1}{2}f(x-0)=0 \tag{9.12}$$

も示せるので，(9.11)，(9.12)式を加え合わせると

$$\lim_{\lambda\to\infty}\frac{1}{\pi}\int_{-a}^a f(x+t)\frac{\sin\lambda t}{t}dt=\frac{1}{2}(f(x+0)+f(x-0)) \tag{9.13}$$

が得られる．これをディリクレの積分公式という．

$$\frac{\sin\lambda t}{t}=\int_0^\lambda\cos(kt)\,dk \tag{9.14}$$

を用いると，(9.13)式の左辺は

$$f_D(x)=\frac{1}{\pi}\lim_{\lambda\to\infty}\int_0^\lambda dk\int_{-a}^{a}f(x+t)\cos(kt)dt \tag{9.15}$$

と書くこともできる．

ここで a は任意だから，$a\to\infty$ の極限を取ると

$$f_D(x)=\frac{1}{\pi}\int_0^\infty dk\int_{-\infty}^\infty f(t)\cos\{k(t-x)\}dt=\frac{1}{2\pi}\int_{-\infty}^\infty dk\int_{-\infty}^\infty f(t)\cos\{k(t-x)\}dt \tag{9.16}$$

第1行から第2行への変化では，cos 関数が偶関数であることを用いた．一方，sin 関数は奇関数だから

$$0=\frac{i}{2\pi}\int_{-\infty}^\infty dk\int_{-\infty}^\infty f(t)\sin\{k(t-x)\}dt \tag{9.17}$$

したがって，両者を辺々加えると

$$f_D(x)=\frac{1}{2\pi}\int_{-\infty}^\infty dk\int_{-\infty}^\infty f(t)e^{-ik(t-x)}dt \tag{9.18}$$

であるが，これを (9.13) 式の左辺に置き換えた関係が，(9.9) 式に他ならない．

■

細かくいうと，上の手続きからわかるように $\int_{-\infty}^\infty dk$ は $\lim_{\lambda\to\infty}\int_{-\lambda}^\lambda dk$ としてよい．

$F(k)=\int_{-\infty}^\infty f(x)e^{-ikx}dx$ を $f(x)$ のフーリエ変換，$f(x)=(1/2\pi)\int_{-\infty}^\infty F(k)e^{ikx}dk$ を $F(k)$ のフーリエ逆変換という．ただし，k の符号は逆にしてもよい．フーリエの積分定理は，フーリエ変換の逆変換が元の関数とその連続点では一致することを示している．

9.2 デルタ関数

物理数学における重要な概念にデルタ関数というものがある．ここで，その定義と基本的な性質を述べておこう．

連続関数の列 $\{\delta_n(x)\}$ $(n=1,2,\cdots)$ が，以下の性質を満たすものとしよう．

I）$x\neq 0$ のとき

$$\lim_{n\to\infty}\delta_n(x)=0 \tag{9.19}$$

II）どのような x のべきを乗じても，$|x|\to\infty$ で0に収束する任意連続関数 $f(x)$ について

$$\lim_{n\to\infty}\int_{-\infty}^\infty \delta_n(x-t)f(x)dx=f(t) \tag{9.20}$$

記号的に，$\delta(x)=\lim_{n\to\infty}\delta_n(x)$ と書くことにすると，I），II）の性質は，

I′) $\delta(x)=0 \qquad (x\neq 0)$ (9.21)

II′) $\int_{-\infty}^{\infty}\delta(x-t)f(x)dx=f(t)$ (9.22)

と書ける．厳密にはデルタ関数 $\delta(x)$ は普通の意味での関数と異なり，超関数とよばれる．$\delta(x)$ はこれに連続関数を乗じ積分する場合のみ，(9.20) 式の左辺を記号的に (9.22) 式で表すという約束のもとに意味をもつのである．例えば，

$$\delta_\lambda(x)=\frac{1}{2\pi}\int_{-\lambda}^{\lambda}\exp(ikx)dk=\frac{1}{\pi}\frac{\sin\lambda x}{x} \tag{9.23}$$

とすると，この関数は $x\neq 0$ では λ が無限に大きくなると 0 を中心に激しく振動する．任意の連続関数にこれを乗じて，x を含まない任意の区間で積分すると $\lambda\to\infty$ の極限で 0 になるから，記号的に $\delta(x)=\lim_{\lambda\to\infty}\delta_\lambda(x)=0\ (x\neq 0)$ である．また (9.9) 式は，任意の連続関数について

$$\lim_{\lambda\to\infty}\int_{-\infty}^{\infty}\delta_\lambda(x-t)f(x)dx=f(t)=\int\delta(x-t)f(x)dx \tag{9.24}$$

であることを意味している．そこで

$$\delta(x)=\lim_{\lambda\to\infty}\delta_\lambda(x)=\frac{1}{2\pi}\int_{-\infty}^{\infty}\exp(ikx)dk \tag{9.25}$$

であることがわかる．これはデルタ関数の表現の 1 つであるが，デルタ関数の表現はこれ以上にも多くのものがある．

9.3 ラプラス変換と逆変換

物理学の多くの問題では時刻 $t=0$ での初期状態を与えて，種々の物理量の時間発展を求めることが必要になる．したがって $t=0$ 以降の物理量のみを解析的に扱えればよい．このような場合に有効なのは，本節に述べるラプラス変換の方法である．

関数 $f(t)$ のラプラス変換 $\hat{f}(s)$ は次の式で定義される．

$$\hat{f}(s)=\int_0^{\infty}e^{-st}f(t)dt \tag{9.26}$$

このとき $f(t)$ は以下に述べる逆ラプラス変換によって $\hat{f}(s)$ から求めることができる．t が無限に大きくなるとき $f(t)$ が発散することがあっても，高々指数関数的に大きくなるにすぎないと仮定しよう．すなわち適当な実数 M と k を用いれば $t\to\infty$ において

表 9.1　ラプラス変換の例

$f(t)$	$\hat{f}(s)$	$f(t)$	$\hat{f}(t)$
$t^{v}(\mathrm{Re}\, v>1)$	$s^{-v-1}\Gamma(v+1)$	$t^{k}e^{at}$	$\dfrac{k!}{(s-a)^{k+1}}$
$\Theta(t-a)$	$\dfrac{e^{-sa}}{s}$	$\cos at$	$\dfrac{s}{s^2+a^2}$
e^{at}	$\dfrac{1}{s-a}$	$\sin at$	$\dfrac{a}{s^2+a^2}$

$$|f(t)|<M\mathrm{e}^{kt} \tag{9.27}$$

であるとする．このとき (9.26) 式の積分は $\mathrm{Re}\, s>k$ の条件下で絶対収束する．このような s の値の最小値（一般には下極限）を σ_c とおくと，(9.26) 式の積分の収束域は $\mathrm{Re}\, s>\sigma_c$ である．

ラプラス変換のいくつかの例を，表 9.1 に示す．簡単な場合については，読者自身で確認してみてほしい．

$\hat{f}(s)$ から $f(t)$ を求めるラプラス逆変換の公式は以下のようなものである．

$$f(t)=\frac{1}{2\pi i}\lim_{T\to\infty}\int_{\gamma-iT}^{\gamma+iT}e^{st}\hat{f}(s)ds \tag{9.28}$$

ただし，ここで γ は $s>\gamma$ で $\hat{f}(s)$ が正則になるような適当な実数である．以下では (9.28) 式を証明することにしよう．前節に述べたフーリエ変換の理論によると，$F(t)$ のフーリエ変換を

$$G(\lambda)=\int_{-\infty}^{\infty}e^{i\lambda t}F(t)dt \tag{9.29}$$

とすれば，

$$F(t)=\frac{1}{2\pi}\lim_{T\to\infty}\int_{-T}^{T}e^{-i\lambda t}G(\lambda)d\lambda \tag{9.30}$$

と表される．この関数 $F(t)$ が $t\to\infty$ において $|F(t)|<\mathrm{O}(e^{-\alpha t})$，また $t\to-\infty$ において，$|F(t)|<\mathrm{O}(e^{\beta t})$ という条件を満たすものとしよう．ここで α と β はいずれも正としておく．このとき (9.29) 式右辺の積分は，λ が図 9.1 の帯状領域にあるとき収束し，$G(\lambda)$ はこの領域内では正則となる．そこで (9.30) 式右辺の積分について，その積分路を実軸に沿うものから図 9.1 の太線のように変えて

$$F(t)=\frac{1}{2\pi}\lim_{T\to\infty}\int_{-T+i\gamma}^{T+i\gamma}e^{-i\lambda t}G(\lambda)d\lambda \tag{9.31}$$

としよう．

さらに $s=-i\lambda$ に積分変数を変更すると

$$F(t)=\frac{1}{2\pi i}\lim_{T\to\infty}\int_{\gamma-iT}^{\gamma+iT} e^{st}\hat{F}(s)ds \tag{9.32}$$

$$\hat{F}(s)=G(is)=\int_{-\infty}^{\infty} e^{-st}F(t)dt \tag{9.33}$$

という関係を示せる．(9.32) 式における s の積分路は，図 9.2 に示すものである．そこで $F(t)$ が $t\geq 0$ でのみ定義される場合，$\Theta(t)$ を階段関数として $F(t)=f(t)\Theta(t)$ とおくことにすれば，β は無限に大きく取れる．そのときには γ は十分に大きい正数を選べばよいということになる．この場合，$\mathrm{Re}\, s>\gamma$ で (9.32) 式の被積分関数は正則となっている．

さて $t<0$ のときには (9.32) 式の積分路に右側で閉じる大きな半円の弧状部分を付け加えて図 9.3 のようにしてよい．

弧状部分からの寄与は半径を無限に大きくする極限で 0 になるからである．このとき半円内部で被積分関数は正則なので，積分は 0 である．すなわち，$t<0$ では $F(t)=0$ である．一方，$t>0$ のときは図 9.4 のように半円弧を左側につけ

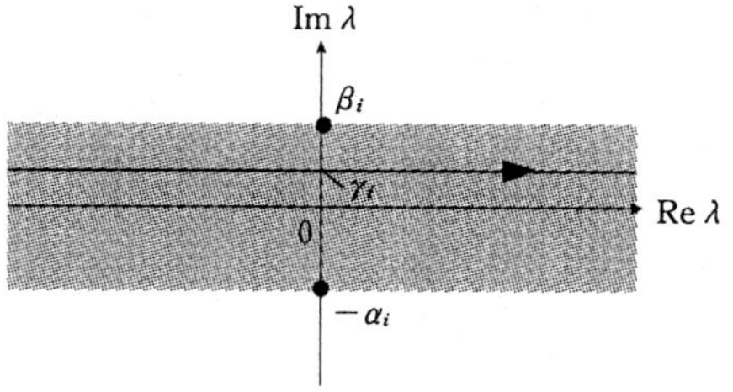

図 9.1 $F(t)$ の積分路

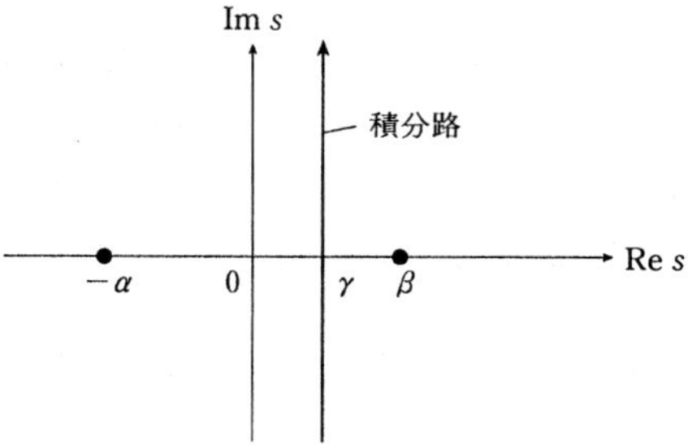

図 9.2 s の積分路

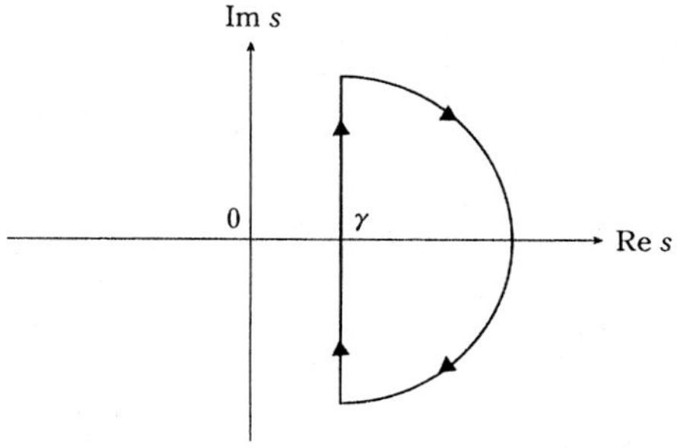

図 9.3 $t<0$ の積分路

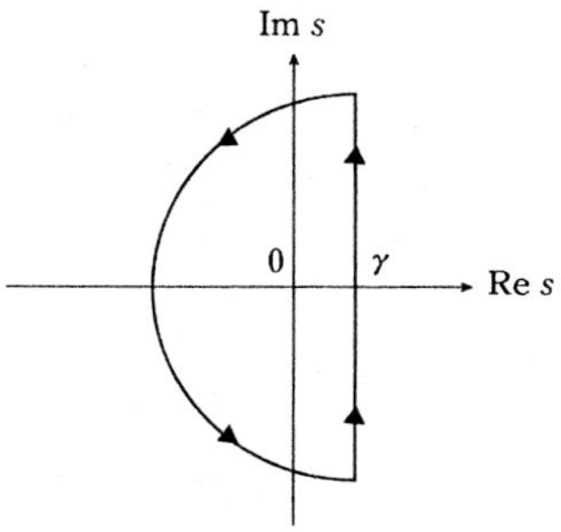

図 9.4 $t<0$ の積分路

て，この半円上を1周する複素積分で(9.32)式の右辺を評価できる．(9.32)式はラプラス逆変換を定義する式である．

簡単な例で上の性質を確かめてみよう．まず $\hat{f}(s)=s^{-n-1}$ とすると，この逆変換は上に述べたように

$$f(t)=\lim_{T\to\infty}\frac{1}{2\pi i}\int_{\gamma-iT}^{\gamma+iT}e^{st}s^{-n-1}ds \tag{9.34}$$

である．γ としては任意の正数を選んでよい．$t<0$ であれば，図9.3の積分路の半円弧を右に回って，積分値は0になる．$t>0$ のときは図9.4の積分路の半円弧を左に回るが，このとき被積分関数の特異点は $s=0$ だけであり，その留数が積分値である．これを評価して

$$f(t)=\frac{t^n}{n!}\qquad(t>0) \tag{9.35}$$

であるが，この結果は表9.1からも正しいことが確認される．読者は同じように表9.1の第2列にあるこの他の $\hat{f}(s)$ をラプラス逆変換して，対応する第1列の $f(t)$ となることを確かめられるであろう．

9.4　ラプラス変換の性質

物理量 $f(t)$ が満たす方程式を直接解くよりも，そのラプラス変換 $\hat{f}(s)$ が満たす方程式の方が容易に解けることがある．このような場合に，ラプラス変換の方法は数理物理学の有力な解析手法になる．原関数が満たす方程式から，そのラプラス変換が満たす方程式を導出するには，ラプラス変換の一般的な性質を知らなければならない．以下にその基本的なものを列挙することにしよう．

i）　線形性：

関数 $f(t)$ のラプラス変換を $L\{f(t)\}=\hat{f}(s)$ と書くことにしよう．任意の定数 a, b について，以下はその定義から容易に確かめられる．

$$L\{af(t)+bg(t)\}=aL\{f(t)\}+bL\{g(t)\} \tag{9.36}$$

ii）　スケール変換：

$$L\{f(at)\}=\frac{1}{a}\hat{f}\left(\frac{s}{a}\right) \tag{9.37}$$

これも同様にして，確かめられる．

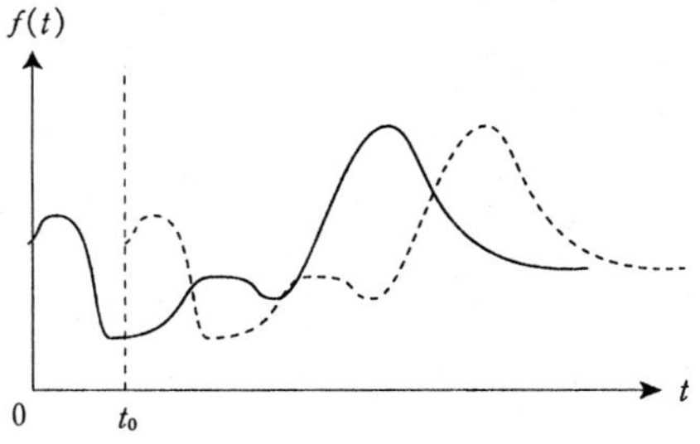

図 9.5　原点の移動

iii)　原点の移動：

図 9.5 のように関数 $f(t)$ が t_0 だけ右に平行移動したとする．

平行移動後の関数を $f(t-t_0)\Theta(t-t_0)$ とすると，そのラプラス変換は

$$L\{f(t-t_0)\Theta(t-t_0)\}=\exp(-st_0)\hat{f}(s) \tag{9.38}$$

で与えられる．一方，像関数 $\hat{f}(s)$ の平行移動については，次の関係がある．

$$L\{e^{at}f(t)\}=\hat{f}(s-a) \tag{9.39}$$

iv)　合成積 (コンボリューション，convolution)：

2 つの関数 $f_1(t), f_2(t)$ の合成積 $f_1(t)*f_2(t)$ は，次の式で定義される．

$$f_1(t)*f_2(t)=\int_0^t f_1(t-\xi)f_2(\xi)d\xi=\int_0^t f_1(\xi)f_2(t-\xi)d\xi \tag{9.40}$$

合成積のラプラス変換は，それぞれの関数のラプラス変換 $\hat{f}_1(s)$, $\hat{f}_2(s)$ の積，

$$L\{f_1(t)*f_2(t)\}=\hat{f}_1(s)\hat{f}_2(s) \tag{9.41}$$

で与えられる．

v)　導関数：

関数 $f(t)$ の導関数，$f'(t)$ のラプラス変換は $f(+0)=\lim_{t\to+0}f(t)$ として

$$L\{f'(t)\}=-f(+0)+s\hat{f}(s) \tag{9.42}$$

で与えられる．これは

$$\int_\varepsilon^T e^{-st}f'(t)dt=e^{-sT}f(T)-e^{-s\varepsilon}f(\varepsilon)+s\int_\varepsilon^T e^{-st}f(t)dt \tag{9.43}$$

において，$\varepsilon\to+0$, $T\to\infty$ の極限を取れば得られる．この関係を繰り返せば一般の n 階導関数について，次の関係を導くことができる．

$$L\{f^{(n)}(t)\}=s^n\hat{f}(s)-\{s^{n-1}f(+0)+s^{n-2}f'(+0)+\cdots+f^{(n-1)}(+0)\} \tag{9.44}$$

vi） 像関数の導関数：

$$L\{t^n f(t)\}=(-1)^n\frac{d^n\hat{f}(s)}{ds^n} \tag{9.45}$$

の関係が成立する．これは $n=1$ の場合には

$$\int_0^\infty e^{-st}tf(t)dt=-\int_0^\infty f(t)\frac{d(e^{-st})}{ds}dt=-\frac{d}{ds}\int_0^\infty e^{-st}f(t)dt \tag{9.46}$$

から明らかである．一般の n の場合については，上記を n 回繰り返すことによって (9.45) 式が得られる．

vii） 極限値の対応：

原関数と像関数の極限値の間には，以下の関係がある．

$$\lim_{t\to\infty}f(t)=\lim_{s\to+0}s\hat{f}(s) \tag{9.47}$$

$$\lim_{t\to+0}f(t)=\lim_{s\to\infty}s\hat{f}(s) \tag{9.48}$$

(9.47) 式の関係は

$$\begin{aligned}\lim_{s\to+0}s\hat{f}(s)&=\lim_{s\to+0}s\int_0^\infty e^{-st}f(t)dt=\lim_{s\to+0}[-e^{-st}f(t)]_{+0}^{\infty}+\lim_{s\to+0}\int_0^\infty e^{-st}f'(t)dt\\&=f(+0)+\lim_{t\to\infty}[f(t)-f(+0)]=\lim_{t\to\infty}f(t)\end{aligned} \tag{9.49}$$

から明らかである．(9.48) 式も同様に証明できる．

例題　上記の性質を用いて微分方程式の初期値問題を，解いてみよう．例えば微分方程式

$$\frac{d^2y}{dt^2}-2\frac{dy}{dt}+2y=te^t+5\sin t \tag{9.50}$$

の解 $y(t)$ を，初期条件 $y(+0)=2,\ y'(+0)=3$ として求めよう．上に述べたラプラス変換の性質を用いて (9.50) 式の両辺のラプラス変換を計算することができる．その結果は

$$(s^2-2s+2)\hat{y}(s)-2s-3+4=\frac{1}{(s-1)^2}+\frac{5}{(s^2+1)} \tag{9.51}$$

であり，これから $y(t)$ のラプラス変換 $\hat{y}(s)$ を求めると

$$\hat{y}(s)=\frac{1}{(s-1)^2+1}+\frac{1}{(s-1)^2}+\frac{2s+1}{s^2+1} \tag{9.52}$$

これよりラプラス逆変換を計算すると，次の解が得られる．

$$y(t)=e^t\sin t+te^t+2\cos t+\sin t \tag{9.53}$$

演習問題

9.1　1次元系のグリーン関数の満たす次の微分方程式の解を，フーリエ変換の方法によって求めよ．

i）$\dfrac{d^2f}{dx^2}+\omega^2 f=\delta(x-x_0)$,　　ii）$\dfrac{d^2f}{dx^2}-\omega^2 f=\delta(x-x_0)$

9.2　$f(x)$ のフーリエ変換を $F(k)$ とおくとき

$$\int_{-\infty}^{\infty}|f(x)|^2dx=\frac{1}{2\pi}\int_{-\infty}^{\infty}|F(k)|^2dk$$

であることを示せ．

9.3　$f(x)=e^{-ax^2}$ のフーリエ変換を求めよ．ただし，$a>0$ とする．

9.4　$\int_{-\infty}^{\infty}f(x-\xi)g(\xi)d\xi$ のフーリエ変換を $f(x)$, $g(x)$ それぞれのフーリエ変換によって表せ．

9.5　$f(x)$ のフーリエ変換を $F(k)$ とするとき，$(d^n/dx^n)f(x)$ のフーリエ変換を求めよ．

9.6　次の関数のラプラス変換を求めよ．

i）$\cosh at$,　　ii）$\sin at$,　　iii）te^{-at}

9.7　次の関数のラプラス逆変換を求めよ．

i）$\dfrac{1}{(s+a)^2+b^2}$,　　ii）$\dfrac{1}{s^2+3s+1}$

9.8　ラプラス変換を用いて，次の微分方程式を満たす関数 $x(t)$, $y(t)$ を求めよ．

$$2\frac{dx}{dt}+\frac{dy}{dt}=1,\qquad \frac{dx}{dt}+2\frac{dy}{dt}=e^t$$

ただし，$x(0)=1$, $y(0)=0$ とする．

9.9　ラプラス変換を用いて，次の微分方程式を満たす関数 $x(t)$ を求めよ．

$$\frac{d^4x}{dt^4}+\frac{d^2x}{dt^2}-2x=e^t$$

ただし，

$$x(0)=\frac{dx(0)}{dt}=\frac{d^2x(0)}{dt^2}=\frac{d^3x(0)}{dt^3}=0$$

とする．

9.10　i）2つの関数 $f_1(x)=e^{at}$, $f_2(x)=e^{bt}$ について，合成積 $f_1(t)*f_2(t)$ と，そのラプラス変換を求めよ．

ii）$f_1(t), f_2(t)$ のラプラス変換 $\hat{f}_1(s), \hat{f}_2(s)$ を，それぞれ求めよ．

iii）合成積のラプラス変換に関する (9.41) 式を確かめよ．

9.11　$\hat{f}(s)=1/\{s(s^2+a^2)\}$ とするとき，ラプラス変換と逆ラプラス変換の間の関係式 (9.48) 式が成立することを確かめよ．

10

グリーン関数と積分方程式

前章で述べたラプラス変換は，微分方程式の初期値問題を解くとき便利な方法である．ここでは微分方程式の境界値問題を見通しよく解析するために，グリーン関数を導入しよう．境界値問題の例は，第8章で学んだスツルム-リウヴィル系である．グリーン関数の導入によって，微分方程式の系が積分方程式の系に変換され，系の種々の解析的な性質が明らかになる．スツルム-リウヴィル系における固有関数系の完全性も，これに基づいて証明できる．

10.1　1次元系のグリーン関数

1次元の弦に沿って外力である荷重 $f(x)$ がかかったとき，その変位 $\varphi(x)$ を求める方程式は

$$\{p(x)\varphi'(x)\}' = -f(x) \tag{10.1}$$

と書ける．ここで $p(x)$ は弦の弾性率に断面積を乗じたものである．弦は x の区間 $[a, b]$ にあるとして，両端では，境界条件 (8.4) が満たされるとする．以後は (10.1) 式をさらに一般化した

$$\mathcal{L}[\varphi] = -f(x) \tag{10.2}$$

の系について議論を進めよう．ここで $\mathcal{L}$ は第8章で考察したスツルム-リウヴィル系の線形演算子である．

$$\mathcal{L}[\varphi] = \{p(x)\varphi'(x)\}' - q(x)\varphi(x) \tag{10.3}$$

このような与えられた境界条件を満たす非同次の微分方程式を系統的に扱うためグリーン関数を導入しよう．まず，$f(x)$ として単位の力が特定の点 $x=\xi$ のごく近くだけに集中する場合を考える．そのため，$f(x)$ を次のように仮定する．

$$f(x)=\delta_\varepsilon(x-\xi)=\begin{cases}0 & (|x-\xi|>\varepsilon)\\ \dfrac{1}{2\varepsilon} & (|x-\xi|<\varepsilon)\end{cases} \tag{10.4}$$

$\lim_{\varepsilon\to 0}\delta_\varepsilon$ は 9.2 節で述べたデルタ関数である．この力に対応する境界条件を満たす変位 ((10.2) 式の解) を $\varphi_\varepsilon(x, \xi)$ とおくとき，系のグリーン関数は

$$G(x, \xi)=\lim_{\varepsilon\to+0}\varphi_\varepsilon(x, \xi) \tag{10.5}$$

で定義される．

グリーン関数の微分は $x=\xi$ で，

$$\left.\frac{\partial G(x, \xi)}{\partial x}\right|_{\xi-0}^{\xi+0}=-\frac{1}{p(\xi)} \tag{10.6}$$

のような不連続な「とび」を持つことが示せる．なぜなら，

$$\mathscr{L}[\varphi_\varepsilon]=-\delta_\varepsilon(x-\xi) \tag{10.7}$$

を，$(\xi-\varepsilon, \xi+\varepsilon)$ の領域で積分すると，

$$\int_{\xi-\varepsilon}^{\xi+\varepsilon}\{(p\varphi_\varepsilon')'-q\varphi_\varepsilon\}dx=-1 \tag{10.8}$$

であるが，$\varepsilon\to+0$ の極限では左辺の被積分関数の第 2 項は無視できるので，残りの項のみを積分して (10.6) 式が得られる．

さて，一般の力は

$$f(x)=\int_a^b f(\xi)\delta(x-\xi)d\xi=\lim_{\varepsilon\to+0}\int_a^b f(\xi)\delta_\varepsilon(x-\xi)d\xi \tag{10.9}$$

と表されるから，$\mathscr{L}[\varphi]$ の線形性から考えて境界条件を満たす方程式 (10.2) の解は

$$\varphi(x)=\int_a^b G(x, \xi)f(\xi)d\xi \tag{10.10}$$

となるはずである．これを直接証明するために，(10.10) 式を x について微分する．

$$\varphi'(x)=\int_a^b \frac{\partial G(x, \xi)}{\partial x}f(\xi)d\xi \tag{10.11}$$

$$\begin{aligned}\varphi''(x)&=\int_a^{x-0}\frac{\partial^2}{\partial x^2}G(x, \xi)f(\xi)d\xi+\int_{x+0}^b\frac{\partial^2}{\partial x^2}G(x, \xi)f(\xi)d\xi\\ &\quad+f(x)G'(x, x-0)-f(x)G'(x, x+0)\\ &=\int_a^b\frac{\partial^2}{\partial x^2}G(x, \xi)f(\xi)d\xi+f(x)\{G'(x+0, x)-G'(x-0, x)\}\end{aligned} \tag{10.12}$$

となる．これから，

$$p\varphi''+p'\varphi'-q\varphi$$
$$=\left(\int_a^{x-0}+\int_{x+0}^b\right)f(\xi)\left(p(x)\frac{\partial^2 G(x,\xi)}{\partial x^2}+p'(x)\frac{\partial G(x,\xi)}{\partial x}-q(x)G(x,\xi)\right)d\xi-f(x)$$
$$=-f(x) \tag{10.13}$$

が得られ，(10.2) 式が成立することがわかる．

ところで線形演算子 $\mathcal{L}$ は (8.16) 式からもわかるように，任意の 2 つの関数 $u(x), v(x)$ について

$$\int_a^b \{v\mathcal{L}(u)-u\mathcal{L}(v)\}dx=p(u'v-uv')|_a^b \tag{10.14}$$

を満たす．これをグリーンの公式とよぶが，3 次元でのグリーンの公式 (5.40) を 1 次元系の場合に表現したものに他ならない．ここで

$$u(x)=G(x,\eta),\qquad v(x)=G(x,\xi)$$

とおくと，u，v の満たす境界条件によって

$$\int_a^b \{v\mathcal{L}(u)-u\mathcal{L}(v)\}dx=u(\xi)-v(\eta)=G(\xi,\eta)-G(\eta,\xi)=0 \tag{10.15}$$

が得られる．すなわち，グリーン関数は 2 つの変数に対して対称である．

$$G(x,y)=G(y,x) \tag{10.16}$$

境界条件を満たす (10.2) 式の解が一般に (10.10) 式で与えられることから，スツルム-リウヴィル型微分方程式 (8.6) の固有値問題は，グリーン関数を用いて次の積分方程式に変換される．

$$\varphi(x)=\lambda\int_a^b G(x,\xi)\rho(\xi)\varphi(\xi)d\xi \tag{10.17}$$

後に 10.3 節に述べる積分方程式の一般論によれば，(10.17) 式を満たす $\varphi=0$ 以外の解は，λ が固有値とよばれる特別の値，$\lambda_1, \lambda_2, \cdots$ を取る場合だけに存在する．これらの各固有値に対応する関数 $\varphi_1, \varphi_2, \cdots$ は固有関数とよばれるが，それらは第 8 章で導入されたものと一致することが示される．

10.2　グリーン関数の求め方

グリーン関数 $G(x,\xi)$ は，スツルム-リウヴィル系の固有関数によって構成することができるが，これについては 10.6 節で議論することにして，ここでは別の方法で $G(x,\xi)$ を求めてみる．

微分方程式 (10.2) の $f(x)=0$ の場合 ($\mathcal{L}[\varphi]=0$) を考え，$x=a$ での境界条件

を満たす1つの解を $u_a(x)$, $x=b$ での条件を満たす1つの解を $u_b(x)$ としよう．この2つの関数が独立なら，すべての x において

$$u_a(x)u_b'(x)-u_a'(x)u_b(x)\neq 0 \tag{10.18}$$

となる．もし，ある点で上式の左辺が0ならば，区間内の任意の点 x で $u_a(x)=\lambda u_b(x)$ となってしまうからである．そこで，係数 c_a, c_b を適当に選べば

$$G(x,\xi)=\begin{cases} c_a u_a(x) & (x\leq\xi) \\ c_b u_b(x) & (x\geq\xi) \end{cases} \tag{10.19}$$

となるはずである．係数は $x=\xi$ におけるグリーン関数の連続性と，(10.6)式で与えられる微分のとびによって決定できる．その結果は，

$$c_a=-\frac{u_b(\xi)}{c}, \qquad c_b=-\frac{u_a(\xi)}{c} \tag{10.20}$$

および

$$c=p(\xi)\{u_a(\xi)u_b'(\xi)-u_a'(\xi)u_b(\xi)\} \tag{10.21}$$

となることは，容易に確かめられる．

10.3　微分方程式から積分方程式へ

第12章で述べるように場の量を決定する問題は多くの場合，2階(偏)微分方程式の境界値問題という形式になる．1次元系ではこれはスツルム-リウヴィル問題であるが，その固有関数系は可付番無限の直交関数系をなすことを第8章で述べた．その固有関数系が完全であるかどうか？　すなわち任意の関数がそれらの固有関数の線形結合で展開できるかどうかを明らかにすることが，本章の1つの目的である．ここでは，微分方程式の境界値問題をグリーン関数を利用して積分方程式へ変換することによって，この問題を系統的に扱ってみよう．

具体的な物理系として1次元の弦の強制振動を考える．前節では，静的な外力が加わったときの弦の変位を求める問題を考察したのであるが，ここでは外力が角振動数 ω で周期的に振動する場合を考える．変位を決める方程式は，外力を $f(x,t)=f(x)e^{i\omega t}$ として，

$$\frac{\partial}{\partial x}\left(p(x)\frac{\partial}{\partial x}u(x,t)\right)=\rho\frac{\partial^2}{\partial t^2}u(x,t)-f(x)e^{i\omega t} \tag{10.22}$$

である．上の微分方程式の解として，$u(x,t)=v(x)e^{i\omega t}$ の形に書けるものを求めることにしよう．この形を(10.22)式に代入すると，$v(x)$ は

$$(p(x)v'(x))' + \rho\omega^2 v(x) = -f(x) \tag{10.23}$$

を満たせばよいことがわかる．(10.23) 式に対応する同次方程式は，弦の固有振動解を決める微分方程式 (8.6) 式と同じである．前節の結果によれば，ω^2 がどれかの固有値 λ と一致しなければ，外力 $f=0$ であるときは変位 v は 0 である．これはまた外力 f を決めると，対応する変位はただ 1 通りに決まるということと同じである．では，一般の ω^2 について，与えられた境界条件を満たす (10.23) 式の解はどのように与えられるだろうか？　また，ω^2 がどれかの固有値 λ_i と一致するときは，どのようなことが生じるのだろうか？　本節ではこれらの問題についての解答を与えることにする．

与えられた同次境界条件 (8.4) を満たす，次の非同次微分方程式を考えよう．

$$\mathscr{L}[v] + \lambda\rho v = -\psi \tag{10.24}$$

ただし ψ は区分的に連続であり，ρ は連続かつ正値を取るものとする．前節で述べた (10.3) 式の演算子 $\mathscr{L}$ の与えられた境界条件でのグリーン関数，$G(x, \xi)$ を用いると，(10.24) 式の解は，

$$v(x) = \lambda\int_a^b G(x, \xi)\rho(\xi)v(\xi)d\xi + g(x) \tag{10.25}$$

$$g(x) = \int_a^b G(x, \xi)\psi(\xi)d\xi \tag{10.26}$$

を満たす．すなわち，ある境界条件のもとに非同次微分方程式 (10.24) を解く問題が，積分方程式 (10.25) に変換された．特に，$\psi=0$ としたときの同次微分方程式をある境界条件のもとに解くことは，同次積分方程式

$$v(x) = \lambda\int_a^b G(x, \xi)\rho(\xi)v(\xi)d\xi \tag{10.27}$$

を解くことと同等になる．(10.27) 式の解 $v(x)$ はスツルム-リウヴィル微分方程式の固有関数であり，これは特定の λ の値に対してのみ存在することは，第 8 章で明らかにしたのであるが，本節ではこれを積分方程式の理論から検証する．

後の議論を簡単にするために，積分方程式 (10.27) を積分核が対称な形式に変換しておこう．すなわち，未知関数を $v(x)$ の代わりに

$$u(x) = \sqrt{\rho(x)}\,v(x) \tag{10.28}$$

とすると，積分方程式 (10.27) は対称核

$$K(x, \xi) = G(x, \xi)\sqrt{\rho(x)\rho(\xi)} \tag{10.29}$$

を用いて

$$u(x)-\lambda\int_a^b K(x,\xi)u(\xi)d\xi=0 \tag{10.30}$$

の形になる．(10.30) 式と対応した，非同次型の積分方程式は次のようになる．

$$u(x)-\lambda\int_a^b K(x,\xi)u(\xi)d\xi=f(x) \tag{10.30$'$}$$

これらを第2種フレッドホルム (Fredholm) 積分方程式とよぶ．

以後の考察においては，同次積分方程式 (10.30) の規格化された固有関数 ϕ_1, ϕ_2, ϕ_3, … を用いるので，それらの性質を見ておく．これらの関数は積分方程式

$$\phi_n(x)-\lambda_n\int_a^b K(x,\xi)\phi_n(\xi)d\xi=0 \tag{10.31}$$

を満たし，次のように規格化されているものとする．

$$\int_a^b \{\phi_n(x)\}^2 dx=1 \tag{10.32}$$

このような固有値および固有関数が存在することは，次節で証明することにして，ここではそれらが満たすべき簡単な性質を述べておく．まず異なる固有値 $\lambda_i \neq \lambda_j$ に属する固有関数 $\phi_i(x)$ と $\phi_j(x)$ は直交する．これは

$$\begin{aligned}\int_a^b \phi_i(x)\phi_j(x)dx &= \lambda_i\iint_a^b \phi_j(x)K(x,\xi)\phi_i(\xi)d\xi dx\\ &= \lambda_j\iint_a^b \phi_i(x)K(x,\xi)\phi_j(\xi)d\xi dx\\ &= \lambda_j\iint_a^b \phi_j(x)K(x,\xi)\phi_i(\xi)d\xi dx\end{aligned} \tag{10.33}$$

したがって，

$$(\lambda_i-\lambda_j)\iint_a^b \phi_j(x)K(x,\xi)\phi_i(\xi)d\xi dx=0 \tag{10.34}$$

$\lambda_i-\lambda_j\neq 0$ と仮定したので，(10.34) 式左辺に現れる積分が 0 となり，(10.33) 式も 0 となるからである．同じ固有値に複数の独立な固有関数が対応するとき，それらの適当な線形結合を改めて取りなおすことにより，すべての異なる固有関数を互いに直交させることができる．それゆえ，以下の議論では固有関数系は，すべて規格化直交系

$$\int_a^b \phi_i(x)\phi_j(x)dx=\delta_{ij} \tag{10.35}$$

であると仮定しよう．

固有値の分布についての重要な性質は，集合 $\{\lambda_n\}$ は集積点をもたないこと，したがって1つの固有値に属する独立な固有関数の数は有限であり，固有値の数

が無限にあるときは，その絶対値は無限に増大しなければならないことである．これを示すには，第8章で学んだベッセルの不等式(8.80)を用いる．すなわち

$$\int_a^b K(x,\xi)^2 d\xi \geq \sum_{i=1}^{\infty}\left(\int_a^b K(x,\xi)\phi_i(\xi)d\xi\right)^2 = \sum_{i=1}^{\infty}\frac{\phi_i(x)^2}{\lambda_i^2} \tag{10.36}$$

であるが，この両辺を区間 $[a, b]$ において x で積分すると

$$\iint_a^b K(x,\xi)^2 d\xi dx \geq \sum_{i=1}^{\infty}\frac{1}{\lambda_i^2} \tag{10.37}$$

となるからである．左辺の値は有限だから，右辺の無限級数が収束する．このためには，集合 $\{\lambda_n\}$ に集積点があってはならないのである．

10.4 固有値・固有関数の存在と極値性

積分方程式(10.31)式の固有値・固有関数は次の2次積分形式

$$J(\phi,\phi) = \iint_a^b \phi(x)K(x,\xi)\phi(\xi)d\xi dx \tag{10.38}$$

の最大・最小問題と密接に関係している．ここで，$\phi(x)$ は区関 $[a, b]$ で定義される規格化された任意の連続関数であり，次の関係を満たすとしよう．

$$(\phi,\phi) = \int_a^b \phi(x)^2 dx = 1 \tag{10.39}$$

積分方程式の固有値は2次積分式

$$E = \frac{J(\phi,\phi)}{(\phi,\phi)} \tag{10.40}$$

の極値と関係していることは，次のことからわかる．すなわち上式の両辺に (ϕ,ϕ) を乗じた式 $J(\phi,\phi)-(\phi,\phi)E=0$ において，関数 ϕ についての変分を取ると

$$\int_a^b \left\{\int_a^b K(x,\xi)\phi(\xi)d\xi - E\phi(x)\right\}\delta\phi(x)dx = 0 \tag{10.41}$$

が得られる．したがって，$E\phi(x) = \int_a^b K(x,\xi)\phi(\xi)d\xi$ であるが，これは条件 $(\phi,\phi)=1$ のもとでの2次積分形式(10.38)の極値 E の逆数が，積分方程式の固有値と一致することを示している．

$J(\phi,\phi)$ が正の値を取れるとすれば，実際にある関数 ϕ_1 が存在して，対応する2次積分形式の値 $J(\phi_1,\phi_1)$ が $J(\phi,\phi)$ の最大値 μ_1 を取ることを以下に示そう．このとき μ_1 は，積分方程式(10.31)の最小の正固有値の逆数で，ϕ_1 は対応する

固有関数である．まず，シュワルツの不等式により次の関係が証明できる．

$$J(\phi, \phi)^2 \leq (\phi, \phi)^2 \iint_a^b \{K(s, t)\}^2 dsdt \tag{10.42}$$

したがって，$J(\phi, \phi)$ の上限 μ_1 が存在する．これがある連続関数 ϕ_1 を選んで実現できることを示そう．積分核 $K(x, \xi)$ は 2 変数 x, ξ の連続関数であるから，適当な多項式の規格化直交系 $\{\omega_i(x)\}$ $(i=1, 2, 3, \cdots)$ による近似的な対称核

$$B_n(x, \xi) = \sum_{i,s=1}^{N_n} c_{i,s}^{(n)} \omega_i(x) \omega_s(\xi) \qquad (c_{i,s}^{(n)} = c_{s,i}^{(n)}) \tag{10.43}$$

の一様収束の極限として

$$K(x, \xi) = \lim_{n\to\infty} B_n(x, \xi) \tag{10.44}$$

と表すことができる．B_n のように，それぞれの関数の積の和で表される積分核を，退化した核という．退化した核の 2 次積分形式

$$J(\phi, \phi) = \iint_a^b \phi(x) B_n(x, \xi) \phi(\xi) d\xi dx \tag{10.45}$$

の $(\phi, \phi)=1$ の条件下での最大問題は，N_n 次元の 2 次形式

$$J_n(\phi, \phi) = \sum_{i,s=1}^{N_n} c_{i,s}^{(n)} x_i x_s \tag{10.46}$$

を

$$\sum_{i,s=1}^{N_n} x_i^2 = 1 \tag{10.47}$$

の条件下で最大にする問題と等価である．なぜなら，$x_i=(\phi, \omega_i)$ とおくと，(10.45) 式が (10.46) 式に変換され，$(\phi, \phi)=1$ の条件は，$\sum_{i=1}^{N_n} x_i^2 \leq 1$ であるが，最大値は $\sum_{i=1}^{N_n} x_i^2 = 1$ の場合に実現されるからである．有限次元の 2 次形式の極値問題については，第 1 章で学んだ．その結果によれば，(10.47) 式の条件下での (10.46) 式の最大値は行列 $\mathbf{c}^{(n)}{}_{i,s}$ の対角化によって実現される．すなわち最大固有値 $\mu_1{}^{(n)}$ に対応する固有ベクトルを $(v_1, v_2, \cdots v_{N_n})^t$ とすれば

$$\sum_{i,s=1}^{N_n} c_{i,s}^{(n)} v_s = \mu_1^{(n)} v_i \qquad (i=1, 2, \cdots, q_n) \tag{10.48}$$

であり，$\mu_1{}^{(n)} = \mathrm{Max}\{J_n(\phi, \phi)\}$ であることがわかる．また (10.46)，(10.47) 式の問題に戻ると，ここで

$$\tilde{\phi}_n(x) = \sum_{i=1}^{N_n} v_i \omega_i(x) \tag{10.49}$$

とおけば

$$\mu_1^{(n)}\tilde{\phi}_n(x)=\int_a^b B_n(x,\xi)\tilde{\phi}_n(\xi)d\xi \tag{10.50}$$

になっていることは容易にわかる．さて，ここで $n\to\infty$ の極限を取ると，$\mu_1^{(n)}$ は $J(\phi,\phi)$ の正の上限 μ_1 に収束することが示せる．なぜなら，任意の ε に対して充分大きな n を取れば，任意の x,ξ について

$$|K(x,\xi)-B_n(x,\xi)|\leq\varepsilon \tag{10.51}$$

であるが，これを用いて2次積分形式のシュワルツの不等式から

$$|J(\phi,\phi)-J_n(\phi,\phi)|^2\leq\varepsilon^2(b-a)^2 \tag{10.52}$$

が得られる．各2次積分形式の上限についても，上と同様の式が成立するから

$$\lim_{n\to\infty}\mu_1^{(n)}=\mu_1 \tag{10.53}$$

でなければならない．また，(10.49)式で定義される関数列から適当に部分関数列 $\{\tilde{\phi}_n\}$ を新たに選んで，その一様収束極限として連続関数 $\phi(x)$ を定義できる．

$$\phi(x)=\lim_{n\to\infty}\tilde{\phi}_n(x) \tag{10.54}$$

この $\phi(x)$ は，2次積分形式 (ϕ,ϕ) を最大にする関数であり

$$\phi(x)=\frac{1}{\mu_1}\int_a^b K(x,\xi)\phi(\xi)d\xi \tag{10.55}$$

を満たす，最小正固有値に対応する固有関数である．

同様に，積分方程式(10.30)の正の固有値を小さい方から順に $0<\lambda_1\leq\lambda_2\leq\lambda_3\leq\cdots$ と並べておくと，

$$\int_a^b \phi(x)\phi_i(x)dx=0 \qquad (i=1,2,\cdots,n-1) \tag{10.56}$$

という条件で，$J(\phi,\phi)$ を最大にする関数が ϕ_n であり，その最大値は $1/\lambda_n$ であることも証明できる．上記の n を無限に増やせば，積分方程式(10.30)の正の固有値・固有関数はすべて尽くされる．$J(\phi,\phi)$ が負の値を取りうる場合には，上と同様にして $J(\phi,\phi)$ の絶対値最大の負値とその値を与える関数をまず見出し，次にこれと直交する条件つきでの次の絶対値最大負値および対応する関数を順次探していく．これらは積分方程式(10.30)の負の固有値と固有関数に対応する．

さて，任意の連続関数 ϕ について，$J(\phi,\phi)$ が負にならないような積分核を「正定値」というのであるが，そのための必要十分条件はすべての固有値が正であることである．なぜなら，$J(\phi,\phi)$ が負値を取りうるなら，負の固有値があることは上記の議論から明らかであり，また負の固有値があるなら対応する固有関数 ϕ について $J(\phi,\phi)$ は負となるからである．

10.5 固有関数による展開

連続な対称積分核による積分変換

$$f(x)=\int_a^b K(x, \xi)g(\xi)d\xi \tag{10.57}$$

として表される関数の固有関数展開を考える．以下で示す重要な結論は，区分的に連続な関数である $g(x)$ によって (10.57) 式のように表される $f(x)$ は，積分方程式 (10.30) の固有関数による一様収束展開の極限として

$$f=\sum_{n=1}^{\infty} f_n\phi_n \tag{10.58}$$

$$f_n=\int_a^b f(x)\phi_n(x)dx \tag{10.59}$$

と表されることである．これを示すために (10.59) 式を変形して

$$f_n=\iint_a^b K(x, y)g(y)\phi_n(x)dxdy=\frac{1}{\lambda_n}\int_a^b g(y)\phi_n(y)dy=\frac{g_n}{\lambda_n} \tag{10.60}$$

としよう．ただし，

$$g_n=\int_a^b g(y)\phi_n(y)dy \tag{10.61}$$

とおいた．(10.58) 式の右辺，すなわち $\sum_{n=1}^{\infty}(g_n/\lambda_n)\phi_n(x)$ は，$a\leq x\leq b$ において絶対一様に収束する．これを示すには，第 m 項から第 p 項まで $(m\leq p)$ の各項の絶対値の和が，x の値によらず m を大きく取ればいくらでも小さくできることを示せばよい．実際，

$$\sum_{n=m}^{p}\left|\left(\frac{g_n}{\lambda_n}\right)\phi_n(x)\right|\leq\sqrt{\sum_{n=m}^{p}|g_n|^2\sum_{n=m}^{p}\left|\frac{\phi_n(x)}{\lambda_n}\right|^2} \tag{10.62}$$

$$\sum_{n=m}^{p}\left|\frac{\phi_n(x)}{\lambda_n}\right|^2\leq\int_a^b|K(x, y)|^2dy\leq M \tag{10.63}$$

であるが，g_n に関するベッセルの不等式 (8.80) により，$\sum_{n=m}^{p}|g_n|^2$ は m を大きく取ったとき，いくらでも小さくできる．さらに，この絶対一様収束の極限である連続関数 $\hat{f}(x)=\lim_{m\to\infty}\sum_{n=1}^{m}(g_n/\lambda_n)\phi_n(x)$ は $f(x)$ に一致しなければならない．なぜなら，

$$H_n(x, \xi)=K(x, \xi)-\sum_{i=1}^{n}\frac{\phi_i(x)\phi_i(\xi)}{\lambda_i} \tag{10.64}$$

$$\hat{f}_n(x)=\sum_{i=1}^{n}\frac{g_i}{\lambda_i}\phi_i(x) \tag{10.65}$$

とおくと，x の任意関数 $\phi(x)$ について

$$\int_a^b \phi(x)\{f(x)-\hat{f}_n(x)\}dx=\int_a^b\int_a^b \phi(x)H_n(x,\xi)g(\xi)d\xi dx$$
$$=\frac{1}{2}\{J_n(g+\phi,g+\phi)-J_n(g,g)-J_n(\phi,\phi)\} \quad (10.66)$$

である．ただし，$J_n(\phi,\phi)$ は積分核 $H_n(x,\xi)$ に対する2次積分形式であり，$(\phi,\phi_i)=0\ (i=1,2,\cdots,n)$ を満たす関数については，積分核 $K(x,\xi)$ についての2次積分形式と同じ値を取る．それゆえ，(10.66) 式の両辺で $n\to\infty$ の極限を取れば，

$$\int_a^b \phi(x)\{f(x)-\hat{f}(x)\}dx=\lim_{n\to\infty}\int_a^b \phi(x)\{f(x)-\hat{f}_n(x)\}dx$$
$$=\lim_{n\to\infty}\frac{1}{2}\{J_n(g+\phi,g+\phi)-J_n(g,g)-J_n(\phi,\phi)\}$$
$$\leq\lim_{n\to\infty}\frac{1}{2}\frac{\|g+\phi\|^2+\|g\|^2+\|\phi\|^2}{|\lambda_n|}=0 \quad (10.67)$$

である．ここで最後の不等式は，前節に述べた性質から任意の関数 ψ について $J_n(\psi,\psi)/(\psi,\psi)\leq 1/\lambda_n$ が成立することを用いている．$f(x)$ と $\hat{f}(x)$ は共に連続関数だから，任意の $\phi(x)$ で (10.67) 式が成立するには両者は一致しなければならない．

上の展開定理の応用として非同次積分方程式 (10.30′) の解の固有関数展開を求めよう．$u(x)-f(x)$ は連続関数の対称積分核による積分変換だから，固有関数による展開

$$u(x)-f(x)=\sum_{n=1}^{\infty}c_n\phi_n(x) \quad (10.68)$$

が可能である．(10.30′) 式の両辺に $\phi_n(x)$ を乗じ，区間 $[a,b]$ で積分すると

$$c_n=\frac{\lambda}{\lambda_n}(f_n+c_n) \quad (10.69)$$

が得られる．ここで係数 f_n は (10.59) 式で与えられる．これから λ が固有値 λ_n のすべてと異なるときは，$c_n=\lambda f_n/(\lambda_n-\lambda)$ であるが，λ がどれかの固有値 c_m と一致するときは，対応する係数 f_m が 0 になっている必要がある．そうでなければ解は存在しない．そのような条件が満たされているとして，方程式 (10.30′) の解は

$$u(x)=f(x)+\sum_{n=1}^{\infty}\frac{\lambda f_n}{\lambda_n-\lambda}\phi_n(x) \quad (10.70)$$

で与えられる．右辺第2項の展開は絶対一様収束である．

上の結論を(10.24)式のような微分方程式の境界値問題(境界条件のもとでの解を求める問題)についていい直すと，次のようになる．λが同次微分方程式の固有値でないとき，かつそのときに限り(10.24)式は一義的な解をもっている．λが同次方程式の固有値であるとき，非同次項が対応する固有関数と直交する場合のみ解をもつ．容易に確かめることができるように，その解には同次方程式の任意の解を付加することができる．

10.6　マーサーの定理

連続な対称核$K(x,\xi)$の積分方程式が負(または正)の固有値を有限個しか持たない場合，固有値λ_iと固有関数ϕ_iによって

$$K(x,\xi)=\sum_{i=1}^{\infty}\frac{\phi_i(x)\phi_i(\xi)}{\lambda_i} \tag{10.71}$$

と展開できる．しかも右辺の級数は絶対一様に収束することを示そう．これをマーサー(Mercer)の定理という．積分核についての条件は，第8章で述べたスツルム-リウヴィル型微分方程式のグリーン関数を対称化した積分核では，常に満たされている．この定理によりスツルム-リウヴィル系のグリーン関数は

$$G(x,\xi)=\frac{K(x,\xi)}{\sqrt{\rho(x)\rho(\xi)}}=\frac{1}{\sqrt{\rho(x)\rho(\xi)}}\sum_{i=1}^{\infty}\frac{\phi_i(x)\phi_i(\xi)}{\lambda_i} \tag{10.72}$$

と展開できることがわかる．

簡単のため，$K(x,\xi)$の固有値がすべて正，すなわち$K(x,\xi)$が正定値であると仮定する．すると，

$$H_n(x,\xi)=K(x,\xi)-\sum_{i=1}^{n}\frac{\phi_i(x)\phi_i(\xi)}{\lambda_i} \tag{10.73}$$

も正定値になる．なぜなら，ψをH_nの固有関数，λをその固有値とすると

$$\psi(x)=\lambda\int_a^b H_n(x,\xi)\psi(\xi)d\xi=\lambda\int_a^b K(x,\xi)\psi(\xi)d\xi-\sum_{i=1}^{n}\frac{\lambda(\phi_i,\psi)\phi_i(x)}{\lambda_i} \tag{10.74}$$

であるが，両辺に$\phi_i(x)$ $(i=1,2,\cdots,n)$をかけてxで積分すると

$$(\phi_i,\psi)=\lambda\int_a^b\left(\int_a^b\phi_i(x)K(x,\xi)dx\right)\psi(\xi)d\xi-\frac{\lambda(\phi_i,\psi)}{\lambda_i}=\frac{\lambda(\phi_i,\psi)}{\lambda_i}-\frac{\lambda(\phi_i,\psi)}{\lambda_i}=0 \tag{10.75}$$

となることがわかる．したがって，(10.74)式第2行の第2項は存在しない．そ

れゆえ，$H_n(x, \xi)$ の固有関数は，同時に $K(x, \xi)$ の同じ固有値の固有関数となるからである．

次に正定値な連続核 $K(x, \xi)$ について，常に $K(x, x) \geq 0$ でなければならないことが示せる．なぜなら，正定値な連続核 $K(x, \xi)$ では，任意の関数 $\phi(x)$ について

$$\iint_a^b \phi(x)K(x, \xi)\phi(\xi)d\xi dx \geq 0 \tag{10.76}$$

でなければならない．しかしある x_0 で $K(x_0, x_0) < 0$，したがって x_0 のある近傍で $K(x, x) < 0$ であったとすると，この近傍だけで 0 と異なる関数 $\psi(x)$ を適当に取ると

$$\iint_a^b \psi(x)K(x, \xi)\psi(\xi)d\xi dx < 0 \tag{10.77}$$

となり，これは $K(x, \xi)$ が正定値であることと矛盾する．

以上の事実を正定値の連続核 $H_n(x, \xi)$ に適用すれば，$[a, b]$ 内の任意の x について次の関係が成り立つ．

$$K(x, x) \geq \sum_{i=1}^{n} \frac{\{\phi_i(x)\}^2}{\lambda_i} \tag{10.78}$$

(10.78) 式によって，級数 $\sum_{i=1}^{\infty}\{\phi_i(x)\}^2/\lambda_i$ はすべての x で収束することがわかる．さらに，

$$\left(\frac{\phi_n(x)}{\sqrt{\lambda_n}}\frac{\phi_n(\xi)}{\sqrt{\lambda_n}} + \frac{\phi_{n+1}(x)}{\sqrt{\lambda_{n+1}}}\frac{\phi_{n+1}(\xi)}{\sqrt{\lambda_{n+1}}} + \cdots\right)^2$$
$$\leq \left(\frac{\phi_n{}^2(x)}{\lambda_n} + \frac{\phi_{n+1}^2(x)}{\lambda_{n+1}} + \cdots\right)\left(\frac{\phi_n{}^2(\xi)}{\lambda_n} + \frac{\phi_{n+1}^2(\xi)}{\lambda_{n+1}} + \cdots\right) \tag{10.79}$$

であるから，同様に級数 $\sum_{i=1}^{\infty}\phi_i(x)\phi_i(\xi)/\lambda_i$ もまた絶対収束し，収束は x（または ξ）を決めれば ξ（または x）について一様である．このことから，関数 $\sum_{i=1}^{\infty}\phi_i(x)\phi_i(\xi)/\lambda_i$ は x（または ξ）を決めると ξ（または x）について連続である．(10.66) 式における考察と同様に任意の関数 $\phi(x)$ について

$$\iint_a^b \phi(x)\left(K(x, \xi) - \sum_{i=1}^{\infty}\frac{\phi_i(x)\phi_i(\xi)}{\lambda_i}\right)\phi(\xi)dxd\xi = 0 \tag{10.80}$$

が示せることから，$K(x, \xi)$ と $\sum_{i=1}^{\infty}\phi_i(x)\phi_i(\xi)/\lambda_i$ は一致しなければならない．$K(x, \xi)$ がいくつかの負の固有値をもつ場合も，上と同様の議論ができる．

10.7 解　　核

積分方程式

$$f(x)=\phi(x)-\lambda\int_a^b K(x,\xi)\phi(\xi)d\xi \tag{10.81}$$

の解は以下で定義される関数列 $\{\phi_n(x)\}$

$$\phi_0(x)=f(x) \tag{10.82}$$

$$\phi_n(x)=f(x)+\lambda\int_a^b K(x,\xi)\phi_{n-1}(\xi)d\xi \qquad (n=1,2,\cdots) \tag{10.83}$$

の極限として与えられる．これは解を展開形

$$\phi_n(x)=f(x)+\lambda\int_a^b K(x,\xi)f(\xi)d\xi+\lambda^2\iint_a^b K(x,\xi)K(\xi,\eta)f(\eta)d\xi d\eta\cdots \tag{10.84}$$

として求めることに他ならない．そこで解核（逆核）とよばれる次の積分核 $K(x,\xi;\lambda)$

$$K(x,\xi;\lambda)=K(x,\xi)+\lambda K^{(2)}(x,\xi)+\lambda^2K^{(3)}(x,\xi)+\cdots \tag{10.85}$$

$$K^{(n)}(x,\xi)=\int_0^\infty K^{(n-1)}(x,\eta)K(\eta,\xi)d\eta \tag{10.86}$$

を導入すると，積分方程式 (10.81) は

$$\phi(x)=f(x)+\lambda\int_a^b K(x,\xi;\lambda)f(\xi)d\xi \tag{10.87}$$

のように解くことができる．(10.84) 式あるいは (10.85) 式をノイマン (Neumann) 級数という．

容易に確かめられるように

$$K^{(n)}(x,\xi)=\sum_{i=1}^{\infty}\frac{\phi_i(x)\phi_i(\xi)}{\lambda_i^n} \tag{10.88}$$

であるから，解核は次のように表すこともできる．

$$\begin{aligned}K(x,\xi;\lambda)&=\sum_{i=1}^{\infty}\left(\frac{1}{\lambda_i}+\frac{\lambda}{\lambda_i^2}+\cdots+\frac{\lambda^n}{\lambda_i^{n+1}}+\cdots\right)\phi_i(x)\phi_i(\xi)\\&=\sum_{i=1}^{\infty}\frac{\phi_i(x)\phi_i(\xi)}{\lambda_i-\lambda}\end{aligned} \tag{10.89}$$

これを (10.87) 式に代入すると (10.70) 式が得られることもすぐ確かめられる．

10.8 固有関数系の完全性

これまでの議論は，これから述べる固有関数系の完全性の証明を行うために用いることができる．10.5節で述べたように，まず，区分的に連続な関数 $g(x)$ の積分変換で表される関数 $f(x)=\int_a^b K(x,\xi)g(\xi)d\xi$ は，固有関数の絶対一様収束級数 $f(x)=\sum_{n=1}^{\infty}c_n\phi_n(x)$ により表されることに注意しよう．ただし，$c_n=\int_a^b f(x)\phi_n(x)dx$ である．すると，連続的な1階導関数と，区分的に連続な2階導関数をもち，境界条件を満たすすべての関数 $w(x)$ は，固有関数の絶対一様収束級数 $w(x)=\sum_{n=1}^{\infty}w_n\phi_n$($w_n=\int_a^b w(x)\phi_n(x)dx$) として展開できることがわかる．なぜなら，$\mathscr{L}[w]=-f(x)$ となる区分的連続な $f(x)$ が存在するから，これを用いて

$$w(x)=\int_a^b K(x,\xi)f(\xi)d\xi \tag{10.90}$$

と表されるからである．一方，連続な関数あるいは区分的に連続な関数は，境界条件を満たし連続な1階および2階導関数をもつ関数によって，2乗平均の意味で無限によく近似できるのであるから，固有関数の級数 $\sum_{n=1}^{\infty}w_n\phi_n$ によっても，無限によく近似できる．これは，直交関数系 $\{\phi_n\}$ が，完全であることに他ならない．

演習問題

10.1 両端 $x=a$, $x=b$ を固定された一様な弦の変位 $\varphi(x)$ は，(10.1)式

$$\{p(x)\varphi'(x)\}'=-f(x)$$

において，$p(x)=p_0$ (＝一定) とおいた方程式で与えられる．この系のグリーン関数を求めよ．

10.2 問題10.1において，$p(x)=e^{-x}$ の場合のグリーン関数を求めよ．

10.3 積分方程式

$$u(x)-\lambda\int_a^b K(x,\xi)u(\xi)d\xi=f(x) \tag{10.91}$$

において，核 $K(x,\xi)$ が次のように与えられると仮定する．

$$K(x,\xi)=\sum_{i=1}^{N}\varphi_i(x)\varphi_i(\xi)$$

このとき，(10.92)式の解 $u(x)$ を求めよ．

10.4 (10.42)式，すなわち

$$\left|\iint_a^b \phi(x)K(x,\xi)\phi(\xi)dxd\xi\right|^2 \leq \left[\int_a^b \phi(x)\phi(x)dx\right]^2 \iint_a^b (\{K(x,\xi)\})^2 dxd\xi$$

を証明せよ．

10.5 1次元の一様な弦の振動を，(10.22)式に基づいて解析してみよう．ただし，$p(x)=p_0=$一定，$\rho(x)=\rho_0=$一定とする．

i）両端 $x=a$, $x=b$ で固定されているとき，この系の固有関数による展開によって，グリーン関数を求めよ．

ii）$f(x)e^{i\omega t}=f_0\delta(x-x_0)e^{i\omega t}$ の外力が印加されるとき，この弦の振動を求めよ．

iii）ω が変化するとき，最大振幅はどのように変化するか．

10.6 積分方程式

$$\varphi(x)-\lambda\int_{-\pi}^{\pi}\cos(x-\xi)\varphi(\xi)d\xi=f(x)$$

の解を求めよ．また，この系の固有値と固有関数を求めよ．ただし，$\varphi(x)$ は境界条件 $\varphi(\pi)=\varphi(-\pi)$ を満たすものとする．

10.7 積分核を $K(x,\xi)=1-x-\xi+2x\xi$ とするとき，次の積分方程式

$$\varphi(x)=\lambda\int_0^1 K(x,\xi)\varphi(\xi)d\xi$$

の固有値と固有関数を求めよ．

10.8 一般に積分核が N 個の独立な関数 $f_1, f_2, \cdots, f_N$ によって

$$K(x,\xi)=\sum_{i=1}^{N} f_i(x)f_i(\xi) \tag{10.92}$$

と表されるとき，積分方程式

$$\varphi(x)=\lambda\int_0^1 K(x,\xi)\varphi(\xi)d\xi \tag{10.93}$$

の固有値と固有関数は，どのように決まるか．

11
波　動　場

11.1　波動方程式のダランベール解

1次元の一様な弦を伝わる振動は，変位 u についての波動方程式

$$\frac{1}{c^2}\frac{\partial^2 u}{\partial t^2}-\frac{\partial^2 u}{\partial x^2}=0 \tag{11.1}$$

によって記述される．無限に長い弦の場合には，(11.1) 式を満たす解 $u(x, t)$ は，2つの任意な関数 $F(x)$ と $G(x)$ を用いて，

$$u(x, t)=F(x-ct)+G(x+ct) \tag{11.2}$$

と表すことができる．これは (11.2) 式を (11.1) 式に代入して，直接に確かめることができる．1階の偏微分方程式の一般解は，1つの任意関数を含む解であったが，2階偏微分方程式の一般解は2つの任意関数を含む解である．(11.2) 式で表される関数はこの性質をもっているから，波動方程式 (11.1) の一般解になっている．$F(x-ct)$ は x 軸の負方向から正方向へ，形を変えないで伝わる波であり，$G(x+ct)$ は x 軸の正方向から負方向へ同様にまったく同じ形で伝わる波を表す．このような2つの波から全体の波動が構成されることは，1次元系の著しい特徴である．

時刻 $t=0$ での波の形と速度を与えて，それ以降の時間での $u(x, t)$ を求める問題を初期値問題という．すなわち，u_0, u_1 を与えられた関数として

$$u(x, 0)=u_0(x), \qquad \frac{\partial u}{\partial t}(x, 0)=u_1(x) \tag{11.3}$$

の初期条件のもとで，(11.1) 式を満たす $u(x, t)$ を求めるのである．これは次のように容易に解ける．(11.2) 式を (11.3) 式の左辺に用いれば

$$F(x)+G(x)=u_0(x) \tag{11.4}$$

$$-cF'(x)+cG'(x)=u_1(x) \tag{11.5}$$

である．(11.5) 式の両辺を積分すると

$$-F(x)+G(x)=\frac{1}{c}\int_a^x u_1(x)dx+b \tag{11.6}$$

ただし a, b は適当な定数である．(11.4) 式と (11.6) 式から和と差を取って，F と G はすぐに求められるが，これを用いると結局

$$u(x, t)=\frac{1}{2}\{u_0(x+ct)+u_0(x-ct)\}+\frac{1}{2c}\int_{x-ct}^{x+ct} u_1(x)dx \tag{11.7}$$

が得られる．これは時刻 $t=0$ での波形とその時間変化から，それ以後の任意の時刻での波形を決定する式で，ストークス (Stokes) の式とよばれる．

上記の考察では，1 次元波動方程式の一般解 (11.2) 式を直感的に与えたので，以下では (11.7) 式を別のより一般的な方法で導出してみよう．すなわち，第 9 章で学んだラプラス変換とフーリエ変換の方法を用いることにする．波動場 $u(x, t)$ の時間 t についてのラプラス変換を，

$$\hat{u}(x, s)=\int_0^\infty u(x, t)e^{-st}dt \tag{11.8}$$

によって定義すると，波動方程式 (11.1) は，初期条件 (11.3) を用いて

$$\left(s^2-c^2\frac{\partial^2}{\partial x^2}\right)\hat{u}(x, s)=su_0(x)+u_1(x) \tag{11.9}$$

と表される．$\hat{u}(x, s)$, $u_0(x)$, $u_1(x)$ を x についてフーリエ変換した関数を，それぞれ $\hat{U}(k, s)$, $U_0(k)$, $U_1(k)$ と書くと，(11.9) 式から

$$\hat{U}(k, s)=\frac{sU_0(k)+U_1(k)}{s^2+c^2k^2} \tag{11.10}$$

ここで

$$\begin{cases} U_0(k)=\int u_0(\xi)e^{-ik\xi}d\xi \\ U_1(k)=\int u_1(\xi)e^{-ik\xi}d\xi \end{cases} \tag{11.11}$$

と与えられる．

$\hat{U}(k, s)$ をラプラス逆変換して，ふたたび t の関数としたものを $U(k, t)$ とおくと，

$$U(k, t)=U_0(k)L^{-1}\left(\frac{s}{s^2+c^2k^2}\right)+U_1(k)L^{-1}\left(\frac{1}{s^2+c^2k^2}\right) \tag{11.12}$$

となる．ここで L^{-1} はラプラス逆変換である．したがってすでに学んだラプラス変換の公式によって

$$U(k, t)=U_0(k)\cos ckt+U_1(k)\frac{1}{ck}\sin ckt \tag{11.13}$$

となる．

そこで，さらにフーリエ逆変換によって $U(k,t)$ を実空間の座標 x の表示に戻そう．

$$u(x,t)=\frac{1}{2\pi}\int_{-\infty}^{\infty}dkU_0(k)e^{ikx}\cos ckt+\frac{1}{2\pi}\int_{-\infty}^{\infty}dkU_1(k)\frac{e^{ikx}}{ck}\sin ckt \qquad (11.14)$$

(11.11) 式を用いれば，(11.14) 式の第 1 項は容易に $(1/2)\{u_0(x+ct)+u_0(x-ct)\}$ となることが確かめられる．また，第 2 項はこれを $f(x,t)$ とおくと，$U_1(k)$ の定義式 (11.11) によって

$$\begin{aligned}f(x,t)&=\frac{1}{2\pi}\int_{-\infty}^{\infty}u_1(\xi)d\xi\int_{-\infty}^{\infty}dk\frac{e^{ik(x-\xi+ct)}-e^{ik(x-\xi-ct)}}{2cik}\\&=\frac{1}{2c}\int_{-\infty}^{\infty}u_1(\xi)d\xi\frac{1}{2\pi}\int_{-\infty}^{\infty}dk\int_{x-\xi-ct}^{x-\xi+ct}e^{ik\eta}d\eta\\&=\frac{1}{2c}\int_{-\infty}^{\infty}u_1(\xi)d\xi\int_{x-\xi-ct}^{x-\xi+ct}\delta(\eta)d\eta=\frac{1}{2c}\int_{x-ct}^{x+ct}u_1(\xi)d\xi \qquad (11.15)\end{aligned}$$

である．結局，求めるべき波動場 $u(x,t)$ は，(11.7) 式で与えられることが示された．

これまでは弦は無限に長いと仮定したが，弦に端があるときそこでの波の反射について考察しよう．$x=a$ に壁があって，ここでは波動場 $u(x,t)$ が 0 になるという条件を課してみよう．端のある弦においても波動場 $u(x,t)$ が (11.2) 式でと表されるとすると，

$$u(a,t)=F(a-ct)+G(a+ct)=0 \qquad (11.16)$$

が任意の時刻 t で成立しなければならない．これから

$$G(x)=-F(2a-x) \qquad (11.17)$$

であることがわかる．(11.17) 式から左へ進む波 G が，右へ進む波 F によって決まってしまうことが示される．(11.17) 式は $x=a$ を中心とする鏡映対称の位置に，進行波と変位の符号を逆転した波があり，これが逆方向に進行してくることを意味する．すなわち，このときの波動場は

$$u(x,t)=F(x-ct)-F(2a-x-ct) \qquad (11.18)$$

であり，進行波と反射波から構成されるが，図 11.1 に示すように常に $x=a$ で 0 になる条件が満たされている．

$x=0$ にもう 1 つの壁があり，そこでも $u=0$ となる場合には，どのようになるだろうか？　今度は $-F(2a-x-ct)$ が，$x=0$ での壁に向かって進行する波で，この波に対する反射は $F(x-ct)$ になるはずである．その条件は，$u(0,t)=$

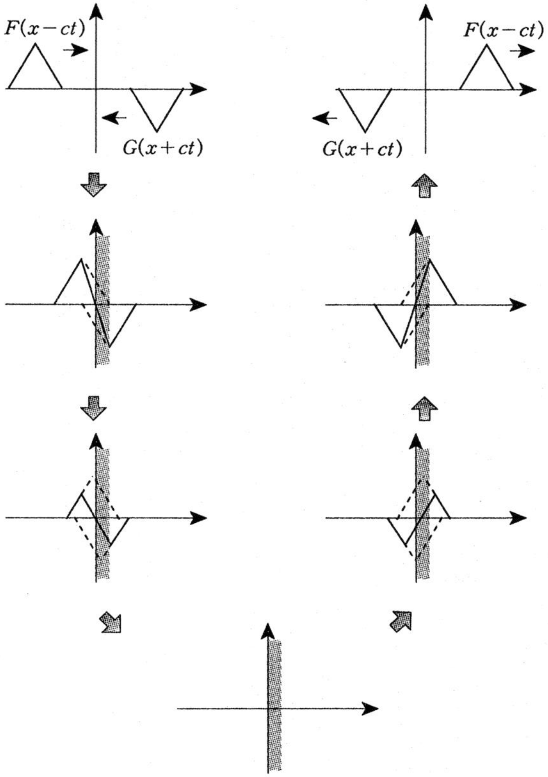

図 11.1 固定端での波の反射

0 を満たすことであるから，

$$u(0, t)=F(-ct)-F(2a-ct)=0 \tag{11.19}$$

が任意の t に対して成立しなければならない．これから F が周期 $2a$ の関数であることがわかる．このように両端を固定された弦の振動を，周期 $2a$ の一般的な関数 F により (11.18) 式のように表現する解をダランベール (D'Alembert) 解という．

ここで対象にしている系は，両端が固定された長さ a の弦の振動の問題に他ならないことに注意しよう．つまり，この問題は第 8 章，第 10 章で述べたスツルム-リウヴィル系の最も簡単な例である．そこで固有振動を

$$u(x, t)=f(x)e^{i\omega t} \tag{11.20}$$

の形に仮定して決定しよう．(11.20) 式を (11.1) 式に代入すると，

$$f''(x)+\left(\frac{\omega}{c}\right)^2 f(x)=0 \tag{11.21}$$

である．すでに第 8 章で議論したように，この固有値問題における固有関数は

$$f_n(x)=A\sin\frac{n\pi x}{a}, \qquad \frac{\omega_n}{c}=\frac{n\pi}{a} \quad (n=1, 2, \cdots) \tag{11.22}$$

である．

さて $\{f_n\}$ は区間 $(0, a)$ での完全系であるから任意の弦の振動は

$$u(x, t)=\sum_{n=1}^{\infty} A_n(t)\sin\frac{n\pi x}{a} \tag{11.23}$$

と展開できる．これを (11.1) 式に代入すると，

$$A_n(t)=a_n\cos\left(\frac{n\pi c}{a}t+\theta_n\right) \tag{11.24}$$

でなければならないことがわかる．ここで a_n, θ_n は初期条件から決まる．

結局，弦の任意の振動は固有振動の重ね合わせであり，次のように表される．

$$u(x, t)=\sum_n a_n\cos\left(\frac{n\pi ct}{a}+\theta_n\right)\sin\frac{n\pi x}{a} \tag{11.25}$$

前の議論に戻って，2 つの壁によって多重に反射される効果をすべて取り込んだ波動場を決めよう．それは，任意の周期 $2a$ の関数 F を用いて，(11.18) 式で与えられた．フーリエ級数を用いて，

$$F(x)=\sum_{n=1}^{\infty} c_n\sin\left(\frac{n\pi x}{a}\right)+\sum_{n=0}^{\infty} d_n\cos\left(\frac{n\pi x}{a}\right) \tag{11.26}$$

の展開が可能であるが，これを (11.18) 式に用いれば

$$\left.\begin{aligned}\sin\left(\frac{n\pi}{a}(x-ct)\right)-\sin\left(\frac{n\pi}{a}(2a-x-ct)\right)&=2\sin\frac{n\pi x}{a}\cos\frac{n\pi ct}{a}\\ \cos\left(\frac{n\pi}{a}(x-ct)\right)-\cos\left(\frac{n\pi}{a}(2a-x-ct)\right)&=2\sin\frac{n\pi x}{a}\sin\frac{n\pi ct}{a}\end{aligned}\right\} \tag{11.27}$$

の関係によって

$$u(x, t)=2\sum_{n=1}^{\infty}\sin\frac{n\pi x}{a}\left(c_n\cos\frac{n\pi ct}{a}+d_n\sin\frac{n\pi ct}{a}\right) \tag{11.28}$$

となる．この式は (11.25) 式と同等である．すなわち，ダランベール解は固有振動の重ね合わせとしても表現できる．伝播する波の波動場が両端の壁による多重散乱の結果として，固有振動の重ね合わせとして表せることは興味深い．

11.2　2次元および3次元の波動場

前節では，1次元の波動について述べたが，ここでは2次元および3次元の波動方程式の解について考えよう．まず，3次元の場合から始める．波動方程式は

$$\frac{1}{c^2}\frac{\partial^2 u}{\partial t^2}-\Delta u=0 \tag{11.29}$$

のように与えられる．

この方程式を解くために，次のような準備をしておく．すなわち，ある場の関数 $w(x, y, z)$ が与えられたとき，これから導かれる関数 $U(x, y, z\,;\,r)$ を次の式で導入しよう．

$$U(x, y, z\,;\,r)=\frac{1}{4\pi r^2}\iint_{Sr} w(x+r\sin\theta\cos\varphi, y+r\sin\theta\sin\varphi, z+r\cos\theta)dS$$
$$=\frac{1}{4\pi}\int_0^{2\pi}\int_0^{\pi} w(x+r\sin\theta\cos\varphi, y+r\sin\theta\sin\phi, z+r\cos\theta)\sin\theta\, d\theta d\phi \tag{11.30}$$

$U(x, y, z\,;\,r)$ は，中心を (x, y, z) とする半径 r の球面上での w の平均値である．関数 $U(x, y, z\,;\,r)$ の重要な性質は，次の微分方程式の解となることである．

$$\frac{\partial^2 U}{\partial r^2}+\frac{2}{r}\frac{\partial U}{\partial r}-\Delta U=0 \tag{11.31}$$

この事実を以下に証明しよう．まず，

$$\Delta U=\frac{1}{4\pi}\int_0^{2\pi}\int_0^{\pi}\Delta w(x+r\sin\theta\cos\varphi, y+r\sin\theta\sin\phi, z+r\cos\theta)\sin\theta\, d\theta d\phi$$
$$=\frac{1}{4\pi r^2}\iint_{Sr}\Delta w dS \tag{11.32}$$

は明らかである．また

$$\frac{\partial U}{\partial r}=\frac{1}{4\pi r^2}\iint_{Sr}\nabla w\cdot \boldsymbol{n} dS=\frac{1}{4\pi r^2}\iiint_{Vr}\Delta w dV \tag{11.33}$$

となることも容易にわかる，(11.33) 式の最後の等号は，発散定理 ((5.5) 式) によって表面積分を球内の体積積分として表したものである．さらに，

$$\frac{\partial}{\partial r}\iiint_{Vr}\Delta w dV$$
$$=\frac{\partial}{\partial r}\int_0^{r}\int_0^{2\pi}\int_0^{\pi}\Delta w(x+r\sin\theta\cos\varphi, y+r\sin\theta\sin\phi, z+r\cos\theta)r^2\sin\theta\, d\theta d\phi dr$$

$$=\int_0^{2\pi}\int_0^{\pi}\Delta w(x+r\sin\theta\cos\varphi,\ y+r\sin\theta\sin\phi,\ z+r\cos\theta)r^2\sin\theta\ d\theta d\phi \tag{11.34}$$

であるから，次の関係が示される．

$$\frac{\partial^2 U}{\partial r^2}=-\frac{1}{2\pi r^3}\iiint_{Vr}\Delta w dv+\frac{1}{4\pi r^2}\iint_{Sr}\Delta w dS \tag{11.35}$$

(11.32)，(11.33)，(11.35) 式の関係を用いると，(11.31) 式が成立することがわかる．一方 (11.30)，(11.33) 式によれば，明らかに

$$\left.\begin{aligned}&\lim_{r\to+0} U(x,y,z\,;\,r)=w(x,y,z)\\&\lim_{r\to+0}\frac{\partial U(x,y,z\,;\,r)}{\partial r}=0\end{aligned}\right\} \tag{11.36}$$

が成立することが確かめられる．次に，

$$u(x,y,z,t)=tU(x,y,z\,;\,ct) \tag{11.37}$$

とおくと，この u は波動方程式 (11.29) の初期条件

$$u(x,y,z,t=0)=0,\ \frac{\partial u(x,y,z,t=0)}{\partial t}=w(x,y,z) \tag{11.38}$$

に対応する解であることが示される．

この事実を証明しよう．(11.37) 式を時刻 t で微分すると

$$\left.\begin{aligned}&\frac{\partial u}{\partial t}=U(x,y,z,ct)+ct\frac{\partial U(x,y,z\,;\,ct)}{\partial r}\\&\frac{\partial^2 u}{\partial t^2}=2c\frac{\partial U(x,y,z\,;\,ct)}{\partial r}+c^2t\frac{\partial^2 U(x,y,z\,;\,ct)}{\partial r^2}\end{aligned}\right\} \tag{11.39}$$

である．一方，$\Delta u=t\Delta U(x,y,z\,;\,ct)$ なので (11.29) 式の左辺は $t(\partial^2 U/\partial r^2)+(2/c)(\partial U/\partial r)-t\Delta U$ となるが，これは $ct=r$ に注意すれば，(11.31) 式によって 0 であることがわかる．(11.38) 式も (11.36) 式と (11.39) 式から明らかである．

次に，(11.37) 式の u を用いて $u_1=\partial u/\partial t$ とおくと，u_1 も波動方程式 (11.29) を満たしている．初期条件を調べると，

$$u_1(x,y,z,t=0)=U(x,y,z\,;\,ct=0)=w(x,y,z) \tag{11.40 a}$$

$$\frac{\partial u_1(x,y,z,t=0)}{\partial t}=2c\frac{\partial U(x,y,z\,;\,ct=0)}{\partial r}=0 \tag{11.40 b}$$

(11.40 b) 式の値が 0 であることは，(11.31) 式に r を乗じて，$r\to 0$ の極限を取ることにより確かめられる．

上に述べたことを組み合わせると，任意の初期条件

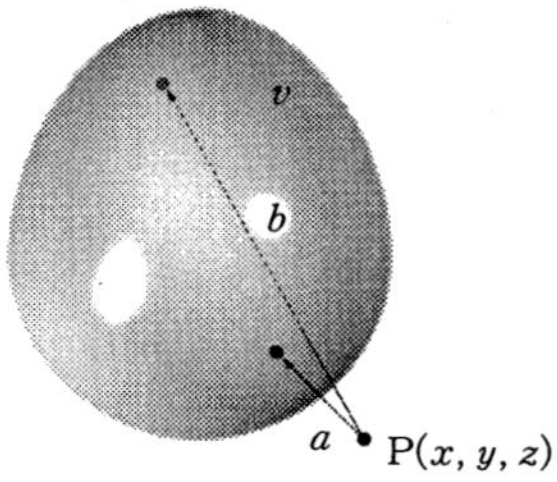

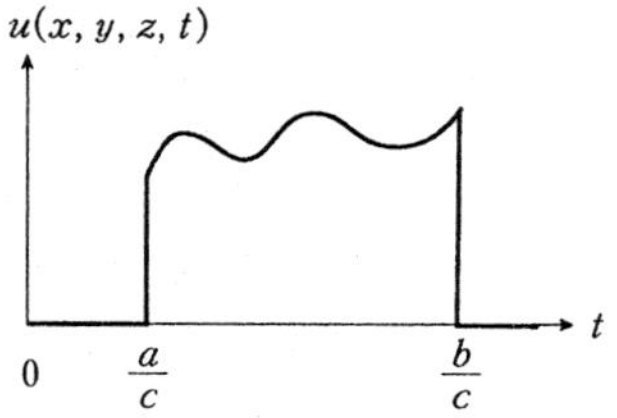

図 11.2　領域 v における擾乱 u

$$\left.\begin{aligned} &u(x, y, z, t=0)=u_0(x, y, z) \\ &\frac{\partial u}{\partial t}(x, y, z, t=0)=u_1(x, y, z) \end{aligned}\right\} \tag{11.41}$$

を満たす波動方程式(11.29)の解が，次のようになることが導かれる．

$$\begin{aligned} &u(x, y, z, t) \\ &=\frac{\partial}{\partial t}\frac{t}{4\pi}\int_0^{2\pi}\int_0^{\pi}u_0(x+ct\sin\theta\cos\varphi, y+ct\sin\theta\sin\varphi, z+ct\cos\theta)\times\sin\theta\, d\theta d\varphi \\ &\quad+\frac{t}{4\pi}\int_0^{2\pi}\int_0^{\pi}u_1(x+ct\sin\theta\cos\varphi, y+ct\sin\theta\sin\varphi, z+ct\cos\theta)\times\sin\theta d\theta d\varphi \end{aligned} \tag{11.42}$$

これをポアソンの公式という．(11.42)式は時刻 t における点 $P(x, y, z)$ の波動場が，この点を中心とする半径 ct の球面上の波動場とその微分によって，完全に定まることを意味している．

(11.42)式に基づいて，3次元空間の波動の性質を考察してみよう．図 11.2 のようにある領域 v に時刻 $t=0$ で初期擾乱 $u=u_0\neq0$ があり，v の外側では $u=0$ であったとしよう．

(11.42)式によれば，観察点 $P(x, y, z)$ と領域 v との最短距離を a，最大距離を b とすると，2つの時間領域

$$0\leq t\leq\frac{a}{c}=t_0 \tag{11.43}$$

$$\frac{b}{c}=t_1<t \tag{11.44}$$

において，点 P での波動場は 0 ($u=0$) であることがわかる．時間領域(11.43)においては，(11.42)式の積分を行う点 P を中心とする半径の球面は，まだ擾乱

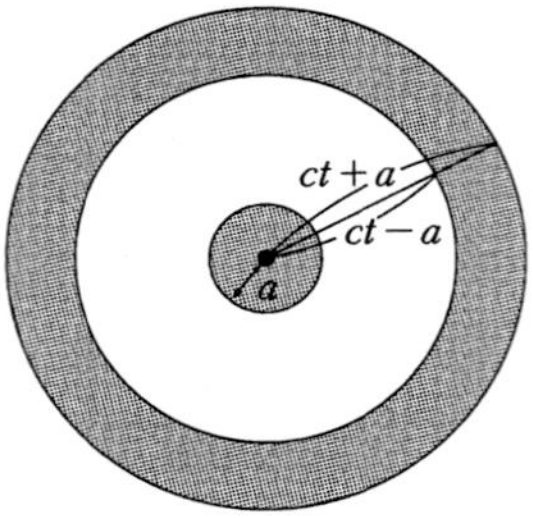

図 11.3　2次元波動場における擾乱の伝播

領域 v に到達していないために，被積分関数の値は常に 0 になる．一方，時間領域(11.44)式においては，この球面は領域 v を完全に通り越してしまうために，やはり(11.42)式の被積分関数は 0 となるからである．初期擾乱による波は，点 P を有限の時間 $t_0 \leq t \leq t_1$ で通り過ぎ，その効果は最大距離の点からの波が通り抜けた後には残らない．

時刻 $t=0$ で，波動場 u が図 11.3 のように半径 a の球内だけで 0 と異なる値をもつとしよう．

このとき，先に述べた議論からわかるように，t だけ時間が経過した後では，u が 0 と異なる領域は，最初の球と同じ中心をもつ半径 $ct+a$ と半径 $ct-a$ の 2 つの球面に囲まれた球殻である．球殻の半径は時間に比例して大きくなるが，球殻の厚さは不変である．これは最初の擾乱が「散乱」することなしに，波の伝播速度で拡がってゆくことを意味する．

これまでは，3 次元波動方程式の解について考察したが，2 次元の波動方程式

$$\frac{1}{c^2}\frac{\partial^2 u}{\partial t^2}-\left(\frac{\partial^2}{\partial x^2}+\frac{\partial^2}{\partial y^2}\right)u=0 \qquad (11.45)$$

の解も 3 次元についての結果から導くことができる．すなわち，(11.42)式において，関数 u_0, u_1 がいずれも z に依存しないと仮定しよう．このとき，(11.42)式で定義される左辺の関数 u も z に依存しなくなるから

$$\frac{\partial u}{\partial z}=\frac{\partial^2 u}{\partial z^2}=0$$

が成立する．すると，u は元々 3 次元の波動方程式(11.29)を満たしているので(11.45)式も満足させ，2 次元の波動方程式の解となることは明らかである．このとき，半径 ct の球面上の積分は，同じ半径の円内の積分として表すことがで

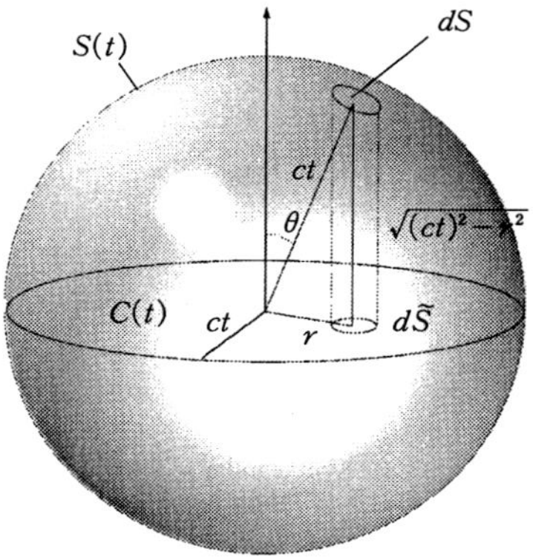

図 11.4　球面上の面素片 dS の円内への射影 $d\widetilde{S}$

きる．すなわち，図 11.4 に示すように，球面上の面素片 dS は x-y 面内の円の面素片 $d\widetilde{S}$ に射影され，その大きさが

$$d\widetilde{S}=dS\times\cos\,\theta=\frac{\sqrt{(ct)^2-r^2}}{ct}dS$$

であることから，(11.42) 式を変形して

$$\begin{aligned}u(x,y,t)&=\frac{\partial}{\partial t}\left(\frac{t}{4\pi}\frac{1}{(ct)^2}\iint_{S(t)}u_0dS\right)+\frac{t}{4\pi}\left(\frac{1}{ct}\right)^2\iint_{S(t)}u_1dS\\&=\frac{\partial}{\partial t}\left(\frac{t}{4\pi}\frac{1}{(ct)^2}\times 2\iint_{C(t)}\frac{u_0}{\cos\,\theta}d\widetilde{S}\right)+\frac{t}{4\pi}\frac{1}{(ct)^2}\times 2\iint_{C(t)}\frac{u_1}{\cos\,\theta}d\widetilde{S}\\&=\frac{\partial}{\partial t}\left(\frac{1}{2\pi c}\int_0^{2\pi}\int_0^{ct}\frac{u_0(x+r\cos\,\phi,\,y+r\sin\,\phi)}{\sqrt{(ct)^2-r^2}}drd\phi\right)\\&\quad+\frac{1}{2\pi c}\int_0^{2\pi}\int_0^{ct}\frac{u_1(x+r\cos\,\phi,\,y+r\sin\,\phi)}{\sqrt{(ct)^2-r^2}}drd\phi\end{aligned}\qquad(11.46)$$

と表される．ここで，$S(t)$ は点 (x,y,z) を中心とする半径 ct の球面，$C(t)$ は点 (x,y) を中心とする半径 ct の円を意味する．また，第 2 行の式で積分の前に 2 が乗ぜられているのは，球面の上半面と下半面の寄与が同じ積分値に寄与するからである．(11.46) 式の波動関数が，初期条件

$$\left.\begin{aligned}u(x,y,t=0)&=u_0(x,y)\\\frac{\partial u}{\partial t}(x,y,t=0)&=u_1(x,y)\end{aligned}\right\}\qquad(11.47)$$

に対応する (11.45) 式の解であることは明らかである．

2 次元の波動は，初期擾乱域からの波が通り過ぎた後でも残っている．ここでは，図 11.2 を 2 次元の図であると見なして議論しよう．$0 \leq t < t_0$ の時間では $u=0$ となることは，3 次元の場合と同じである．(11.46) 式右辺の被積分関数は円内で 0 だからである．ところが $t_1 \leq t$ の時間領域では，0 と異なる値を被積分関数がとる領域が円内に含まれるために，積分値は 0 にならない．ただし，その値は時間の増加と共に $O(1/ct)$ のように減衰してゆく．このように，初期擾乱領域からの波が通過した後も，その効果が残留することが 2 次元系の特徴である．

11.3 非同次の波動場

前節では，自由な空間における波動場を調べたが，ここでは波を駆動する力の場が存在する場合について考察してみよう．このとき，波動方程式は，非同次型

$$\frac{1}{c^2}\frac{\partial^2 u}{\partial t^2} - \Delta u = f(x, y, z, t) \qquad (11.48)$$

となっている．上記は 3 次元の場合であるが，2 次元，1 次元の場合は，それぞれ $\Delta \to \partial^2/\partial x^2 + \partial^2/\partial y^2$, $\Delta \to \partial^2/\partial x^2$ と置き換え，関数 f は (x, y) あるいは x のみに依存するようにすればよい．

はじめに 3 次元系の場合を考えよう．簡単のため，方程式 (11.48) を満たし，初期条件

$$u(x, y, z, t=0) = 0, \qquad \frac{\partial u(x, y, z, t=0)}{\partial t} = 0 \qquad (11.49)$$

を満たす波 u を解くことからはじめよう．

初期条件を時刻 $t=0$ ではなく，$t=\tau$ で設定したときの波 (同次方程式 (11.29) の解) を $v=v(x, y, z, t\,;\,\tau)$ と書き，その初期条件を

$$v(x, y, z, t=\tau) = 0 \qquad (11.50)$$

$$\frac{\partial v}{\partial t}(x, y, z, t=\tau) = c^2 f(x, y, z, \tau) \qquad (11.51)$$

と取ってみる．この問題の解は，(11.42) 式によってすぐに書きくだすことができて，

$$v(x, y, z, t\,;\,\tau)$$
$$=\frac{t-\tau}{4\pi}\int_0^{2\pi}\int_0^{\pi}c^2 f(x+c(t-\tau)\sin\theta\cos\phi,\ y+c(t-\tau)\sin\theta\sin\phi,$$
$$z+c(t-\tau)\cos\theta,\ \tau)\sin\theta d\theta d\phi \qquad (11.52)$$

となる．この関数は，x, y, z, t の他に独立な変数 τ をもっているが，この τ について 0 から t まで積分した関数を改めて $u(x, y, z, t)$ とおく．すなわち

$$u(x, y, z, t)=\int_0^t v(x, y, z, t\,;\,\tau)d\tau \qquad (11.53)$$

とすると，この u が初期条件 (11.49) を満たす非同次波動方程式 (11.48) の解であることを示せる．以下にこれを証明しよう．

(11.53) 式を t で微分すると

$$\frac{\partial u(x, y, z, t)}{\partial t}=v(x, y, z, t\,;\,t)+\int_0^t\frac{\partial v(x, y, z, t\,;\,\tau)}{\partial t}d\tau$$
$$=\int_0^t\frac{\partial v(x, y, z, t\,;\,\tau)}{\partial t}d\tau \qquad (11.54)$$

さらに微分すると

$$\frac{\partial^2 u(x, y, z, t)}{\partial t^2}=\left.\frac{\partial v(x, y, z, t\,;\,\tau)}{\partial t}\right|_{\tau=t}+\int_0^t\frac{\partial^2 v}{\partial t^2}d\tau=c^2 f+\int_0^t\frac{\partial^2 v}{\partial t^2}d\tau \qquad (11.55)$$

である．一方，

$$\Delta u=\int_0^t\Delta v d\tau \qquad (11.56)$$

であるから，(11.55) 式に $1/c^2$ を乗じて (11.56) 式を差し引けば，u について (11.48) 式が成立することは明らかである．また，(11.53)，(11.54) 式において $t\to 0$ とすれば，u が初期条件 (11.49) 式を満たすことは明らかである．(11.52) 式を (11.53) 式に代入して変形すると

$$u(x, y, z, t)=\frac{1}{4\pi}\int_0^{ct}\iint\frac{f\left(x+r\xi,\ y+r\eta,\ z+r\zeta,\ t-\dfrac{r}{c}\right)}{r}r^2 dr d\Omega \qquad (11.57)$$

$$\xi=\sin\theta\cos\phi,\qquad \eta=\sin\theta\sin\phi,\qquad \zeta=\cos\theta$$

(11.57) 式は空間の各点に波源 $f(x, y, z, t)$ があって，時々刻々，そこから速度 c で到達してくる波の重ね合わせとして各時空点での波が得られることを意味している．そこでもし，波源が原点を中心とした δ 関数

$$f(x, y, z, t)=f_0(t)\delta(\boldsymbol{x}) \qquad (11.58)$$

であると仮定すると，これによって生成される波は

$$u(x, y, z, t)=\frac{1}{4\pi r}f_0\left(t-\frac{r}{c}\right) \qquad (11.59)$$

$$r=|\boldsymbol{x}|$$

の形をしている．1点から生成される波は，距離と共にその逆数に比例して振幅が小さくなることがわかる．この点状の擾乱場による波動解((11.59)式)は，第5章で学んだ静的な点電荷の生成するスカラーポテンシャルの場の動的問題への拡張と考えることができる．すなわち，(11.59)式で波の速度 c が無限に大きい極限を取ると，これは原点にある点電荷 $f_0(t)$ によるスカラーポテンシャルを与えている．一方，このときの波動方程式(11.48)式左辺の第1項を c を無限大として無視すると，点電荷によるスカラーポテンシャルを決めるポアソン方程式 $\Delta u=-f$ になり，その解が $u=f_0(t)/4\pi r$ であることは次章に述べるが，第5章でも学んだ．波の速度 c が有限の場合には，点電荷の大きさは観測している時刻より，その情報が伝わるまでの時間 r/c だけ遅れている．

演 習 問 題

11.1 1次元の波動方程式(11.1)式の解で，初期条件

$$u(x, 0)=\cos x, \qquad \frac{\partial u}{\partial t}(x, 0)=c\sin x$$

を満たす波動を求めよ．

11.2 1次元の無限に長い弦を伝わる波動を考える．時刻 $t=0$ で，図のように，弦を変位させて，静かに手を離すとき，その後の弦の変位は時間と共にどう変化するか．

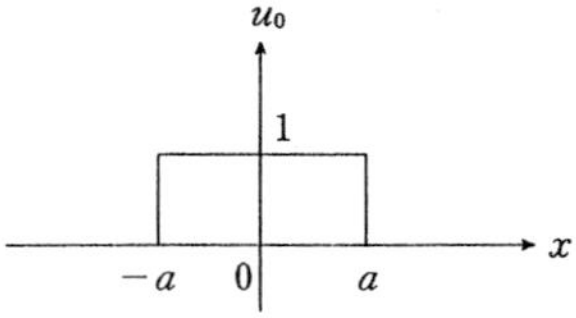

11.3 端点で復原力が働かない

$$\left.\frac{\partial u}{\partial x}(x, t)\right|_{x=a}=0$$

という開放端の境界条件の場合，1次元の弦を伝わる波の反射はどのようになるか．図11.1のような図によって示せ．

11.4 長さ a の両端を固定された弦の振動は，(11.25)式

$$u(x, t)=\sum_{n=1}^{\infty}a_n\cos\left(\frac{n\pi ct}{a}+\theta_n\right)\sin\left(\frac{n\pi x}{a}\right)$$

と表されるが，この式を変形して

$$u(x,t)=F(x-ct)+G(x+ct)$$

と書けることを示せ．このとき，$F(x-ct)$，$G(x+ct)$ は具体的にどのような形をしているか．

11.5　3次元空間の近接した2つの点 $\boldsymbol{x}_1=(0,0,c)$，$\boldsymbol{x}_2=(0,0,-c)$ に光源があり，(11.48)式の右辺が

$$f(x,y,z,t)=\{\delta(\boldsymbol{x}-\boldsymbol{x}_1)+\delta(\boldsymbol{x}-\boldsymbol{x}_2)\}\sin\omega t$$

と表される場合の光の波動場を求め，干渉が現れることを確かめよ．

12

ラプラス方程式，ポアソン方程式とヘルムホルツ方程式

物理学に登場する場の量の多くは，以下のような微分方程式を満たす．

$$\Delta\phi=0 \tag{12.1}$$

$$\Delta\phi=-f \tag{12.2}$$

$$\Delta\phi+\omega^2\phi=0 \tag{12.3}$$

例えば，電荷や質量のないときの静電場のスカラーポテンシャルや重力場ポテンシャルは方程式(12.1)を，それらがあるときのポテンシャルは方程式(12.2)を満たす．この場合，f は電荷密度あるいは質量密度に比例する．動的問題では，これらの方程式で Δ を $\Delta-(1/c^2)(\partial^2/\partial t^2)$ と置き換える．(12.1) 式でこの置換えを行うと，第 11 章で述べた波動方程式

$$\Delta\phi-\frac{1}{c^2}\frac{\partial^2\phi}{\partial t^2}=0 \tag{12.4}$$

が得られる．特定の角振動数 ω で変化する場の空間変化の成分は方程式(12.3)を満たす．(12.1) はラプラス方程式，(12.2) 式はポアソン方程式，(12.3) 式はヘルムホルツ (Helmholtz) 方程式とよばれる．量子力学の波動関数を決定するシュレーディンガー方程式では，(12.3) 式の ω^2 が与えられた空間座標の関数となっている．ある境界条件のもとでこれらの微分方程式を解く問題は，第 8 章で述べたスツルム-リウヴィル系を 2 次元あるいは 3 次元系に拡張した問題ということができる．

したがって，第 8 章や第 10 章で学んだグリーン関数法や固有関数展開などの方法が，これらの方程式の解を求めたり，あるいはその物理的性質を解析するために有効である．この章では，主にグリーン関数法を中心とした議論を行い，第 13 章で固有関数展開による方法を述べる．

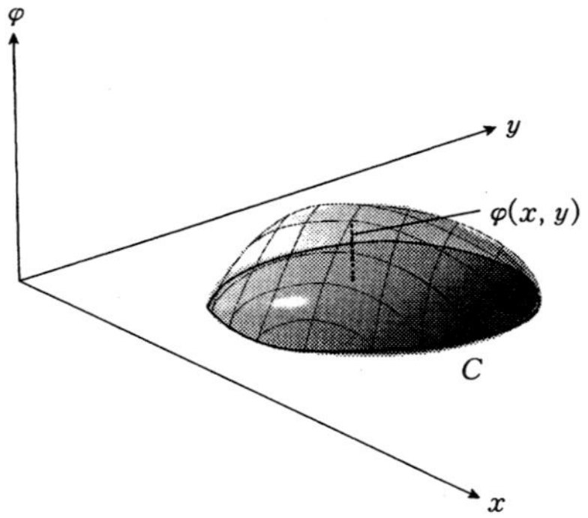

図 12.1　外力を受けた膜の変位 $\varphi(x, y)$

12.1　2次元と3次元のグリーン関数

2次元系の例として，平面内の枠に固定された膜が外力を受けたときの変形を取り上げよう．図12.1のように $f(x, y)$ を外力の分布，$\varphi(x, y)$ を膜の変位とすれば，枠内の領域 S において

$$\Delta\varphi(x, y) = -f(x, y) \tag{12.5}$$

が成立し，また枠 C の上では

$$\varphi(x, y) = 0 \tag{12.6}$$

となっている．ここで Δ は，2次元ラプラシアン $\Delta = \partial^2/\partial x^2 + \partial^2/\partial y^2$ である．

外力が点 (ξ, η) を中心に，きわめて小さい半径 ε の円内に集中している場合，

$$f_\varepsilon(x, y) = \begin{cases} \dfrac{1}{\pi\varepsilon^2} & ((x-\xi)^2 + (y-\eta)^2 \leq \varepsilon^2) \\ 0 & ((x-\xi)^2 + (y-\eta)^2 > \varepsilon^2) \end{cases} \tag{12.7}$$

を考えよう．この力に対応し，境界条件(12.6)を満たす変位を $G_\varepsilon(x, y\,;\,\xi, \eta)$ とおくと，$\Delta G_\varepsilon(x, y\,;\,\xi, \eta) = -f_\varepsilon(x, y)$ であるが，グリーン関数は

$$G(x, y\,;\,\xi, \eta) = \lim_{\varepsilon\to+0} G_\varepsilon(x, y\,;\,\xi, \eta) \tag{12.8}$$

によって定義される．

3次元のポアソン方程式の境界値問題の例として，接地された金属容器内 V における静電ポテンシャル $\varphi(x, y, z)$ を問題としよう(図12.2)．ただし容器内には電荷が $f(x, y, z)/4\pi$ の密度で分布しているとする．φ を決める方程式は，V の内部では

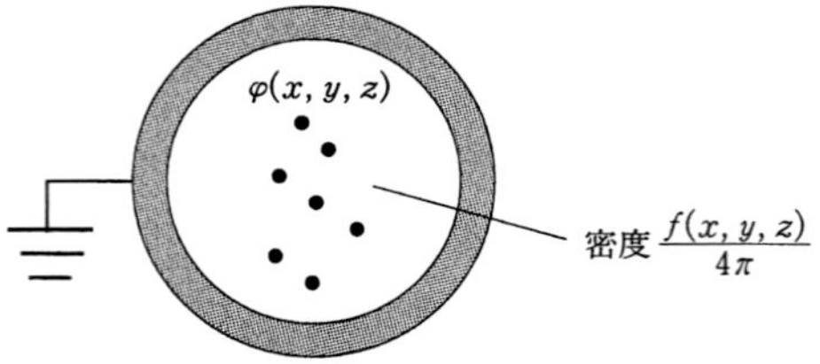

図 12.2　静電ポテンシャル

$$\Delta\varphi(x, y, z) = -f(x, y, z) \tag{12.9}$$

であり，V の境界 (容器の内壁) S では

$$\varphi(x, y, z) = 0 \tag{12.10}$$

で与えられる．ここでも V 内の点 $Q(\xi, \eta, \zeta)$ を中心とする半径 ε の小球内に集中した一様な電荷分布 $f_\varepsilon = 3/4\pi\varepsilon^3$ に対応する (12.9)，(12.10) 式の解を $G_\varepsilon(x, y, z\,;\,\xi, \eta, \zeta)$ と書くと，グリーン関数は

$$G(x, y, z) = \lim_{\varepsilon \to +0} G_\varepsilon(x, y, z\,;\,\xi, \eta, \zeta) \tag{12.11}$$

で与えられる．ただし，この場合のラプラシアン Δ は 3 次元のもの，$\Delta = \partial^2/\partial x^2 + \partial^2/\partial y^2 + \partial^2/\partial z^2$ である．

このように，2 次元系あるいは 3 次元系でのグリーン関数が求められると，それらを用いて一般の外力あるいは電荷分布 f に対する，境界条件を満たすポアソン方程式の解が

$$\varphi(x, y) = \iint_S G(x, y\,;\,\xi, \eta) f(\xi, \eta)\, d\xi d\eta \tag{12.12}$$

あるいは

$$\varphi(x, y, z) = \iiint_V G(x, y, z\,;\,\xi, \eta, \zeta) f(\xi, \eta, \zeta)\, d\xi d\eta d\zeta \tag{12.13}$$

のように与えられる．これらは 1 次元の場合の (10.10) 式の拡張である．

上に述べたように，グリーン関数は 1 点に外力が集中する場合の境界値問題の解である．1 次元系では第 10 章で見たように，この点でのグリーン関数は連続で，微分は不連続なとびを示した ((10.6) 式参照)．2 次元，3 次元の系ではこれらの性質はどうなっているだろうか？

以下の議論で明らかになるように，

$$2\text{ 次元：}\quad G(x, y\,;\,\xi, \eta) = -\frac{1}{2\pi}\log r + \gamma(x, y\,;\,\xi, \eta) \tag{12.14}$$

$$3\text{次元：}\quad G(x, y, z\,;\,\xi, \eta, \zeta)=\frac{1}{4\pi r}+\gamma(x, y, z\,;\,\xi, \eta, \zeta) \tag{12.15}$$

であることが示される．ただし，r は2次元系では点 (x, y) と点 (ξ, η) との間の距離，3次元系では点 (x, y, z) と点 (ξ, η, ζ) の間の距離である．以後 $\boldsymbol{x}$ で点 (x, y) あるいは (x, y, z)，また $\boldsymbol{x}_0$ で点 (ξ, η) あるいは (ξ, η, ζ) を表す．したがって $r=|\boldsymbol{x}-\boldsymbol{x}_0|$ である．関数 γ は与えられた領域内で

$$\Delta\gamma(x, y, z\,;\,\xi, \eta, \zeta)=0 \tag{12.16}$$

を満たし，また境界上では以下の条件を満たす．

$$\left.\begin{aligned} &2\text{次元：}\quad \gamma|_C=\left.\frac{\log r}{2\pi}\right|_C \\ &3\text{次元：}\quad \gamma|_S=-\left.\frac{1}{4\pi r}\right|_S \end{aligned}\right\} \tag{12.17}$$

(12.14)，(12.15) 式を証明するために，第5章で述べたグリーンの公式を用いる．3次元の場合，$\boldsymbol{x}_0=(\xi, \eta, \zeta)$ を中心とする半径 ε の球面 (S_ε) 上の積分は，発散公式 (5.5) によって次のように与えられる ((5.5) 式で $\boldsymbol{u}=\nabla G_\varepsilon$ とおく)．

$$\iint_{S_\varepsilon}\frac{\partial G_\varepsilon}{\partial n}dS=-\iiint_{\Omega_\varepsilon} f_\varepsilon dv=-1 \tag{12.18}$$

となる．ここで Ω_ε は球面の内部，$\partial/\partial n$ は球の動径方向外向きの微分である．(12.18) 式で ε が無限に小さい極限を考えると $r=|\boldsymbol{x}-\boldsymbol{x}_0|$ が小さいとき

$$\frac{dG}{dr}\sim-\frac{1}{4\pi r^2} \tag{12.19}$$

となっていることがわかる．これから，3次元のグリーン関数の主要項である (12.15) 式の右辺第1項の形が導かれる．2次元の場合は，(12.18) 式の左辺の積分を，半径 ε の円周に沿う線積分と考えるとよい．右辺は円の内部領域での2次元積分である．その値は (12.7) 式の f_ε を用いて -1 になることが示せる．すると r が小さいときには

$$\frac{dG}{dr}\sim-\frac{1}{2\pi r} \tag{12.20}$$

となり，これから主要項が (12.14) 式の右辺第1項の形であることがわかる．主要項を $\tilde{G}=-(1/2\pi)\log r$ (2次元)，$\tilde{G}=1/4\pi r$ (3次元) とおくと，グリーン関数に寄与するそれ以外の項 γ は

$$\gamma=G-\tilde{G} \tag{12.21}$$

と書ける．$\Delta G=\Delta\tilde{G}=-\delta(x-x_0)$ なので，γ は調和関数，すなわち方程式 (12.16) を満たさなければならない．さらに (12.17) 式は，グリーン関数がその

境界条件((12.6)，(12.10)式)を満たすことを保証する．以上から，(12.14)式あるいは(12.15)式がそれぞれ2次元系および3次元系のグリーン関数を与えることが示された．

(12.16)，(12.17)式からγを決める問題は調和関数の境界値問題の一種で，ディリクレ問題とよばれる．これについては，後に述べるが，境界の形状が特異でない限り，解の存在が保証されている．

3次元系で無限に大きな領域を考える場合は，$\gamma=0$とおいてよい．このとき，グリーン関数は主要項だけで構成されるから，ポアソン方程式の解は

$$\varphi(\boldsymbol{x})=\frac{1}{4\pi}\iiint_V \frac{f(\boldsymbol{x}_0)}{|\boldsymbol{x}-\boldsymbol{x}_0|}d\boldsymbol{x}_0 \tag{12.22}$$

で与えられる．特に点$\boldsymbol{x}_0$に単位電荷があるときのポテンシャルとして，よく知られた

$$\varphi(\boldsymbol{x})=\frac{1}{4\pi|\boldsymbol{x}-\boldsymbol{x}_0|} \tag{12.23}$$

が得られる．

グリーン関数においては，対称性

$$G(\boldsymbol{x},\,\boldsymbol{x}_0)=G(\boldsymbol{x}_0,\,\boldsymbol{x}) \tag{12.24}$$

が成立することを示そう．1次元の場合については，第10章で示してあるが((10.15)式)，これは多次元の場合でも成り立つ．点$\boldsymbol{x}_0, \boldsymbol{x}_0'$を領域内部の2点，$K, K'$をそれらをそれぞれ中心とし，境界内の領域に含まれる半径εの任意に小さい球としよう(図12.3)．もとの領域からKとK'とを除いた領域$\tilde{V}$では，$G(\boldsymbol{x}\,;\,\boldsymbol{x}_0)$，$G(\boldsymbol{x}\,;\,\boldsymbol{x}_0')$は共に調和関数である．したがって，第5章で述べたグリーンの公式(5.39)を用いると，

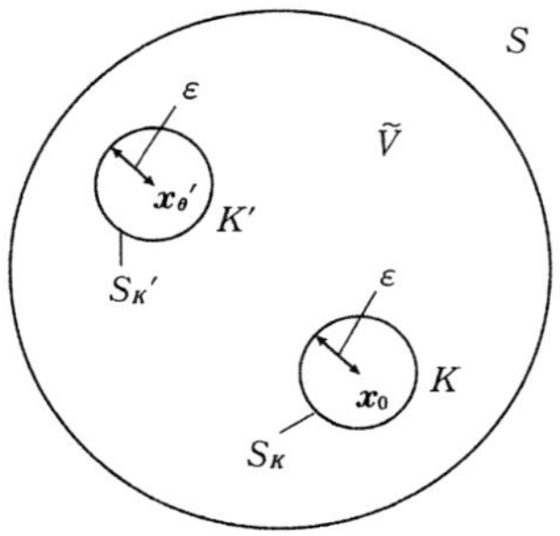

図12.3　グリーン関数における対象性

$$\iint_S\left(G(\boldsymbol{x},\boldsymbol{x}_0)\frac{\partial G(\boldsymbol{x},\boldsymbol{x}_0')}{\partial n}-G(\boldsymbol{x},\boldsymbol{x}_0')\frac{\partial G(\boldsymbol{x},\boldsymbol{x}_0)}{\partial n}\right)dS$$
$$+\iint_{S_K}\left(G(\boldsymbol{x},\boldsymbol{x}_0)\frac{\partial G(\boldsymbol{x},\boldsymbol{x}_0')}{\partial n}-G(\boldsymbol{x},\boldsymbol{x}_0')\frac{\partial G(\boldsymbol{x},\boldsymbol{x}_0)}{\partial n}\right)dS$$
$$+\iint_{S_{K'}}\left(G(\boldsymbol{x},\boldsymbol{x}_0)\frac{\partial G(\boldsymbol{x},\boldsymbol{x}_0')}{\partial n}-G(\boldsymbol{x},\boldsymbol{x}_0')\frac{\partial G(\boldsymbol{x},\boldsymbol{x}_0)}{\partial n}\right)dS$$
$$=\iiint_V\{G(\boldsymbol{x},\boldsymbol{x}_0)\Delta G(\boldsymbol{x},\boldsymbol{x}_0')-G(\boldsymbol{x},\boldsymbol{x}_0')\Delta G(\boldsymbol{x},\boldsymbol{x}_0)\}dv=0 \quad (12.25)$$

左辺の第1項は，外側表面 S 上でグリーン関数の満たす境界条件によって0になる．第2項と第3項は，K と K' の半径が無限に小さい極限で，それぞれ $-G(\boldsymbol{x}_0,\boldsymbol{x}_0')$ と $G(\boldsymbol{x}_0',\boldsymbol{x}_0)$ になる．これらの和が0になることから，(12.24) 式が導ける．

これまでの議論はポアソン方程式を，境界での値が0になる場合に限って考察したが，一般の値を取る場合の解の求め方を考えよう．

すなわち，解くべき問題は S を領域 V の境界面として

$$\Delta\varphi=-f, \qquad \boldsymbol{x}\in V \quad (12.26)$$
$$\varphi=\eta, \qquad \boldsymbol{x}\in S \quad (12.27)$$

を満たす φ を求めることである．ただし，φ は S を含めた領域で微分値を含めて連続としておく．$f=0$ の場合は調和関数の境界値問題になっている．

さて $\eta=0$ の場合のグリーン関数は，前に議論したように求められるが，これを $G(\boldsymbol{x},\boldsymbol{y})$ としておこう．グリーンの公式 (5.40) から，補正関数 $\gamma(\boldsymbol{x},\boldsymbol{y})$ と任意の2階微分可能な関数 φ の間には

$$0=\iiint_V\gamma(\boldsymbol{x},\boldsymbol{y})\Delta\varphi(\boldsymbol{y})d\boldsymbol{y}+\iint_S\left(\varphi(\boldsymbol{y})\frac{\partial}{\partial n_y}\gamma(\boldsymbol{x},\boldsymbol{y})-\gamma(\boldsymbol{x},\boldsymbol{y})\frac{\partial}{\partial n_y}\varphi(\boldsymbol{y})\right)dS \quad (12.28)$$

の関係がある．ただし $\Delta_y\gamma(\boldsymbol{x},\boldsymbol{y})=0$ の性質を用いた．次に (5.46′) 式の両辺から (12.28) 式の両辺をそれぞれ差し引くと

$$\varphi(\boldsymbol{x})=-\iiint_V G(\boldsymbol{x},\boldsymbol{y})\Delta\varphi(\boldsymbol{y})d\boldsymbol{y}$$
$$-\iint_S\left(\varphi(\boldsymbol{y})\frac{\partial}{\partial n_y}G(\boldsymbol{x},\boldsymbol{y})-G(\boldsymbol{x},\boldsymbol{y})\frac{\partial}{\partial n_y}\varphi(\boldsymbol{y})\right)dS \quad (12.29)$$

となる．$\Delta\varphi(\boldsymbol{y})=-f$，および右辺第2項の中で $G(\boldsymbol{x},\boldsymbol{y})=0$，$\varphi(\boldsymbol{y})=\eta(\boldsymbol{y})$（$\boldsymbol{x}$ が V の内部，$\boldsymbol{y}$ が S 上にあるとき）であることを用いれば，最終的に (12.26)，(12.27) 式の解が

$$\varphi(\boldsymbol{x})=\iiint_V G(\boldsymbol{x},\boldsymbol{y})f(\boldsymbol{y})d\boldsymbol{y}-\iint_S \eta(\boldsymbol{y})\frac{\partial}{\partial n_y}G(\boldsymbol{x},\boldsymbol{y})dS \tag{12.30}$$

と表される．$\eta=0$ の場合は，すでに述べた結果を再現する．

$f=0$ の場合は，境界での値を与えると領域内での調和関数が (12.30) 式の第 2 項で決定されることを示している．ここで注目されるのは，領域内部の調和関数の値が境界面上の値から完全に決定されることである．一般に境界における調和関数の値を与えて，内部の調和関数の値を決定する問題をディリクレ問題というが $\varphi(\boldsymbol{x})=-\iint_S \varphi(\boldsymbol{y})(\partial/\partial n_y)G(\boldsymbol{x},\boldsymbol{y})dS$ がその解となっている．

12.2　鏡像法によるグリーン関数の決定

領域の形が特別な場合には，境界値を 0 とする問題のグリーン関数を鏡像法によって解析的な形で求めることができる．領域が円あるいは球の場合について述べよう．円または球の半径を R とするとき，点 $\boldsymbol{x}_0$ の鏡像点 $\boldsymbol{x}_0^*$ は中心 O に関して $\boldsymbol{x}_0$ と同じ動径上にあり，

$$|\boldsymbol{x}_0||\boldsymbol{x}_0^*|=R^2 \tag{12.31}$$

の関係で定義される (図 12.4)．

円または球内の任意の点 $\boldsymbol{x}$ に対して，

$$\begin{cases} r=|\boldsymbol{x}-\boldsymbol{x}_0| \\ r'=|\boldsymbol{x}-\boldsymbol{x}_0^*| \end{cases} \tag{12.32}$$

とおくと，円または球のグリーン関数は，それぞれ

$$G(\boldsymbol{x},\boldsymbol{x}_0)=\frac{1}{2\pi}\left\{\log\left(\frac{1}{r}\right)-\log\left(\frac{R}{ar'}\right)\right\} \tag{12.33}$$

$$G(\boldsymbol{x},\boldsymbol{x}_0)=\frac{1}{4\pi}\left(\frac{1}{r}-\frac{R}{ar'}\right) \tag{12.33$'$}$$

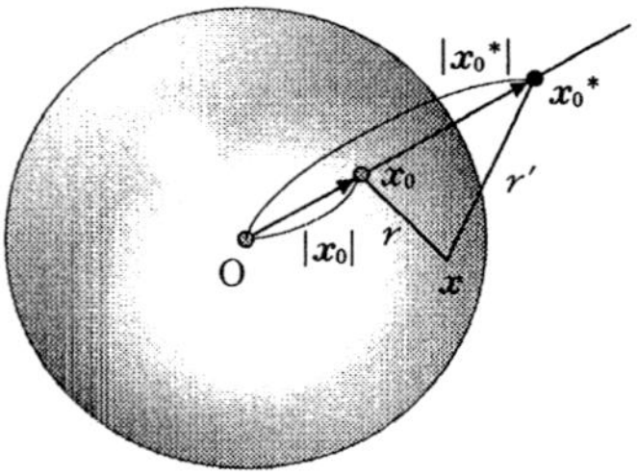

図 12.4　鏡像点

と表されることを証明しよう．ここで，$a=|\boldsymbol{x}_0|$ である．まず，上のそれぞれの式において，主要項を除いた補正項（(12.33) 式では $-(1/2\pi)\log(R/ar')$，(12.33′) 式では $-R/4\pi ar'$）が 2 次元，3 次元の調和関数であることは式の形から自明である．また，境界上では，アポロニウスの円の性質から，点 $\boldsymbol{x}$ が球面あるいは円周上にあるとき $r=ar'/R$ であるが，このとき $G(\boldsymbol{x}, \boldsymbol{x}_0)|_c=0$ となる．したがって，(12.33)，(12.33′) 式はすでに述べたグリーン関数になっている．

ここで求めたグリーン関数を用いると，(12.30) 式によって，円または球表面上の値を与えて任意の領域内の点で調和関数の値を定めることができる．すなわち

$$\varphi(\boldsymbol{x})=\iint_S \varphi(\boldsymbol{y})P(\boldsymbol{x}, \boldsymbol{y})d\boldsymbol{y} \tag{12.34}$$

ここで $P(\boldsymbol{x}, \boldsymbol{y})=-(\partial/\partial n_y)G(\boldsymbol{x}, \boldsymbol{y})$ はポアソン核とよばれる．グリーン関数として，(12.33) 式または (12.33′) 式を用いて (12.34) 式に代入すると，2 次元，3 次元の場合に，それぞれ

$$\varphi(\rho, \theta)=\frac{1}{2\pi}\int_0^{2\pi}\frac{(R^2-\rho^2)\varphi(R, \phi)}{R^2+\rho^2-2R\rho\cos(\theta-\phi)}d\phi \tag{12.35}$$

$$\varphi(\rho, \theta, \phi)=\frac{R}{4\pi}\iint\frac{R^2-\rho^2}{|\boldsymbol{x}-\boldsymbol{y}|^3}\varphi(\boldsymbol{y})\sin\Theta d\Theta d\Phi \tag{12.36}$$

となることを示せる．ただし，(ρ, θ) および (ρ, θ, ϕ) は $\boldsymbol{x}$ を表示する 2 次元，または 3 次元極座標，(R, ϕ) および (R, Θ, Φ) は $\boldsymbol{y}$ を表示する 2 次元，または 3 次元極座標である．その証明は，演習問題 11.1，11.2 にあるので，読者自身で試みていただきたい．

12.3 散 乱 問 題

ヘルムホルツの方程式 (12.3) は，ω^2 に負値を許して一般化すれば，$\Delta\psi+\lambda\psi=0$ の形になる．この方程式で記述される場を無限大領域，あるいは有界な領域内で解く方法をこれから学ぶことにする．有界領域での問題は，固有値問題や固有関数による展開と関係しているが，これについては第 13 章で議論することにして，ここでは無限大領域についての解析法を学ぼう．

はじめに散乱問題と束縛問題の違いについて述べる．一般化したヘルムホルツ方程式

$$\Delta\psi+\lambda\psi=0 \tag{12.37}$$

の 0 でない解が有界領域で存在するためには，第 13 章で述べるように λ は離散的な固有値 $\lambda_1, \lambda_2, \cdots, \lambda_n, \cdots$ のいずれかであり，連続な値を取ることはない．この事実は，1 次元のスツルム-リウヴィルの固有値問題として，すでに学んだ．しかし，場を閉じ込めている空間領域を無限に大きくしていくと，事情はどのように変わるだろうか？　固有値はほとんど連続的に分布し，場の量 ψ は領域を一様に広がった波になる．この場合，λ の値は自由に決められ，個々の固有関数の性質はそれほど興味を引かない．むしろ散乱体や乱れがあるとき，場の量，例えば波動場や電子の物質波が，どのようにこの無限大の空間内で散乱されたり束縛されたりするかを知ることが重要となる．そのような系の方程式は

$$\Delta\psi+\lambda\psi=v(x, y, z)\psi \tag{12.38}$$

と書かれる．例えば電子の物質波を記述するシュレーディンガー方程式では，$v(x, y, z)$ は散乱体のおよぼすポテンシャルエネルギーに比例する．(12.38) 式はまた屈折率がゆっくりと変化する媒質中を伝播する輻射場の方程式である．

本章では方程式 (12.38) に従う系の性質を調べるが，はじめに注意しておくことは，$v(x, y, z)$ がある有界な領域だけにあるとき，ψ の性質が λ の正負によって，大きく異なることである．すなわち，λ が正のとき，ψ は無限に広がった空間で伝播する波として振る舞い，λ が負のときには，ψ が空間のある領域だけに局在してしまうことである．これは $v(x, y, z)$ が存在しないところで，1 つの方向 x に注目すると

$$\frac{d^2\psi}{dx^2}=-\lambda\psi \tag{12.39}$$

であって

$$\psi\sim\begin{cases}\exp(i\sqrt{\lambda}\,x) & (\lambda>0)\\ \exp(-\sqrt{-\lambda}\,x) & (\lambda<0)\end{cases} \tag{12.40}$$

となることからも理解できる．λ が負の場合には，波動場 ψ は空間のある領域に局在してしまい，特別な λ の値に対してのみ ψ の存在が許されることになる．この λ の値が系の固有値である．そしてこのとき，ψ の振る舞いは壁によって有界領域に閉じ込められた系の場合と本質的に変わらない．

まず，(12.38) 式の右辺を任意の関数に置き換えた非同次ヘルムホルツ方程式

$$\Delta\psi+\lambda\psi=-f \tag{12.41}$$

を解くことからはじめよう．特にこのヘルムホルツ方程式系のグリーン関数をま

ず求める．この問題は $\lambda=0$ の特別な場合には，これまで述べてきたポアソン方程式の境界値問題になる．一方，$\lambda\propto\omega^2$ とすれば，外場 $f(x, y, z)e^{i\omega t}$ による強制振動を受けた場の量を決定する問題でもある．はじめにこれからの議論に便利なように，この系のグリーン関数を抽象的な線形演算子と見なして解析的な考察を行ってみる．線形演算子

$$\Lambda=\Delta+\lambda \tag{12.42}$$

を導入すれば，(12.41) 式は

$$\Lambda\phi=-f \tag{12.43}$$

である．f がデルタ関数であるときの (12.43) 式の解をグリーン関数 G とすれば，これを積分核とする積分変換の演算子は，形式的に

$$G=-\Lambda^{-1} \tag{12.44}$$

と書けることを示そう．演算子は一般に関数を積分変換するときの積分核として与えられることに注意して，上の演算子を (12.43) 式の両辺に演算すれば，

$$\phi=-\Lambda^{-1}f=Gf=\iiint G(\boldsymbol{x}, \boldsymbol{x}_0')f(\boldsymbol{x}_0')d\boldsymbol{x}_0' \tag{12.45}$$

と表される．すると $f(\boldsymbol{x}_0')=\delta(\boldsymbol{x}_0'-\boldsymbol{x}_0)$ に対応する解は，$\phi(\boldsymbol{x})=G(\boldsymbol{x}, \boldsymbol{x}_0)$ となるので，(12.44) 式が正しかつたことがわかる．λ が負の場合には無限遠方でグリーン関数の値が 0 に減衰するという条件，λ が正の場合には無限遠方でグリーン関数が外向き波に対応するという条件を課すことにしよう．結論を先に述べると，この条件でグリーン関数を求めた結果は，各次元について表 12.1 のようになる．$\lambda=0$ の極限，あるいは点 P, Q の距離 $r=|\boldsymbol{x}-\boldsymbol{x}_0|$ が小さいときには，ポアソン方程式のグリーン関数とヘルムホルツ方程式のグリーン関数とは特異項が

表 12.1 $\Delta\phi+\lambda\phi=-f$ のグリーン関数 $G(x, \xi)$

	$\lambda=0$ (ポアソン)	$\lambda=k^2$ (ヘルムホルツ)	$\lambda=-k^2$ (ヘルムホルツ)
1 次元系		$\frac{1}{2k}\exp(ik\lvert x-\xi\rvert)$	$\frac{1}{2k}\exp(-k\lvert x-\xi\rvert)$
2 次元系	$-\frac{1}{2\pi}\log r$	$\frac{i}{4}H_0^{(1)}(kr)$	$\frac{1}{2\pi}K_0(kr)$
3 次元系	$\frac{1}{4\pi}\frac{1}{r}$	$\frac{\exp(ikr)}{4\pi r}$	$\frac{\exp(-kr)}{4\pi r}$

注：$r=|x-\xi|$ とする．$H_0^{(1)}(z)$ は第 1 種ハンケル (Hankel) 関数，また

$$K_0(z)=\left\{\frac{\partial I_{-\nu}(z)}{\partial_\nu}-\frac{\partial I_\nu(z)}{\partial_\nu}\right\}\bigg|_{\nu=0} \qquad (I_\nu(z)=e^{-\nu\pi i/2}J_\nu(iz))$$

は第 2 種変形ベッセル関数である．

一致することを注意しよう．表 12.1 の内容を 1 次元，2 次元の場合に確かめることは，読者に試みていただくことにして (演習問題 12.5)，以下では 3 次元系についてのグリーン関数を求める．

グリーン関数の満たすべき方程式は

$$(\Delta+\lambda)G(\boldsymbol{x}, \boldsymbol{x}_0)=-\delta(\boldsymbol{x}-\boldsymbol{x}_0) \tag{12.46}$$

であるが，第 9 章で述べたフーリエ変換の方法でこれを解く．このため

$$G(\boldsymbol{x}, \boldsymbol{x}_0)=\iiint C(\boldsymbol{k}\,;\,\boldsymbol{x}_0)\exp(i\boldsymbol{k}\boldsymbol{x})d\boldsymbol{k} \tag{12.47}$$

と表して，これを (12.46) 式に代入すると

$$\begin{aligned}&\iiint(\lambda-\boldsymbol{k}^2)C(\boldsymbol{k}\,;\,\boldsymbol{x}_0)\exp(i\boldsymbol{k}\boldsymbol{x})d\boldsymbol{k}\\&\quad=-\delta(\boldsymbol{x}-\boldsymbol{x}_0)=-\left(\frac{1}{2\pi}\right)^3\iiint\exp\{i\boldsymbol{k}(\boldsymbol{x}-\boldsymbol{x}_0)\}d\boldsymbol{k}\end{aligned} \tag{12.48}$$

ここでは第 9 章で述べたようにデルタ関数 $\delta(\boldsymbol{x}-\boldsymbol{x}_0)$ が

$$\delta(\boldsymbol{x}-\boldsymbol{x}_0)=\frac{1}{(2\pi)^3}\iiint\exp\{i\boldsymbol{k}(\boldsymbol{x}-\boldsymbol{x}_0)\}d\boldsymbol{k} \tag{12.49}$$

と表されることを用いている．(12.48) 式からフーリエ変換 $C(\boldsymbol{k}\,;\,\boldsymbol{x}_0)$ が次のように定まる．

$$C(\boldsymbol{k}\,;\,\boldsymbol{x}_0)=\left(\frac{1}{2\pi}\right)^3\frac{\exp(-i\boldsymbol{k}\boldsymbol{x}_0)}{\boldsymbol{k}^2-\lambda} \tag{12.50}$$

したがって，これから求めるグリーン関数は

$$G(\boldsymbol{x}, \boldsymbol{x}_0)=\left(\frac{1}{2\pi}\right)^3\iiint\frac{\exp\{i\boldsymbol{k}(\boldsymbol{x}-\boldsymbol{x}_0)\}}{\boldsymbol{k}^2-\lambda}d\boldsymbol{k} \tag{12.51}$$

と表される．実際に (12.51) 式における $\boldsymbol{k}$ の積分を実行するには，$r=|\boldsymbol{x}-\boldsymbol{x}_0|$ が大きいときに $G(\boldsymbol{x}, \boldsymbol{x}_0)$ に要請された性質が現れるようにする必要がある．(12.51) 式の $\boldsymbol{k}$ 積分をベクトル $\boldsymbol{k}$ の極座標表示によって行うことにすると，次のようになる．

$$\begin{aligned}G(\boldsymbol{x}, \boldsymbol{x}_0)&=\left(\frac{1}{2\pi}\right)^3\iiint\frac{\exp(ikr\cos\theta)}{k^2-\lambda}k^2\sin\theta dkd\theta d\phi\\&=\frac{1}{4\pi^2ir}\int_{-\infty}^{\infty}\frac{k\exp(ikr)}{k^2-\lambda}dk\end{aligned} \tag{12.52}$$

$\lambda<0$ のとき k の複素平面内で被積分関数の極は $\pm\sqrt{|\lambda|}\,i$ にある．図 12.5 (a) の積分路は上半面での大きな半円弧を加えて，その半径 R を無限大にしたものである．このとき (12.52) 式の積分は極 $i\sqrt{|\lambda|}$ からの留数を求めて，

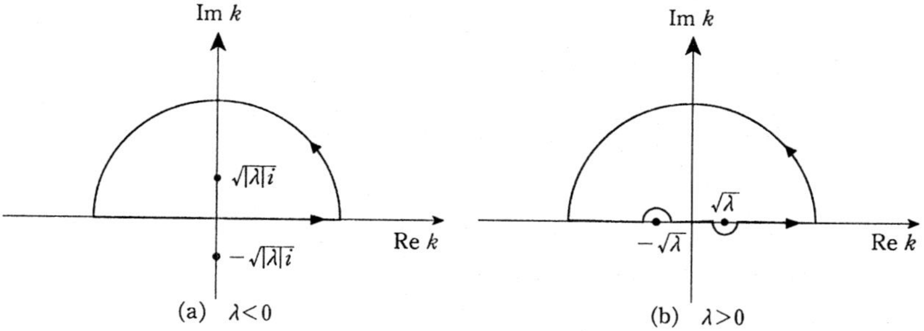

図 12.5 k の積分路

$$G(\boldsymbol{x}, \boldsymbol{x}_0)=\frac{\exp(-\sqrt{|\lambda|}\,r)}{4\pi r} \tag{12.53}$$

になる．$\lambda>0$ のとき極は k の実軸上 $\pm\sqrt{\lambda}$ にある．$G(\boldsymbol{x}, \boldsymbol{x}_0)$ が r の大きいところで外向きの波を表すためには，積分路は図 12.3 (b) のように取る必要がある．すなわち極 $\sqrt{\lambda}$ の近くで小さい半径 ε の円の下側を，極 $-\sqrt{\lambda}$ の近くで同じように小さな円の上側をまわるようにして $\varepsilon\to 0$ の極限を取る．すると

$$G(\boldsymbol{x}, \boldsymbol{x}_0)=\frac{\exp(i\sqrt{\lambda}\,r)}{4\pi r} \tag{12.54}$$

という結果が得られる．これらによって，3 次元系について表 12.1 のグリーン関数が導かれた．

ヘルムホルツ型微分方程式のグリーン関数の 1 つの応用例として，量子力学における散乱問題について述べよう．電子の波動関数を記述するシュレーディンガー方程式は，$V(\boldsymbol{x})$ をポテンシャルとして

$$v(\boldsymbol{x})=\frac{2mV(\boldsymbol{x})}{\hbar^2} \tag{12.55}$$

を用い次のようになる．

$$(\Delta+\lambda)\phi=v(\boldsymbol{x})\phi \tag{12.56}$$

ただし λ は入射平面波の波数の大きさの 2 乗である．

$$\lambda=\frac{2mE}{\hbar^2}=\boldsymbol{k}^2 \tag{12.57}$$

微分方程式 (12.56) の解で外向きに散乱されてゆく波は，上のヘルムホルツ型微分方程式のグリーン関数 $G(\boldsymbol{x}, \boldsymbol{x}_0)$ を使って $\iiint G(\boldsymbol{x}, \boldsymbol{x}')v(\boldsymbol{x}')\phi(\boldsymbol{x}')d\boldsymbol{x}'$ のように構成できる．これに，(12.56) 式に対応する同次方程式の解である入射平面波 $\exp(i\boldsymbol{k}\boldsymbol{x})$ を加えて，(12.56) 式を満たす波動関数を

$$\phi=\exp(i\boldsymbol{kx})-\iiint G(\boldsymbol{x},\boldsymbol{x}')v(\boldsymbol{x}')\phi(\boldsymbol{x}')d\boldsymbol{x}' \tag{12.58}$$

と表すことができる．ただし，入射波の波数ベクトル $\boldsymbol{k}$ と λ の間には，(12.57) 式の関係がある．一般的には (12.58) 式の右辺の第 1 項には，任意の同次方程式の解 (入射波) を選ぶことができる．なぜなら演算子 $(\Delta+\lambda)$ を作用すると 0 になるからである．(12.58) 式で，第 1 項は散乱領域に入ってくる電子の入射波，第 2 項は散乱されて外側に出てゆく波を表している．(12.58) 式は積分方程式であるが，微分方程式 (12.56) に入射波，散乱波の条件を付加した問題と等価になっている．これは，ポテンシャル v が 0 と見なせる漸近領域での ϕ の形を指定することと同じである．

点対称な散乱体による散乱波は，散乱体から十分に遠い領域でどのように振舞うだろうか？　(12.54) 式を用いて (12.58) 式を具体的に書くと，

$$\phi(\boldsymbol{x})=e^{ikx}-\frac{1}{4\pi}\frac{2m}{\hbar^2}\int\frac{e^{ik|\boldsymbol{x}-\boldsymbol{x}'|}}{|\boldsymbol{x}-\boldsymbol{x}'|}V(\boldsymbol{x}')\phi(\boldsymbol{x}')d\boldsymbol{x}' \tag{12.59}$$

であるが，ポテンシャル v に比べて，運動エネルギー $\hbar^2\boldsymbol{k}^2/2m$ が大きいときには，散乱中心から遠いところで，次のように書ける

$$\phi(\boldsymbol{x})\sim e^{ikx}+f(\theta,\phi)\frac{e^{ikr}}{r} \tag{12.60}$$

ただし，r,θ,ϕ は散乱体の位置を原点とする $\boldsymbol{x}$ の極座標 $(r=|\boldsymbol{x}|)$ である．(12.60) 式の $f(\theta,\phi)$ は散乱振幅とよばれ，散乱体から十分遠方では

$$f(\theta,\phi)=-\frac{m}{2\pi\hbar^2}\int e^{i(\boldsymbol{k}-\boldsymbol{k}')\boldsymbol{r}}V(\boldsymbol{r})d\boldsymbol{r} \tag{12.61}$$

のように表すことができる．ただし，$\boldsymbol{k}'$ は大きさが $|\boldsymbol{k}|$ で，$\boldsymbol{x}$ の方向に向かう (散乱) ベクトルである．

演 習 問 題

12.1　半径 R の円周上で 0 となる境界条件を満たす 2 次元ポアソン方程式のグリーン関数は

$$G(\boldsymbol{x},\boldsymbol{y})=\frac{1}{2\pi}\left\{\log\left(\frac{1}{r}\right)-\log\left(\frac{R}{\rho r'}\right)\right\}$$

で与えられ．ただし，$r=|\boldsymbol{x}-\boldsymbol{y}|$, $r'=|\boldsymbol{x}^*-\boldsymbol{y}|$, $\rho=|\boldsymbol{x}|$ であり，$\boldsymbol{x}^*$ はこの円に関する $\boldsymbol{x}$ の鏡像で $|\boldsymbol{x}^*|=R^2/\rho$ を満たす．この円内で調和な関数は極座標表示で

$$\varphi(\rho, \theta)=\frac{1}{2\pi}\int_0^{2\pi}\frac{(R^2-\rho^2)\varphi(R, \phi)}{R^2+\rho^2-2R\rho\cos(\theta-\phi)}d\phi$$

と与えられることを示せ.

12.2 半径 R の球面上で0となる3次元ポアソン方程式のグリーン関数は

$$G(\boldsymbol{x}, \boldsymbol{y})=\frac{1}{4\pi}\left(\frac{1}{r}-\frac{R}{\rho r'}\right)$$

で与えられる. ただし, $r=|\boldsymbol{x}-\boldsymbol{y}|$, $r'=|\boldsymbol{x}^*-\boldsymbol{y}|$, $\rho=|\boldsymbol{x}|$ であり, $\boldsymbol{x}^*$ は $\boldsymbol{x}$ の球に関する鏡像である. 球内の3次元調和関数は, 極座標で

$$\varphi(\rho, \theta, \phi)=\frac{R}{4\pi}\iint\frac{R^2-\rho^2}{r^3}\varphi(R, \Theta, \Phi)\sin\Theta\, d\Theta d\Phi$$

と書けることを示せ.

12.3 図(a)のような接地された中空の金属球容器の内部の点 (a, θ, ϕ) に, 点電荷 e がおかれている. 金属球の半径を R とするとき, 金属球の表面に誘起される電荷分布を求めよ.

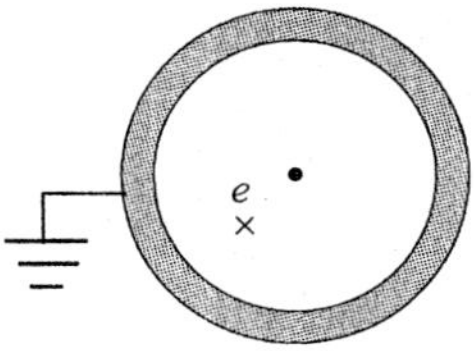

(a)

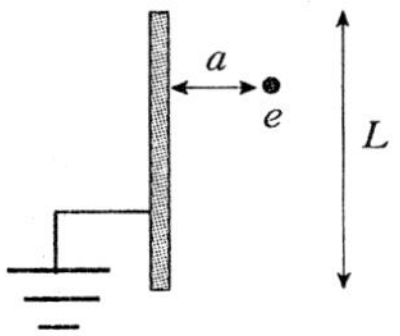

(b)

12.4 図(b)のような接地された金属平板電極の近傍の点 $(a, 0, 0)$ に点電荷 e があるときの電位分布を求めよ. ただし, 平板電極のサイズ L は電荷と表面との距離 a と比べて非常に大きいと仮定せよ.

12.5 2次元のヘルムホルツ型微分方程式

$$\left(\frac{\partial^2}{\partial x^2}+\frac{\partial^2}{\partial y^2}\right)\psi(x, y)+\lambda\psi(x, y)=-f(x, y)$$

の無限大の空間でのグリーン関数を, λ が正の場合と負の場合のそれぞれについて求めよ.

12.6 $|\boldsymbol{r}-\boldsymbol{r}'|\gg$「$v(\boldsymbol{r})$ の広がり」として, (12.59) 式から (12.60) 式を導け.

13

3 次元の場の固有関数展開

第 10 章では，1 次元のスツルム-リウヴィル方程式を解析するために，固有関数展開が有効で，積分方程式の方法を用いて系の統一的な描像が得られることを学んだ．ここでは，3 次元または 2 次元の系へと固有関数展開を拡張し，この立場からポアソン方程式系をはじめとする数理物理学のさまざまな系の性質を眺めよう．

13.1 固有値問題

スツルム-リウヴィル系の基礎方程式 (8.6) に対応する 3 次元系の方程式として，最も簡単な

$$\Delta\varphi = -\lambda\varphi \tag{13.1}$$

を考えよう．与えられた線形の境界条件，例えば

$$\text{(B-1)}:\quad \varphi(\boldsymbol{x})=0, \qquad \boldsymbol{x}\in S \tag{13.2}$$

$$\text{(B-2)}:\quad \frac{\partial\varphi(\boldsymbol{x})}{\partial n}=0, \qquad \boldsymbol{x}\in S \tag{13.3}$$

$$\text{(B-3)}:\quad \varphi(\boldsymbol{x})+\sigma\frac{\partial\varphi(\boldsymbol{x})}{\partial n}=0, \qquad \boldsymbol{x}\in S \tag{13.4}$$

のいずれかを満たす方程式 (13.1) の解 φ を求めることを考える．ここで S は有界な領域 V を囲む閉曲面である．

詳しくは述べないが，このような解は領域が有界ならば，λ がある決まった値を取る場合にしか存在しないことが証明できる．これは 1 次元系のときと同様である．はじめに方程式 (13.1) は，次の変分問題のオイラー方程式となっていることに注意しよう．すなわち

$$L[\varphi]=\iiint_V |\nabla\varphi|^2 d\boldsymbol{x} \tag{13.5}$$

の値を，

$$\iiint_V |\varphi|^2 d\boldsymbol{x} = 1 \tag{13.6}$$

の条件下で最小にする問題である．ここで積分は S で囲まれる領域 V 内で行う．この最小問題は λ をラグランジュの未定係数にとって，汎関数 $M[\varphi]$

$$M[\varphi] = \iiint_V |\nabla\varphi|^2 d\boldsymbol{x} - \lambda\left(\iiint_V |\varphi|^2 d\boldsymbol{x} - 1\right) \tag{13.7}$$

に極値を取らせることによって解くことができる．読者はそのオイラー方程式が(13.1)であることを，容易に確かめられるであろう．また，λ はどれかの極値と対応する．これは，(13.1)式から

$$\lambda = \frac{\iiint |\nabla\varphi|^2 d\boldsymbol{x}}{\iiint |\varphi|^2 d\boldsymbol{x}} \tag{13.8}$$

となることからわかる．

第12章で述べたポアソン方程式のグリーン関数を用いると，基本方程式(13.1)は，次の積分方程式

$$\varphi(\boldsymbol{x}) = \lambda \int G(\boldsymbol{x}, \boldsymbol{y})\varphi(\boldsymbol{y})d\boldsymbol{y} \tag{13.9}$$

に変換することができる．ただし，$G(\boldsymbol{x}, \boldsymbol{y})$ は与えられた境界条件を満たすグリーン関数である．積分方程式の一般的な理論によっても，固有値 λ が特定の値を取るときのみ，(13.9)式の自明でない解 $\varphi(\boldsymbol{x})$ が存在することが確かめられる．

13.2　固有関数の直交性

固有値，λ_m と λ_n のそれぞれに対応する固有関数を φ_m，φ_n とすれば

$$\Delta\varphi_m = -\lambda_m\varphi_m \tag{13.10}$$

$$\Delta\varphi_n^* = -\lambda_n^*\varphi_n^* \tag{13.11}$$

である．(13.10)式の両辺に φ_n^* を乗じた式から，(13.11)式の両辺に φ_m を乗じた式を辺々差し引いて領域内で積分すると

$$\iiint_V (\varphi_n^*\Delta\varphi_m - \varphi_m\Delta\varphi_n^*)d\boldsymbol{x} = (\lambda_n^* - \lambda_m)\iiint_V \varphi_n^*\varphi_m d\boldsymbol{x} = 0 \tag{13.12}$$

が得られる．この式の値が0となることは，左辺がグリーンの公式(5.40)によって

$$\iint_S \varphi_n^* \varphi_m \left(\frac{1}{\varphi_m} \frac{\partial \varphi_m}{\partial n} - \frac{1}{\varphi_n^*} \frac{\partial \varphi_n^*}{\partial n} \right) dS$$

と変形されることから，境界条件((13.2)〜(13.4)式)によって導ける．(13.12)式で $n=m$ とおくと

$$(\lambda_m^* - \lambda_m) \iiint_V |\varphi_m|^2 d\boldsymbol{x} = 0$$

であるので $\lambda_m = \lambda_m^*$，したがってすべての固有値が実数であることが示される．また $\lambda_n \neq \lambda_m$ ならば

$$\iiint_V \varphi_n^* \varphi_m d\boldsymbol{x} = 0 \tag{13.13}$$

であり，異なる固有値に対応する固有関数が内積

$$(\varphi_n, \varphi_m) = \iiint_V \varphi_m^* \varphi_m d\boldsymbol{x}$$

に関して直交することがわかる．

これから後の考察では，固有関数系 $\{\varphi_n\}$ は規格化直交系をなすと仮定しよう．第10章で述べた積分方程式の理論を2次元，3次元系に拡張して考えるとわかるように，この規格化直交系は完全であるが，以下の各節では特別な例についてこれを見ることにしよう．

固有関数系 $\{\varphi_n\}$ について，$\sum_{n=1}^{\infty} \varphi_n(\boldsymbol{x}) \varphi_n^*(\boldsymbol{y})$ が一様収束するなら，この関数は φ_n と同じ境界条件を満たす関数についてデルタ関数と同じ性質をもつので

$$\delta(\boldsymbol{x} - \boldsymbol{y}) = \sum_\lambda \varphi_\lambda^*(\boldsymbol{y}) \varphi_\lambda(\boldsymbol{x}) \tag{13.14}$$

と表すことができる(演習問題13.2)．ただし，和はすべての固有関数について取るものとする．

13.3　矩形領域の場

2次元の問題をまず考え，領域 V として $0 \leq x \leq a$, $0 \leq y \leq b$ で定義される矩形領域を取ってみよう．(13.1)，(13.2)式を満たす解を変数分離の形

$$\varphi(x, y) = f(x) g(y) \tag{13.15}$$

を仮定して求める．このような形の解がすべて求められたなら，一般の解はそれらを基底とした展開形で与えられるからである．(13.15)式を(13.1)式に代入して φ で除すと，

$$\frac{f''(x)}{f(x)}+\frac{g''(y)}{g(y)}+\lambda=0 \tag{13.16}$$

が得られる．$g''(y)/g(y)$ を右辺に移行すると

$$\frac{f''(x)}{f(x)}+\lambda=-\frac{g''(y)}{g(y)} \tag{13.17}$$

であるが，この式の左辺は x のみの関数であり，一方右辺は y だけの関数である．これが恒等的に成立するのは，その値が定数の場合だけなので，これを μ とおく．すると (13.17) 式から

$$g''(y)=-\mu g(y) \tag{13.18}$$

$$f''(x)=-(\lambda-\mu)f(x) \tag{13.19}$$

が得られる．(13.18) 式から

$$g(y)=A\sin(\sqrt{\mu}\,y+\theta) \tag{13.20}$$

でなければならないが，(13.2) 式から与えられる境界条件から $\theta=0$，および

$$\sqrt{\mu}\,b=n\pi \qquad (n=1,2,\cdots) \tag{13.21}$$

が得られる．したがって，

$$\mu=\left(\frac{n\pi}{b}\right)^2 \qquad (n=1,2,\cdots) \tag{13.22}$$

が得られる．同様に

$$f(x)=B\sin(\sqrt{\lambda-\mu}\,x+\phi) \tag{13.23}$$

とおくことができるが，境界条件 (13.2) 式によって $\phi=0$，および

$$\sqrt{\lambda-\mu}\,a=m\pi \qquad (m=1,2,\cdots) \tag{13.24}$$

である．すなわち

$$\lambda-\mu=\left(\frac{m\pi}{a}\right)^2$$

これらのことから，(13.15) 式の形の解は固有値，

$$\lambda_{m,n}=\left(\frac{m\pi}{a}\right)^2+\left(\frac{n\pi}{b}\right)^2 \qquad (m=1,2,\cdots,\quad n=1,2,\cdots) \tag{13.25}$$

に対応する固有関数で

$$\phi_{m,n}(x,y)=\frac{2}{\sqrt{ab}}\sin\left(\frac{m\pi x}{a}\right)\sin\left(\frac{n\pi y}{b}\right) \tag{13.26}$$

となることがわかる．ここで係数 $2/\sqrt{ab}$ は規格化条件から決定されたものである．

(13.25)，(13.26) 式において，m, n をすべての自然数について取ったものは，

この系の固有関数をすべて尽くしており，したがって(13.14)式の関係

$$\sum_{m=1}^{\infty}\sum_{n=1}^{\infty}\phi_{m,n}^{*}(\xi,\eta)\phi_{m,n}(x,y)=\delta(x-\xi)\delta(y-\eta) \tag{13.27}$$

が成立する．

13.4　軸対称な場

前節における例が示すように，固有値問題 $\Delta\phi+\lambda\phi=0$ は，領域の対称性がよい場合には，それに対応した座標系を選ぶことによって，変数分離した形で解析的に解くことができる．それぞれの座標成分については，固有の1次元(特異)スツルム-リウヴィル問題が対応し，その固有関数系として，物理数学で重要な特殊関数が導入される．13.3節で扱った問題の領域は矩形で，このとき出現した固有関数系は三角関数系であった．ここでは，軸対称な場の固有関数系がどのようなものであるかについて考察する．

まず，軸対象系での変数分離について述べよう．z 方向については，場の量は不変であるとして，2次元の場合を考える．半径 R の円内 S で

$$\Delta\phi+\lambda\phi=0,\qquad \boldsymbol{x}\in S \tag{13.28}$$

を満たし，円周 C の上で

$$\phi=0,\qquad \boldsymbol{x}\in C \tag{13.29}$$

となる関数を求めよう．すでに述べてきた一般論によれば，このような関数は λ のある固有値に対応する固有関数である．円内の点 $\boldsymbol{x}$ を記述する自然な座標系は2次元の極座標 (r,θ) であり，デカルト(Descartes)座標 (x,y) との関係は

$$x=r\cos\theta \tag{13.30}$$

$$y=r\sin\theta \tag{13.31}$$

で与えられる．

$$dx^2+dy^2=dr^2+r^2d\theta^2 \tag{13.32}$$

となるから，付録Cで議論する直交曲線座標になっている．また2次元の極座標でのラプラシアンが

$$\frac{\partial^2}{\partial x^2}+\frac{\partial^2}{\partial y^2}=\frac{1}{r}\frac{\partial}{\partial r}r\frac{\partial}{\partial r}+\frac{1}{r^2}\frac{\partial}{\partial\theta^2}=\frac{\partial^2}{\partial r^2}+\frac{1}{r}\frac{\partial}{\partial r}+\frac{1}{r^2}\frac{\partial^2}{\partial\theta^2} \tag{13.33}$$

となることも，付録Cでの考察から明らかである(演習問題13.4)．

次に方程式(13.28)の解を変数分離した形

$$\phi(r,\theta)=f(r)g(\theta) \tag{13.34}$$

で求める．(13.34) 式を (13.28) 式に代入し，ϕ/r^2 で割ると

$$\frac{r^2}{f}\left(f''+\frac{1}{r}f'\right)+\lambda r^2=-\frac{g''}{g} \tag{13.35}$$

が得られる．左辺は r だけの，右辺は θ だけの関数なので，これが恒等的に等しいためにはその値が定数以外になることは不可能である．これを m^2 とおくと，

$$g''(\theta)=-m^2g(\theta) \tag{13.36}$$

$$f''(r)+\frac{1}{r}f'(r)+\left(\lambda-\frac{m^2}{r^2}\right)f(r)=0 \tag{13.37}$$

という 2 つの方程式が得られる．

まず角度 θ の関数について考えよう．(13.36) 式を満たす関数は

$$g(\theta)\propto e^{im\theta} \quad \text{または，} \quad e^{-im\theta} \tag{13.38}$$

であるが，$g(0)=g(2\pi)$ となることから m は整数に限られる．

動径 r の方程式 (13.37) において，変数を $x=\sqrt{\lambda}\,r$ に変換すると，

$$x^2f''(x)+xf'(x)+(x^2-m^2)f=0 \tag{13.39}$$

となる．これはベッセルの微分方程式とよばれるもので，原点 $x=0$ が確定特異点になっている．本シリーズ『物理数学 I』で学んだように，この確定特異点の近傍で

$$f(x)=x^p\sum_{n=0}^{\infty}c_nx^n \tag{13.40}$$

と展開することが可能である．これを (13.39) 式に代入して，$x=0$ で発散しない解を求めると，$p=m$ ($m=0,1,2,\cdots$) となり

$$J_m(x)=\sum_{n=0}^{\infty}\frac{(-1)^n(x/2)^{m+2n}}{n!(m+n)!} \tag{13.41}$$

が得られる．これを m 次の (第 1 種) ベッセル関数という．この展開式の収束半径は無限大である．

もとの変数に戻すと，$f(r)=J_m(\sqrt{\lambda}\,r)$ であるから，(13.29) 式の境界条件を満たすためには

$$J_m(\sqrt{\lambda}R)=0 \tag{13.42}$$

であればよい．したがって，m 次のベッセル関数の原点以外の 0 点を $k_{m,n}$ ($n=1,2,\cdots$) とおくと，(13.42) 式から固有値が次のように決まることがわかる．

$$\lambda=\lambda_{m,n}=\frac{k_{m,n}^2}{R^2} \qquad (n=1,2,\cdots) \tag{13.43}$$

これに対応する固有関数は

$$\phi_{m,n}(r,\theta)=\begin{cases} J_m\left(\dfrac{k_{m,n}r}{R}\right)e^{im\theta} \\ J_m\left(\dfrac{k_{m,n}r}{R}\right)e^{-im\theta} \end{cases} \qquad (m=0,1,2,\cdots,\quad n=1,2,\cdots) \tag{13.44}$$

となる．

13.5　ベッセル関数による展開

すでに見てきたように，ベッセル関数によって定まる動径関数

$$f_n(r)=J_m\left(\frac{k_{m,n}r}{R}\right) \tag{13.45}$$

は動径方向の微分方程式(13.37)を満たす．これを

$$\frac{d}{dr}\left(r\frac{df}{dr}\right)-\frac{m^2}{r}f+\lambda rf=0 \tag{13.46}$$

と書き直すとわかるように，動径関数は(13.46)式と境界条件

$$\lim_{r\to+0}f(r)=\text{有界} \tag{13.47}$$

$$f(R)=0 \tag{13.48}$$

で定義される1次元(特異)スツルム-リウヴィル問題(第8章参照)の解である．第8章では固有関数が直交多項式系となる場合を学んだが，ベッセル関数による固有関数は多項式とはならない．第8章における式(8.6)と比較して，$p(x)\Leftrightarrow x(=r)$, $q(x)\Leftrightarrow m^2/x(=m^2/r)$, $\rho(x)\Leftrightarrow x(=r)$ となっていることがわかる．$p(x)$ や $\rho(x)$ が一方の端点で0になるので，純粋なスツルム-リウヴィル系ではなく，特異スツルム-リウヴィル系といわれる．この場合，係数値が0になる端点では，関数が“有界”になるという境界条件に変更されることを除くと，第8章と同様な性質を導くことができる．

例えば固有関数の直交性は，次のように確かめられる．すなわち，微分方程式(13.46)と境界条件(13.47)式，(13.48)式を満たす2つの関数 f と g の固有値をそれぞれ λ, λ' とおき，(13.46)式の両辺に g を乗じた式からこれに $f\to g$, $g\to f$, $\lambda\to\lambda'$ の置き換えを行う式を辺々差し引くと

$$\frac{d}{dr}\{r(gf'-fg')\}+(\lambda-\lambda')rfg=0 \tag{13.49}$$

である．これより

$$(\lambda-\lambda')\int_0^R rf(r)g(r)dr=R(g'(R)f(R)-g(R)f'(R))=0 \tag{13.50}$$

が導かれる．(13.50) 式は，ベッセル関数の性質として，

$$\int_0^R rJ_m\left(\frac{k_{m,n}r}{R}\right)J_m\left(\frac{k_{m,n'}r}{R}\right)dr=\int_0^1 xJ_m(k_{m,n}x)J(k_{m,n'}x)dx=0 \qquad (n\neq n') \tag{13.51}$$

が成立することを示している．$n=n'$ では，上記の左辺は規格化積分とよばれる量であるが，これを求めるには (13.49) 式から一般の $\lambda=k^2$, $\lambda'=l^2$ について得られる関係

$$\int_0^a xJ_m(kx)J_m(lx)dx=\frac{a(lJ_m(ka)J_m'(la)-kJ_m'(ka)J_m(la))}{k^2-l^2} \tag{13.52}$$

を用いる．この式で $l\to k$ の極限を取ると

$$\int_0^a x\{J_m(kx)\}^2dx=\frac{a^2}{2}\left\{J_m'(ka)^2+\left(1-\frac{m^2}{k^2a^2}\right)J_m{}^2(ka)\right\} \tag{13.53}$$

ここで $a\to 1$, $k=k_{m,n}$ とおくと，

$$\int_0^1 x\{J_m(k_{m,n}x)\}^2dx=\frac{1}{2}(J_m'(k_{m,n}))^2=\frac{1}{2}(J_{m+1}(k_{m,n}))^2 \tag{13.54}$$

である*1)．したがって $R=1$ とおいたときのスツルム-リウヴィル系の規格化直交系は

$$f_n(x)=\frac{\sqrt{2}}{J_{m+1}(k_{m,n})}J_m(k_{m,n}x) \qquad (n=1,2,3,\cdots) \tag{13.55}$$

で与えられる．$\{f_n\}_{n=1,2,\cdots}$ を基底関数系に用いることにより，$[0,1]$ での区分的に連続な任意の関数 $\varphi(x)$ は，

$$\varphi(x)=\sum c_nf_n(x)$$

と展開できる．

---

*1)　漸化式

$$J_n'(z)=\frac{nJ_n(z)}{z}-J_{n+1}(z)$$

を用いた．

13.6　点 対 称 な 場

ここでは固有値問題 $\Delta\phi+\lambda\phi=0$ を球内の空間で取り扱う．この問題は，原子をはじめ自然界の多くの系を理論解析する重要な基礎になっている．この問題の発展として，無限大空間での球対称なポテンシャル場における，粒子や波の束縛状態や散乱の記述がある．

13.6.1　球座標での変数分離

点対称な場の自然な座標系は付録Cで述べる球座標 (r, θ, ϕ) である．この座標系でのラプラシアンは (C.20) 式にあるのでこれを用いると，場の量 u を決める方程式は

$$\frac{1}{r^2}\frac{\partial}{\partial r}\left(r^2\frac{\partial u}{\partial r}\right)+\frac{1}{r^2}\Lambda(\theta, \phi)u+\lambda u=0 \tag{13.56}$$

となる．ただし $\Lambda(\theta, \phi)$ は

$$\Lambda(\theta, \phi)u=\frac{1}{\sin\theta}\frac{\partial}{\partial\theta}\left(\sin\theta\frac{\partial u}{\partial\theta}\right)+\frac{1}{\sin^2\theta}\frac{\partial^2 u}{\partial\phi^2} \tag{13.57}$$

で与えられる演算子である．これは，第4章で学んだ L_x, L_y, L_z によって $\Lambda=-L^2=-(L_x{}^2+L_y{}^2+L_z{}^2)$ と表され，量子力学においては全角運動量に比例する $(\boldsymbol{l}^2=-\hbar^2\Lambda)$.

$$u(r, \theta, \phi)=R(r)\,Y(\theta, \phi) \tag{13.58}$$

のように，動径方向と角度方向で変数分離し，方程式 (13.56) の固有関数を求めよう．ただし，境界条件は簡単のために，球面上で0

$$R(a)=0 \tag{13.59}$$

とする．もちろん，球内で u は有界である．(13.56) 式に (13.58) 式を代入し，u/r^2 で除すると，

$$\frac{\{r^2R'(r)\}'}{R(r)}+\lambda r^2=-\frac{1}{Y(\theta, \phi)}\Lambda Y(\theta, \phi) \tag{13.60}$$

となる．左辺は r だけの関数であるが，これが θ, ϕ だけの関数である右辺と等しくなるためには，定数以外にはありえない．この値を $l(l+1)$ と書くと，(13.60) 式から

$$\Lambda Y(\theta, \phi)+l(l+1)\,Y(\theta, \phi)=0 \tag{13.61}$$

$$R''(r)+\frac{2}{r}R'(r)+\left(\lambda-\frac{l(l+1)}{r^2}\right)R(r)=0 \qquad (13.62)$$

となる．$-l(l+1)$ は演算子 Λ の固有値であるが，ここまでの段階ではこれは一般の複素数と仮定されている．

まず角度方向 (θ, ϕ) についての固有値問題 (13.61) 式を解くことからはじめよう．これは第4章では，回転群の既約表現を用いる方法で解いているのであるが，ここではもっと直接的な変数分離の方法を用いる．2つの角度について，さらに変数分離して，

$$Y(\theta, \phi)=\Theta(\theta)\Phi(\phi) \qquad (13.63)$$

として，(13.61) 式に代入する．すると

$$\frac{\sin\theta(\sin\theta\Theta')'}{\Theta}+l(l+1)\sin^2\theta=-\frac{\Phi''}{\Phi} \qquad (13.64)$$

の関係が得られるが，これまでと同じ論法でこの式の値は定数でなければならない．これを m^2 とおくと，ϕ と θ のそれぞれの固有方程式

$$\Phi''(\phi)=-m^2\Phi(\phi) \qquad (13.65)$$

$$\frac{1}{\sin\theta}\{\sin\theta\Theta'(\theta)\}'-\frac{m^2\Theta(\theta)}{\sin^2\theta}=-l(l+1)\Theta(\theta) \qquad (13.66)$$

が得られる．(13.65) 式の解は ϕ について周期 2π の関数であることが要請されるが，このために m は整数で

$$\Phi(\phi)\propto e^{im\phi} \quad \text{または，} \quad e^{-im\phi} \qquad (m=0, 1, 2, \cdots) \qquad (13.67)$$

と決定される．

(13.66) 式は本シリーズ『物理数学 I』で述べられているルジャンドルの微分方程式である．これを解くために $x=\cos\theta$, $\Theta(\theta)=F(\cos\theta)=F(x)$ とおくと，

$$\{(1-x^2)F'\}'+\left(l(l+1)-\frac{m^2}{1-x^2}\right)F=0 \qquad (13.68)$$

となるが，これは第8章で学んだ (特異) スツルム-リウヴィル系の固有値方程式 ($p=1-x^2$, $q=-m^2/(1-x^2)$, $\rho=1$) である．変数の定義域 $[0, 1]$ の両端で $p\to 0$ であるから，境界条件は

$$\lim_{x\to\pm 1}F(x)=\text{有界} \qquad (13.69)$$

である．詳しい導出は『物理数学 I』に譲るが，(13.68) 式の $l=0, 1, 2, \cdots$ に対して，固有関数が存在する．それらは第4章で述べたルジャンドル陪関数

$$P_l^m(x)=(1-x^2)^{|m|/2}\frac{d^{|m|}}{dx^{|m|}}P_l(x) \qquad (13.70)$$

で与えられる．ただし $|m|\leq l$ である．ここで l 次の多項式 $P_l(x)$ は $m=0$ の場合の固有関数で，第 8 章で導入されたルジャンドル多項式である．

以上をまとめると，固有値問題 (13.61) 式の固有値は $-l(l+1)$ $(l=0, 1, 2, \cdots)$ であり，対応する固有関数は規格化定数を除いて以下で与えられる．

$$Y_l^m(\theta, \phi)=e^{im\phi}P_l^{|m|}(\cos\theta) \qquad (m=-l, -l+1, \cdots, l-1, l) \tag{13.71}$$

すなわち，同一の固有値 $-l(l+1)$ に対して，独立な $2l+1$ 個の固有関数が対応している．これらの $2l+1$ 個の縮重した固有関数は，第 4 章で述べたように，空間の回転操作により回転群の $2l+1$ 次元の既約表現にしたがって，互いに変換される．

13.6.2　球面調和関数の性質

はじめにいくつかの重要な概念を定義しておこう．

$$\Delta F(x, y, z)=0 \tag{13.72}$$

を満たす x, y, z に関する n 次同次多項式 F を「n 次の調和多項式」という．例えば 2 次の調和多項式の独立なものは，$xy, yz, zx, x^2-y^2, 2z^2-x^2-y^2$ の 5 つである．さて任意の n 次の調和多項式 $F(x, y, z)$ を球座標で表すと

$$\begin{aligned}&F(r\sin\theta\cos\phi, r\sin\theta\sin\phi, r\cos\theta)\\&\quad=r^n\left(a_0P_n(\cos\theta)+\sum_{m=1}^{n}(a_m\cos m\phi+b_m\sin m\phi)P_n^m(\cos\theta)\right)\end{aligned} \tag{13.73}$$

となり，この表現は 1 通りしかないことが証明できる．なぜなら

$$\begin{aligned}r^nP_n(\cos\theta)&=c_nr^n\cos^n\theta+c_{n-2}r^{n-2}\cos^{n-2}\theta(x^2+y^2+z^2)+\cdots\\&=c_nz^n+c_{n-2}z^{n-2}r^2+\cdots\end{aligned} \tag{13.74}$$

$$\begin{aligned}&r^n(\cos m\phi+i\sin m\phi)P_n^m(\cos\theta)\\&\quad=r^m(\cos\phi+i\sin\phi)^m\sin^m\theta r^{n-m}(d_{n-m}\cos^{n-m}\theta+d_{n-m-2}\cos^{n-m-2}\theta+\cdots)\\&\quad=(x+iy)^m(d_{n-m}z^{n-m}+d_{n-m-2}z^{n-m-2}r^2+\cdots)\end{aligned} \tag{13.75}$$

であるから，(13.73) 式の右辺はすべて n 次同次多項式である．またこの右辺の各項 $r^nY(\theta, \phi)$ にラプラシアンを演算すると

$$\begin{aligned}\Delta r^nY(\theta, \phi)&=\left(\frac{1}{r^2}\frac{\partial}{\partial r}r^2\frac{\partial}{\partial r}+\frac{1}{r^2}\Lambda(\theta, \phi)\right)r^nY(\theta, \phi)\\&=n(n+1)r^{n-2}Y(\theta, \phi)+\frac{1}{r^2}\{-n(n+1)\}r^nY(\theta, \phi)=0\end{aligned} \tag{13.76}$$

であるから，これらはすべて調和多項式である．さらに異なる項は球面積分による内積に関して直交することは $m\neq m'$ のとき

$$\iint \cos m\phi P_n{}^m(\cos\theta)\cos m'\phi P_n{}^{m'}(\cos\theta)\sin\theta\, d\phi d\theta=0 \tag{13.77}$$

などから明らかである．(13.73) 式の右辺に含まれる項数は $2n+1$ 個であるが，独立な n 次調和関数は全部で $2n+1$ 個しかない．なぜなら x, y, z からなる n 次多項式の総数は $(n+1)(n+2)/2$ 個であるが，これらの1次結合にラプラシアンを演算したときの項の数，したがってこれらを0とおく方程式(調和であるための条件式)の数は $n(n-1)/2$ 個であり，この2つの差 $(n+1)(n+2)/2-n(n-1)/2=2n+1$ が独立な調和多項式の数だからである．

以上の考察から (13.73) 式の右辺の各項は独立で n 次の調和多項式をすべて尽くしていること，したがって任意の調和多項式をただ1通りの方法で右辺により展開できることが示された．一般に

$$\Lambda(\theta, \phi)S_n(\theta, \phi)+n(n+1)S_n(\theta, \phi)=0 \tag{13.78}$$

を満たす関数 $S_n(\theta, \phi)$ は，n 次の調和多項式が単位球面の上で取る値を表現する．これを n 次の球面調和関数というが，すべて $Y_n{}^m(\theta, \phi)=e^{im\phi}P_n{}^{|m|}(\cos\theta)$ $(m=0, \pm1, \pm2, \cdots, \pm n)$ の線形結合で一義的に記述できるのである．また，この n 次の球面調和関数の張る線形空間は $2n+1$ 次元であり，これらの関数は球面の回転によって1次変換を受けるが，それらは回転群の $2n+1$ 次元既約表現にしたがって変換される．

任意の n 次の球面調和関数 $S_n(\theta, \phi)$ が与えられたとき，$e^{im\phi}P_n{}^{|m|}(\cos\theta)$ $(n=0, \pm1, \pm2, \cdots, \pm n)$ による展開

$$S_n(\theta, \phi)=a_0P_n(\cos\theta)+\sum_{m=1}^{n}(a_m\cos m\phi+b_m\sin m\phi)P_n{}^{|m|}(\cos\theta) \tag{13.79}$$

の係数 $\{a_m\}$, $\{b_m\}$ を決定するには

$$a_0=\frac{2n+1}{4\pi}\iint S_n(\theta, \phi)P_n(\cos\theta)dS \tag{13.80}$$

$$\begin{pmatrix} a_m \\ b_m \end{pmatrix}=\frac{2n+1}{2\pi}\frac{(n-m)!}{(n+m)!}\iint S_n(\theta, \phi)\begin{pmatrix} \cos m\phi \\ \sin m\phi \end{pmatrix}P_n{}^{|m|}(\cos\theta)dS \tag{13.81}$$

を用いればよい．ただし $\iint\cdots dS=\iint\cdots\sin\theta\, d\phi d\theta$ は単位球面上の積分である．球面調和関数は，『物理数学 I 』で述べた球面上の積分について規格化された形

$$Y_l{}^m(\theta, \phi)=(-1)^{(m+|m|)/2}\sqrt{\frac{(2l+1)(l-|m|)!}{4\pi(l+|m|)!}}e^{im\phi}P_l{}^{|m|}(z) \tag{13.82}$$

がよく用いられる．

13.6.3　球ベッセル関数

ここでは動径方向の方程式を議論しよう．方程式(13.62)において，

$$x=\sqrt{\lambda}\,r \tag{13.83}$$

$$R(\sqrt{\lambda}\,r)=\frac{w(x)}{\sqrt{x}} \tag{13.84}$$

とおくと，$w(x)$についての次の微分方程式が得られる．

$$\frac{d^2w}{dx^2}+\frac{1}{x}\frac{dw}{dx}+\left(1-\frac{(l+1/2)^2}{x^2}\right)w=0 \tag{13.85}$$

(13.39)式と比較するとわかるように，これは$l+1/2$次のベッセル関数が満たす微分方程式であり，結局，動径関数は球ベッセル関数

$$j_l(x)=\sqrt{\frac{\pi}{2x}}J_{l+1/2}(x) \tag{13.86}$$

によって，以下のように与えられる．

$$R(r)=j_l(\sqrt{\lambda}\,r) \tag{13.87}$$

球ベッセル関数についての説明は『物理数学 I』を参照していただきたい．結局，系の固有値は(13.59)の境界条件を用いて$j_l(\sqrt{\lambda}\,a)=0$から決定される．すなわち，$Z_{l,m}$ $(n=1, 2, \cdots)$をj_lの零点として

$$\lambda_{l,n}=\left(\frac{Z_{l,n}}{a}\right)^2 \qquad (n=1, 2, \cdots) \tag{13.88}$$

と決定される．このとき，(13.56)式を満たす固有関数はC_lを適当な規格化定数として

$$u(r, \theta, \phi)=C_l j_l\left(\frac{Z_{l,n}r}{a}\right)Y_{lm}(\theta, \phi) \tag{13.89}$$

で与えられる．

演習問題

13.1　有界な3次元領域Vの表面では与えられた値を取り，内部で$\iiint_V|\varphi|^2d\boldsymbol{x}=1$を満たし，$\iiint_V|\nabla\varphi|^2d\boldsymbol{x}$を最小にする関数は，固有値方程式

$$\Delta\varphi=-\lambda\varphi$$

を満たすことを示せ．また，λは

$$\lambda=\frac{\iiint_V |\nabla \varphi|^2 d\boldsymbol{x}}{\iiint_V |\varphi|^2 d\boldsymbol{x}}$$

と与えられることを示せ．

13.2　$\phi_{m,n}(x, y)=\dfrac{2}{\sqrt{ab}}\sin\dfrac{m\pi x}{a}\sin\dfrac{n\pi y}{b}$

とおくとき

$$\sum_{m=1}^{\infty}\sum_{n=1}^{\infty}\phi^*_{m,n}(\xi, \eta)\phi_{m,n}(x, y)=\delta(x-\xi)\delta(y-\eta)$$

であることを示せ．

13.3　2次元のラプラシアン

$$\frac{\partial^2}{\partial x^2}+\frac{\partial^2}{\partial y^2}$$

を，2次元の極座標(r, θ)によって表せ．

13.4　ベッセル関数系

$$f_n(x)=\frac{\sqrt{2}}{J_{m+1}(k_{m,n})}J_m(k_{m,n}x) \qquad (n=1, 2, \cdots)$$

によって，区間$(0, 1)$での関数$\varphi(x)$が

$$\varphi(x)=\sum_{n\subset 1}^{\infty}c_n f_n(x)$$

と展開できる．このとき，c_nを求めよ．

13.5　3次の調和多項式をすべて求めよ．

13.6　円形と枠に張られた膜の振動は，膜の変位をϕとして，振動方程式

$$\left(\frac{\partial^2}{\partial x^2}+\frac{\partial^2}{\partial y^2}\right)\phi-\frac{1}{c^2}\frac{\partial^2}{\partial t^2}\phi=0 \qquad (\phi(x, y)=0\ (\text{枠の上で}))$$

を満たす．太鼓の基準振動の中，振動数の低いものはどのようなϕの節線が現れるか考察せよ．

付録A：シュミットの直交化法

互いに独立な N 次元空間のベクトル $\boldsymbol{a}_1, \boldsymbol{a}_2, \cdots, \boldsymbol{a}_N$ から，正規直交基底系 $\boldsymbol{e}_1, \boldsymbol{e}_2, \cdots, \boldsymbol{e}_N$ を生成する以下の方法をシュミットの直交化法という．

まず，$\boldsymbol{a}_1, \boldsymbol{a}_2, \cdots, \boldsymbol{a}_N$ は独立なため，$\|\boldsymbol{a}_1\| \neq 0$ であるので

$$\boldsymbol{e}_1 = \frac{\boldsymbol{a}_1}{\|\boldsymbol{a}_1\|} \tag{A.1}$$

とする．$\|\boldsymbol{e}_1\| = 1$ なので，これを1番目の基底ベクトルに取る．次に，$\boldsymbol{a}_2$ の中から $\boldsymbol{e}_1$ に平行な成分を除去した $\boldsymbol{a}_2'$ を次式によって作る．

$$\boldsymbol{a}_2' = \boldsymbol{a}_2 - (\boldsymbol{a}_2, \boldsymbol{e}_1)\boldsymbol{e}_1 \tag{A.2}$$

ただし，$(\boldsymbol{a}, \boldsymbol{b})$ は $\boldsymbol{a}$ と $\boldsymbol{b}$ との内積 $\boldsymbol{a} \cdot \boldsymbol{b}$ を表す．$\boldsymbol{a}_2'$ は $\|\boldsymbol{a}_2'\| \neq 0$ かつ $\boldsymbol{e}_1$ と直交しているので

$$\boldsymbol{e}_2 = \frac{\boldsymbol{a}_2'}{\|\boldsymbol{a}_2'\|} \tag{A.3}$$

を $\boldsymbol{e}_1$ と直交した第2番目の基底ベクトルにとる．同じようにして，第 n 番目の基底ベクトルまで定まったとき，次の第 $(n+1)$ 番目の基底ベクトルを作るには，次のようにすればよい．

第1段目は，残っているベクトル $\boldsymbol{a}_{n+1}$ からすべての $\boldsymbol{e}_1, \cdots, \boldsymbol{e}_n$ の成分を除去し，これらの基底ベクトルを直交させる．

$$\boldsymbol{a}'_{n+1} = \boldsymbol{a}_{n+1} - \sum_{i=1}^{n} (\boldsymbol{a}_{n+1}, \boldsymbol{e}_i)\boldsymbol{e}_i \tag{A.4}$$

このベクトルが $\boldsymbol{e}_1, \cdots, \boldsymbol{e}_n$ のすべてに直交することは，容易に確かめられる．また $\|\boldsymbol{a}'_{n+1}\| \neq 0$ であることは，もし，そうでなければ $\boldsymbol{a}_{n+1}$ は $\boldsymbol{a}_1, \boldsymbol{a}_2, \cdots, \boldsymbol{a}_N$ の1次結合で書かれ，互いに独立という性質と矛盾することからわかる．したがって，

$$\boldsymbol{e}_{n+1} = \frac{\boldsymbol{a}'_{n+1}}{\|\boldsymbol{a}'_{n+1}\|} \tag{A.5}$$

を定義すると，このベクトルの大きさは1で $\boldsymbol{e}_1, \cdots, \boldsymbol{e}_n$ のすべてと直交することから，第 $(n+1)$ 番目の基底ベクトルである．こうしてこの操作を N 回行うことで，この線形空間の1つの正規直交基底 $\boldsymbol{e}_1, \cdots, \boldsymbol{e}_N$ が求められる．

付録 B：ラグランジュの未定乗数法

N 個の変数 $x_1, x_2, \cdots, x_N$ の関数 $F(x_1, x_2, \cdots, x_N)$ の極値を m 個の束縛条件 $f_j(x_1, \cdots, x_N)=0$ $(j=1, 2, \cdots, m)$ のもとで求める問題を考えよう．ラグランジュの未定乗数法とは，この問題を次のように解く方法である．未定乗数 $\lambda_1, \cdots, \lambda_m$ を導入して，新しい関数

$$F_L(x_1, \cdots, x_N\,;\,\lambda_1, \cdots, \lambda_m)=F(x_1, \cdots, x_N)-\sum_{j=1}^{m}\lambda_j f_j(x_1, \cdots, x_N) \tag{B.1}$$

を定義すると，$(N+m)$ 個の変数 $x_1, \cdots, x_N\,;\,\lambda_1, \cdots, \lambda_m$ の関数としての F_L の極値は，F の束縛条件のもとでの極値と一致し，それを与える $x_1, \cdots, x_N$ の値も同じとなる．すなわち，$x_1, \cdots, x_N\,;\,\lambda_1, \cdots, \lambda_m$ の $(N+m)$ 個の変数を決める方程式は $\partial F_L/\partial x_i=0$ $(i=1, \cdots, N)$, $\partial F_L/\partial\lambda_j=0$ $(j=1, \cdots, m)$ であるが，それらは

$$\frac{\partial F}{\partial x_i}-\sum_{j=1}^{m}\lambda_j\frac{\partial f_j}{\partial x_i}=0 \qquad (i=1, \cdots, N) \tag{B.2}$$

$$f_j=0 \qquad (j=1, \cdots, m) \tag{B.3}$$

の条件式から決定される．

この事実を証明するために，(B. 3) の方程式から m 個の変数 $\xi_1=x_{N-m+1}$, $\xi_2=x_{N-m+2}, \cdots, \xi_m=x_N$ を，残りの $(N-m)$ 個の独立変数である $x_1, x_2, \cdots, x_{N-m}$ の関数として決定しよう．すなわち，関数

$$\left.\begin{aligned}\xi_1&=\xi_1\ (x_1, \cdots, x_{N-m})\\ \xi_2&=\xi_2\ (x_1, \cdots, x_{N-m})\\ \xi_m&=\xi_m(x_1, \cdots, x_{N-m})\end{aligned}\right\} \tag{B.4}$$

が定まる．

我々が求めたいのは F の極値であるので，これを $F(x_1, \cdots, x_{N-m}, \xi_1(x_1, \cdots, x_{N-m}), \cdots, \xi_m(x_1, \cdots, x_{N-m}))$ とおこう．この式の $N-m$ 個の変数 $x_1, \cdots, x_{N-m}$ は完全に独立と考えてよいので，極値を決める条件式は

$$\frac{\partial F}{\partial x_i}+\sum_{\mu=1}^{m}\frac{\partial F}{\partial\xi_\mu}\frac{\partial\xi_\mu}{\partial x_i}=0 \qquad (i=1, \cdots, N-m) \tag{B.5}$$

である．一方，(B. 3) 式から $x_1, \cdots, x_{N-m}$ に関する次の恒等式が得られる．

$$\frac{\partial f_j}{\partial x_i}+\sum_{\mu=1}^{m}\frac{\partial f_j}{\partial \xi_\mu}\frac{\partial \xi_\mu}{\partial x_i}=0 \qquad (j=1, \cdots, m, \quad i=1, \cdots, N-m) \tag{B. 6}$$

(B. 6) 式の f_j についての式に λ_j を乗じたものを，すべて (B. 5) 式から引き去ると，

$$\frac{\partial(F-\sum_{j=1}^{m}\lambda_j f_j)}{\partial x_i}+\sum_{\mu=1}^{m}\frac{\partial(F-\sum_{j=1}^{m}\lambda_j f_j)}{\partial \xi_\mu}\frac{\partial \xi_\mu}{\partial x_i}=0 \qquad (i=1, \cdots, N-m) \tag{B. 7}$$

が得られる．この式は任意の $\lambda_1, \cdots, \lambda_m$ について成立するが，それらの値を

$$\frac{\partial(F-\sum_{j=1}^{m}\lambda_j f_j)}{\partial \xi_\mu}=0 \quad \text{すなわち} \quad \frac{\partial F}{\partial \xi_\mu}-\sum_{j=1}^{m}\lambda_j\frac{\partial f_j}{\partial \xi_\mu}=0 \quad (\mu=1, \cdots, m) \tag{B. 8}$$

となるように決定できる．すると，(B. 7) 式は

$$\frac{\partial F}{\partial x_i}-\sum_{j=1}^{m}\lambda_j\frac{\partial f_j}{\partial x_i}=0 \qquad (i=1, \cdots, N-m) \tag{B. 9}$$

となり，$\xi_\mu=x_{N-m+\mu}$ であることを思い出せば，結局 (B. 8)，(B. 9) 式は，(B. 2) 式に他ならない．上記はラグランジュの未定乗数法の根拠を与える証明である．$\lambda_i\ (j=1, 2, \cdots, m)$ はラグランジュの未定乗数とよばれる．

上では，束縛条件を課された変数 $x_1, \cdots, x_N$ の関数について，ラグランジュの未定乗数法を述べたのであるが，同様の方法は束縛条件を課された関数 $\phi_1, \cdots, \phi_N$ の汎関数についても適用することができる．これについては，変分法に関する第 6 章において述べられている．

付録C：直交曲線座標

物理学における方程式の解を求めるとき，デカルト座標系(x, y, z)の代わりに系の対称性に適合した別の座標系を用いることが便利であることが多い．例えば点対称の空間では図C.1の点P(x, y, z)を表すのに動径の$\overline{\mathrm{OP}}$の長さr，ベクトル$\overrightarrow{\mathrm{OP}}$が$z$軸となす角度$\theta$，$\overrightarrow{\mathrm{OP}}$と$z$軸のなす面が$x, y$面を切る直線OSの$x$軸となす角度$\phi$の3つの量が用いられる．

(r, θ, ϕ)を極座標という．極座標でデカルト座標x, y, zを表すと，

$$\left.\begin{aligned} x&=r\sin\theta\cos\phi \\ y&=r\sin\theta\sin\phi \\ z&=r\cos\theta \end{aligned}\right\} \tag{C.1}$$

となる．この例でもわかるように，3次元空間の点(x, y, z)は3つの独立なパラメータによって

$$\left.\begin{aligned} x&=x(u_1, u_2, u_3) \\ y&=y(u_1, u_2, u_3) \\ z&=z(u_1, u_2, u_3) \end{aligned}\right\} \tag{C.2}$$

のように表すことができる．パラメータ空間の点(u_1, u_2, u_3)と座標点(x, y, z)が1：1に対応していると仮定しよう．このときu_1, u_2, u_3の値は点(x, y, z)のデカルト座標に

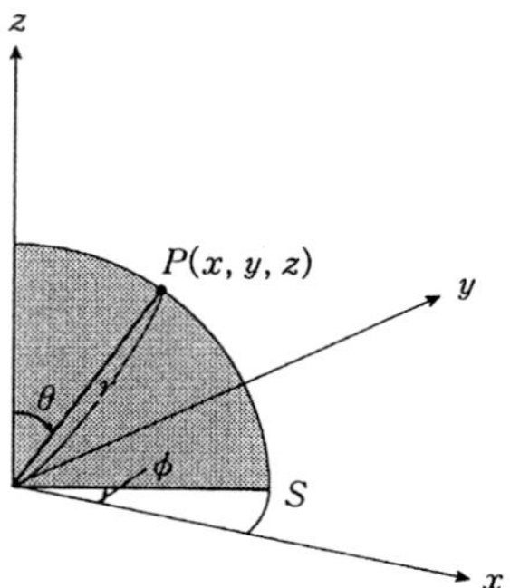

図C.1　デカルト座標(x, y, z)と極座標(r, θ, ϕ)

よって，以下のようにただ1通りに定まる．

$$\left.\begin{array}{l} u_1=f_1(x, y, z) \\ u_2=f_2(x, y, z) \\ u_3=f_3(x, y, z) \end{array}\right\} \qquad \text{(C. 3)}$$

このような (u_1, u_2, u_3) は曲線座標系とよばれる．

さて(C. 2)式において u_2, u_3 を一定値に固定し，u_1 だけを変化させると3次元空間内に1つの曲線が描ける．これを u_1-曲線とよぼう．u_2-曲線，u_3-曲線も同じような方法で定義できる．次に u_1 の値を一定に保ち，u_2, u_3 の値をそれぞれ独立に変化させると，3次元空間内に1つの曲面が定まる．これを (u_2, u_3)-曲面とよぼう．同様の方法で (u_3, u_1)-曲面，(u_1, u_2)-曲面が定まる．u_1-曲線が (u_2, u_3)-曲面と，u_2-曲線が (u_3, u_1)-曲面と，u_3-曲線が (u_1, u_2)-曲面とそれぞれ互いに直交するとき，(u_1, u_2, u_3) 座標系は直交曲線座標系とよばれる．

点Pの座標を

$$\boldsymbol{x}=(x(u_1, u_2, u_3),\ y(u_1, u_2, u_3),\ z(u_1, u_2, u_3))$$

とするとき，u_1, u_2, u_3 の値をそれぞれ，微少量 $\Delta u_1, \Delta u_2, \Delta u_3$ だけ変化したとき，対応する点が P_1；$\boldsymbol{x}+\Delta_1\boldsymbol{x}$，$P_2$；$\boldsymbol{x}+\Delta_2\boldsymbol{x}$，$P_3$；$\boldsymbol{x}+\Delta_3\boldsymbol{x}$ となったとしよう．変化量の1次の近似で

$$\Delta_i\boldsymbol{x}=\left(\frac{\partial x}{\partial u_i}, \frac{\partial y}{\partial u_i}, \frac{\partial z}{\partial u_i}\right)\Delta u_i \qquad (i=1, 2, 3) \qquad \text{(C. 4)}$$

で与えられる．上記は点Pを通る u_i-曲線の接線ベクトルに平行だから，それらが互いに直行するためには，

$$\Delta_i\boldsymbol{x}\cdot\Delta_j\boldsymbol{x}=0 \qquad \text{(C. 5)}$$

$$\frac{\partial x}{\partial u_i}\frac{\partial x}{\partial u_j}+\frac{\partial y}{\partial u_i}\frac{\partial y}{\partial u_j}+\frac{\partial z}{\partial u_i}\frac{\partial z}{\partial u_j}=0 \qquad (i\neq j) \qquad \text{(C. 6)}$$

でなければならない．これが直交曲線座標系となるための必要十分条件である．

問題 C. 1　(C. 1)式で与えられる極座標が直交曲線座標系であることを示せ．r-曲線，θ-曲線，ϕ-曲線はどのようなものとなるか？

これ以降の議論はすべて直交曲線座標系を仮定する．図C. 2に示す微少な直方体において，Pと中心をはさんで向かいあった頂点をQとするとき，$\overline{\mathrm{PQ}}$ の長さ Δs の2乗は

$$(\Delta s)^2=\Delta_1\boldsymbol{x}^2+\Delta_2\boldsymbol{x}^2+\Delta_3\boldsymbol{x}^2=h_1^2(\Delta u_1)^2+h_2^2(\Delta u_2)^2+h_3^2(\Delta u_3)^2 \qquad \text{(C. 7)}$$

で与えられる．ただし

$$h_i^2=\left(\frac{\partial x}{\partial u_i}\right)^2+\left(\frac{\partial y}{\partial u_i}\right)^2+\left(\frac{\partial z}{\partial u_i}\right)^2 \qquad \text{(C. 8)}$$

である．h_i は $\overline{\mathrm{PP}_i}$ の長さ Δs_i と $\Delta s_i=h_i\Delta u_i$，$ds_i/du_i=h_i$ のように関係していて，ス

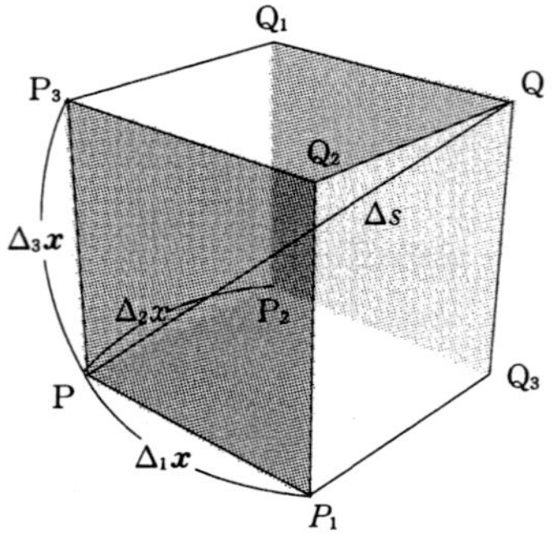

図 C. 2 微小な直方体

ケールファクターとよばれる．$h_i\ (i=1, 2, 3)$ は直交曲線座標系で勾配，発散，回転などの演算を行うとき，基本的に重要な役割を果たす．例えば，ベクトル場 $\phi(\boldsymbol{x})$ の勾配は，$\Delta_i\boldsymbol{x}$ 方向への単位ベクトルを $\boldsymbol{e}_i$ とおくと

$$
\begin{aligned}
\operatorname{grad}\phi(\boldsymbol{x}) &= \sum_{i=1}^{3}\frac{\phi(\boldsymbol{x}+\Delta\boldsymbol{x}_i)-\phi(\boldsymbol{x})}{|\Delta\boldsymbol{x}_i|}\boldsymbol{e}_i \\
&= \frac{\phi(u_1+\Delta u_1, u_2, u_3)-\phi(u_1, u_2, u_3)}{h_1\Delta u_1}\boldsymbol{e}_1+\frac{\phi(u_1, u_2+\Delta u_2, u_3)-\phi(u_1, u_2, u_3)}{h_2\Delta u_2}\boldsymbol{e}_2 \\
&\quad +\frac{\phi(u_1, u_2, u_3+\Delta u_3)-\phi(u_1, u_2, u_3)}{h_3\Delta u_3}\boldsymbol{e}_3 \\
&= \sum_{i=1}^{3}\frac{1}{h_i}\frac{\partial\phi}{\partial u_i}\boldsymbol{e}_i
\end{aligned}
\tag{C. 9}
$$

と表せる．ただし，$\phi(x(u_1, u_2, u_3), y(u_1, u_2, u_3), z(u_1, u_2, u_3))$ を $\phi(u_1, u_2, u_3)$ と略記した．

ベクトル場の発散を求めるには，図 C. 2 の微少直方体の各面から流れ出すフラックスの量を計算して，その体積で割ればよい．流れのベクトル $\boldsymbol{v}$ を直方体の各陵に平行な単位ベクトル $\boldsymbol{e}_i\ (i=1, 2, 3)$ に分解して

$$
\boldsymbol{v}=v_1\boldsymbol{e}_1+v_2\boldsymbol{e}_2+v_3\boldsymbol{e}_3 \tag{C. 10}
$$

と表そう．第 5 章と同様に考察して，$\boldsymbol{e}_1$ に垂直な 2 つの面，$PP_2Q_1P_3$, $P_1Q_3QQ_2$ を通して流出するフラックスは

$$
\begin{aligned}
&-v_1(u_1, u_2, u_3)h_2(u_1, u_2, u_3)\Delta u_2 h_3(u_1, u_2, u_3)\Delta u_3 \\
&\quad +v_1(u_1+\Delta u_1, u_2, u_3)h_2(u_1+\Delta u_1, u_2, u_3)\Delta u_2 h_3(u_1+\Delta u_1, u_2, u_3)\Delta u_3 \\
&\quad \cong \frac{\partial(v_1h_2h_3)}{\partial u_1}\Delta u_1\Delta u_2\Delta u_3
\end{aligned}
\tag{C. 11}
$$

となる．同様に $\boldsymbol{e}_2$ に垂直な 2 つの面，$\boldsymbol{e}_3$ に垂直な 2 つの面から流出するフラックスを計算し，これらを合計すると

$$\text{全フラックス}=\left(\frac{\partial(v_1h_2h_3)}{\partial u_1}+\frac{\partial(v_2h_3h_1)}{\partial u_2}+\frac{\partial(v_3h_1h_2)}{\partial u_3}\right)\Delta u_1\Delta u_2\Delta u_3 \tag{C. 12}$$

となる．これは直方体の体積 $h_1h_2h_3\Delta u_2\Delta u_3$ で除したものが，ベクトル場 $\boldsymbol{v}(\boldsymbol{x})$ の発散であるから，

$$\mathrm{div}\ \boldsymbol{v}=\frac{1}{h_1h_2h_3}\left(\frac{\partial(v_1h_2h_3)}{\partial u_1}+\frac{\partial(v_2h_3h_1)}{\partial u_2}+\frac{\partial(v_3h_1h_2)}{\partial u_3}\right) \tag{C. 13}$$

という関係が得られる．

さて，スカラー場 $\phi(\boldsymbol{x})$ のラプラシアン $\Delta\phi$ は，その勾配の場の発散，

$$\mathrm{div}(\nabla\phi(\boldsymbol{x}))=\Delta\phi(\boldsymbol{x}) \tag{C. 14}$$

であるから，(C. 9) 式と (C. 13) 式を用いればこれを u_1, u_2, u_3 の座標系で表すことができる．すなわち，(C. 13) 式において

$$v_i=\frac{1}{h_i}\frac{\partial\phi}{\partial u_i} \tag{C. 15}$$

とおくと，

$$\Delta\phi=\frac{1}{h_1h_2h_3}\left\{\frac{\partial}{\partial u_1}\left(\frac{h_2h_3}{h_1}\frac{\partial\phi}{\partial u_1}\right)+\frac{\partial}{\partial u_2}\left(\frac{h_3h_1}{h_2}\frac{\partial\phi}{\partial u_2}\right)+\frac{\partial}{\partial u_3}\left(\frac{h_1h_2}{h_3}\frac{\partial\phi}{\partial u_3}\right)\right\} \tag{C. 16}$$

が得られる．

以上述べたことを極座標の場合でどうなるか，具体的に確認してみよう．(C. 1) 式から

$$\left.\begin{aligned}\Delta x&=\sin\theta\cos\phi\,\Delta r+r\cos\theta\cos\phi\,\Delta\theta-r\sin\theta\sin\phi\,\Delta\phi\\ \Delta y&=\sin\theta\sin\phi\,\Delta r+r\cos\theta\sin\phi\,\Delta\theta+r\sin\theta\cos\phi\,\Delta\phi\\ \Delta z&=\cos\theta\Delta r-r\sin\theta\Delta\theta\end{aligned}\right\} \tag{C. 17}$$

であることはすぐわかる．これより，(C. 8) 式を用いて

$$\left.\begin{aligned}h_r{}^2&=(\sin\theta\cos\phi)^2+(\sin\theta\sin\phi)^2+\cos^2\theta=1\\ h_\theta{}^2&=(r\cos\theta\cos\phi)^2+(r\cos\theta\sin\phi)^2+(-r\sin\theta)^2=r^2\\ h_\phi{}^2&=(-r\sin\theta\sin\phi)^2+(r\sin\theta\cos\phi)^2=r^2\sin^2\theta\end{aligned}\right\} \tag{C. 18}$$

となる．(C. 9) 式によれば

$$\nabla\Phi=\frac{\partial\Phi}{\partial r}\boldsymbol{e}_r+\frac{1}{r}\frac{\partial\Phi}{\partial\theta}\boldsymbol{e}_\theta+\frac{1}{r\sin\theta}\frac{\partial\Phi}{\partial\phi}\boldsymbol{e}_\phi \tag{C. 19}$$

であり，また (C. 16) 式によればスカラー場 Φ のラプラシアンは

$$\begin{aligned}\Delta\Phi&=\frac{1}{r^2\sin\theta}\left\{\frac{\partial}{\partial r}\left(r^2\sin\theta\frac{\partial\Phi}{\partial r}\right)+\frac{\partial}{\partial\theta}\left(\sin\theta\frac{\partial\Phi}{\partial\theta}\right)+\frac{\partial}{\partial\phi}\left(\frac{1}{\sin\theta}\frac{\partial\Phi}{\partial\phi}\right)\right\}\\ &=\frac{1}{r^2}\frac{\partial}{\partial r}\left(r^2\frac{\partial\Phi}{\partial r}\right)+\frac{1}{r^2}\left\{\frac{1}{\sin\theta}\frac{\partial}{\partial\theta}\left(\sin\theta\frac{\partial\Phi}{\partial\theta}\right)+\frac{1}{\sin^2\theta}\frac{\partial^2\Phi}{\partial\phi^2}\right\}\end{aligned} \tag{C. 20}$$

で与えられる．

次にベクトル場の回転を直交曲線座標で表すことを考えよう．ベクトル場 $\boldsymbol{v}$ を図 C. 2 の底面の周に沿って線積分すると，微小量 $\Delta u_1, \Delta u_2$ の 1 次のオーダーで，次のように

なる．

$$
\begin{aligned}
&v_1(u_1, u_2, u_3)h_1(u_1, u_2, u_3)\Delta u_1 - v_1(u_1, u_2+\Delta u_2, u_3)h_1(u_1, u_2+\Delta u_2, u_3)\Delta u_1 \\
&\quad + v_2(u_1+\Delta u_1, u_2, u_3)h_2(u_1+\Delta u_1, u_2, u_3)\Delta u_2 - v_2(u_1, u_2, u_3)h_2(u_1, u_2, u_3)\Delta u_2 \\
&\quad = \left(\frac{\partial(v_2h_2)}{\partial u_1} - \frac{\partial(v_1h_1)}{\partial u_2}\right)\Delta u_1 \Delta u_2 \qquad \text{(C. 21)}
\end{aligned}
$$

(C. 21) 式の左辺の第 1, 2, 3, 4 項はそれぞれ辺 $\overline{\mathrm{PP_1}}$，$\overline{\mathrm{P_2Q_3}}$，$\overline{\mathrm{P_1Q_3}}$，$\overline{\mathrm{PP_2}}$ からの寄与である．(C. 21) 式を長方形 $\mathrm{PP_1Q_3P_2}$ の面積で除したものが $\boldsymbol{v}$ の回転の $\boldsymbol{e}_3$ 成分に他ならない．このようにして，次の関係が導ける．

$$
\mathrm{rot}\ \boldsymbol{v} = \frac{1}{h_2h_3}\left(\frac{\partial(v_3h_3)}{\partial u_2} - \frac{\partial(v_2h_2)}{\partial u_3}\right)\boldsymbol{e}_1 + \frac{1}{h_3h_1}\left(\frac{\partial(v_1h_1)}{\partial u_3} - \frac{\partial(v_3h_3)}{\partial u_1}\right)\boldsymbol{e}_2 + \frac{1}{h_1h_2}\left(\frac{\partial(v_2h_2)}{\partial u_1} - \frac{\partial(v_1h_1)}{\partial u_2}\right)\boldsymbol{e}_3 \qquad \text{(C. 22)}
$$

これを極座標の場合に具体的に書くと，次のようになる．

$$
\mathrm{rot}\ \boldsymbol{v} = \frac{1}{r\sin\theta}\left(\frac{\partial}{\partial\theta}(\sin\theta v_\phi) - \frac{\partial v_\theta}{\partial\phi}\right)\boldsymbol{e}_r + \frac{1}{r\sin\theta}\left(\frac{\partial v_r}{\partial\phi} - \sin\theta\frac{\partial}{\partial r}(rv_\phi)\right)\boldsymbol{e}_\theta + \frac{1}{r}\left(\frac{\partial}{\partial r}(rv_\theta) - \frac{\partial v_r}{\partial\theta}\right)\boldsymbol{e}_\phi \qquad \text{(C. 23)}
$$

付録D：直交多項式系の完全性

直交多項式系は，数理物理のさまざまな場面で大きな役割を演じるのであるが，ここではそれらが完全系をなすことを示すことにしよう．基本的になるのは，次のワイエルシュトラスの定理である．

定理　$f(x)$ を有限区間 $[a, b]$ で連続な任意の関数とするとき，この区間で $f(x)$ に一様に収束する多項式 $P_1(x), P_2(x), \cdots$ が存在する．

これを証明するために，まず区間 $[a, b]$ を区間 $[0, 1]$ に変更しても，一般性を失わないことに注意しよう．なぜなら $f(x)$ の代わりに

$$h\left(\frac{x-a}{b-a}\right)=f(x) \tag{D. 1}$$

によって，新しい連続関数 $h(\xi)$ を導入するとき，ξ の定義は $[0, 1]$ になる．$h(\xi)$ が ξ の多項式によって，一様収束の極限として表されるなら，変数 ξ を x に変更した同じ級数によって $f(x)$ は表され，これも当然一様収束するからである．

さて，区間 $[0, 1]$ で定義される $N+1$ 個の N 次多項式の系

$$f_{N,m}(x)={}_N\mathrm{C}_m x^m(1-x)^{N-m} \qquad (m=0, 1, 2, \cdots, N) \tag{D. 2}$$

を考えよう．${}_N\mathrm{C}_m$ は 2 項係数

$${}_N\mathrm{C}_m=\frac{N!}{m!(N-m)!} \tag{D. 3}$$

である．

図 D. 1 で示されるように $f_{N,m}(x)$ は $x=m/N$ に鋭いピークをもつ正値関数で，区間 $[0, 1]$ における積分は

$$\int_0^1 f_{N,m}(x)dx=\frac{1}{N+1} \tag{D. 4}$$

である．この関数の最大値はほとんど 1 に等しく，そのピークの幅は $1/N$ 程度で，N が大きいときにはごく狭くなる．

このような性質から N 次多項式

$$P_N(x)=\sum_{m=0}^{N} f\left(\frac{m}{N}\right)f_{N,m}(x) \tag{D. 5}$$

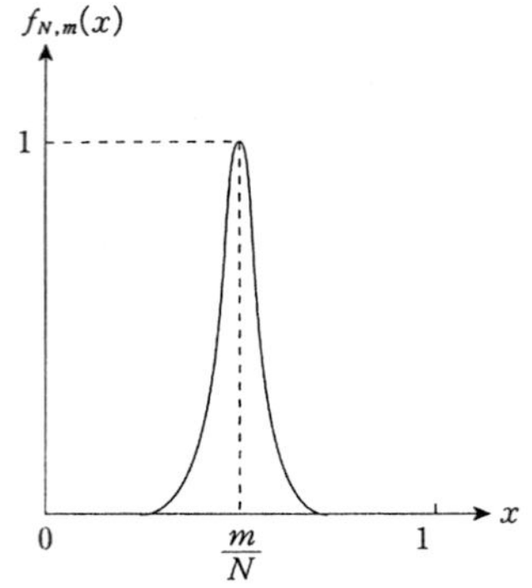

図 D.1 区間 $[0,1]$ における $f_{N,m}(x)$

によって，関数 $f(x)$ をよく近似できることは直感的には明らかであろう．ここでは N が無限に大きくなるとき，$P_N(x)$ が一様に $f(x)$ に収束することを示そう．

すなわち，任意の x について成立する恒等式

$$\sum_{m=0}^{N} {}_N\mathrm{C}_m x^m (1-x)^{N-m} = 1 \tag{D.6}$$

を用いて，

$$\left|f(x)-P_N(x)\right| \leq \sum_{m=0}^{N} \left|f(x)-f\left(\frac{m}{N}\right)\right| {}_N\mathrm{C}_m x^m (1-x)^{N-m} \tag{D.7}$$

が得られる．また，閉区間 $[0,1]$ における $f(x)$ の連続性から，任意に小さい $\varepsilon>0$ に対してある小さな δ を選ぶと，$|x_1-x_2|<\delta$ である任意の x_1, x_2 について $|f(x_1)-f(x_2)|<\varepsilon/2$ を満足させることができる．そこで，(D.7) 式の右辺の和を $|x-m/N|<\delta$ である m についての部分 S_1 と，それ以外の残りの部分 S_2 に分割しよう．明らかに

$$S_1 < \sum_{m=0}^{N} \frac{\varepsilon}{2} {}_N\mathrm{C}_m x^m (1-x)^{N-m} < \frac{\varepsilon}{2} \tag{D.8}$$

であり，また M を $|f(x)|$ の $[0,1]$ での最大値とするとき

$$S_2 < 2M \sum_{m=0}^{N} \left(\frac{Nx-m}{N\delta}\right)^2 {}_N\mathrm{C}_m x^m (1-x)^{N-m} < \frac{M}{N\delta^2} \tag{D.9}$$

という評価ができる．さらに，$N>2M/\varepsilon\delta^2$ のとき，(D.9) 式は，$S_2<\varepsilon/2$ となるわけだから，任意の ε について N が十分大きくさえあれば，任意の x について

$$|f(x)-P_N(x)| = S_1+S_2 < \varepsilon \tag{D.10}$$

となる．すなわち $P_N(x)$ は，区間 $[0,1]$ で $f(x)$ に一様収束する．

ここまでは任意の連続関数 $f(x)$ について，これに一様収束する多項式関数列が存在することを示したが，これを用いて区分的に連続な任意の関数 $g(x)$ に平均収束する連続関数列 $\{g_n(x)\}$ が存在することを示そう．g を任意の区分的に連続な関数，g_n を g の

有限個の不連続点 x_s $(s=1, 2, \cdots, m)$ を中心とする領域 $[x_s-\delta_n, x_s+\delta_n]$ において，2 点 $(x_s-\delta_n, g(x_s-\delta_n))$, $(x+\delta_n, g(x+\delta_n))$ を結ぶ直線で，g を置き換えた連続関数とすれば

$$\|g-g_n\|^2 \leq 8mM^2\delta_n \tag{D. 11}$$

という関係が得られるからである．ただし，M は区間 $[0, 1]$ での関数 $|g|$ の上限である．すると任意の $\varepsilon>0$ について十分大きな K を取ると，$i>K$ ならば，$\|g-g_i\|<\varepsilon/2$ であり，この g_i と ε について十分大きな I を選べば，$N>I$ のとき，$\|g_i-P_N\|<\varepsilon/2$ である．すなわち十分大きな N を取れば

$$\|g-P_N\| \leq \|g-g_i\|+\|g_i-P_N\|<\varepsilon \tag{D. 12}$$

上の事実は直交多項式系の完全性を示すものに他ならない．

ワイエルシュトラスの定理を多変数関数の場合に拡張すると，与えられた正方形領域で連続な 2 変数の任意関数 $f(x, y)$ は多項式の級数展開により，その一様収束の極限

$$f(x, y)=\sum_{m=0}^{\infty}\sum_{n=0}^{\infty} C_{m,n}x^m y^n \tag{D. 13}$$

として表される．この領域が原点を中心とする単位円を含むものとして，$(-\pi, \pi)$ で定義される任意の連続関数 $g(x)$ について ρ と θ の極座標表示 $(x=\rho\cos\theta, y=\rho\sin\theta)$ で表される 2 変数の関数

$$f(x, y)=\rho g(\theta) \tag{D. 14}$$

を考えよう．$f(x, y)$ は原点を中心とする単位円を含む正方形領域で連続である．したがって，この $f(x, y)$ を x, y の多項式の一様収束の極限 ((D. 13) 式) として，表すことができる．それゆえ，$\rho g(\theta)$ を表す以下の一様収束級数が存在する．

$$\rho g(\theta)=\sum_{m=0}^{\infty}\sum_{n=0}^{\infty} C_{m,n}\rho^{m+n}(\cos\theta)^m(\sin\theta)^n \tag{D. 15}$$

ここで $\rho=1$ とおき，$(\cos\theta)^m$ や $(\sin\theta)^n$ などを三角多項式 $\sum_{k=0}^{\infty}(A_k\cos kx+B_k\sin kx)$ で書き直せば，$g(\theta)$ が $\cos\theta$ と $\sin\theta$ の三角多項式の無限級数によって，一様に近似できることがわかる．結局，区間 $[-\pi, \pi]$ で $f(-\pi)=f(\pi)$ を満たす任意の周期的連続関数 $f(x)$ が三角多項式の一様収束する極限として表されることが，示された．

さて，区間 $[-\pi, \pi]$ で定義される区分的に連続な任意の関数 $g(x)$ は，上記のような周期的連続関数 $f(x)$ によって平均の意味でいくらでもよく近似できるから，$g(x)$ 自体も三角多項式による平均収束の極限として表される．これは，直交多項式について述べたことと同じである．すなわち，三角多項式系は完全であることが示された．第 8 章で述べたように，三角多項式系はあるスツルム-リウヴィル固有値問題の固有関数系であるから，その一般的な性質としても完全性が保証されているのである．

演習問題の解答

1.1 ① $\boldsymbol{e}_1 \leftrightarrow (1, 0, 0)^t$ と対応．したがって，

$$\mathbf{A}\begin{bmatrix}1\\0\\0\end{bmatrix}=(\boldsymbol{a}_1,\ \boldsymbol{a}_2,\ \boldsymbol{a}_3)\begin{bmatrix}1\\0\\0\end{bmatrix}=\boldsymbol{a}_1$$

$\boldsymbol{e}_2, \boldsymbol{e}_3$ についても同様に示せる．

② 立方体の3つの互いに直交する辺 $(\boldsymbol{e}_1, \boldsymbol{e}_2, \boldsymbol{e}_3)$ は，$(\boldsymbol{a}_1, \boldsymbol{a}_2, \boldsymbol{a}_3)$ に変換される．これらを3辺とする平行六面体の体積は $\boldsymbol{a}_1\cdot(\boldsymbol{a}_2\times\boldsymbol{a}_3)$ である．

③ $\boldsymbol{a}_1\cdot(\boldsymbol{a}_2\times\boldsymbol{a}_3)=a_{11}(a_{22}a_{33}-a_{23}a_{32})+a_{12}(a_{23}a_{31}-a_{21}a_{33})+a_{13}(a_{21}a_{32}-a_{22}a_{31})=\det \mathbf{A}$

1.2 この行列の第1列，第2列は，それぞれ x 軸，y 軸方向の単位ベクトルが写像されたベクトルである．行列式は，この2つのベクトルを2辺とする平行四辺形の面積となる．

1.3 実対称行列 $\mathbf{A}$ はエルミート行列だから，その固有値はすべて実数である．そこで，$\mathbf{A}\boldsymbol{x}=\lambda\boldsymbol{x}$ とすれば，この複素共役の関係は，$\mathbf{A}x^*=\lambda\boldsymbol{x}^*$ となる．すると，実数のベクトル $\dfrac{1}{2}(\boldsymbol{x}+\boldsymbol{x}^*), \dfrac{1}{2}(\boldsymbol{x}^*-\boldsymbol{x})$ も，λ に対応する $\mathbf{A}$ の固有ベクトルであり，$\boldsymbol{x}$, $\boldsymbol{x}^*$ の代わりに用いることができる．ただし，λ が縮重していない場合，これらのベクトルは独立でないので，一方だけを用いれば充分である．

1.4

$$\begin{vmatrix}\lambda-1 & -2\\ -2 & \lambda-2\end{vmatrix}=(\lambda-1)(\lambda-2)-4=\left(\lambda-\frac{3+\sqrt{17}}{2}\right)\left(\lambda-\frac{3-\sqrt{17}}{2}\right)$$

固有値 $\lambda_\pm=\dfrac{3\pm\sqrt{17}}{2}$，固有ベクトル $\left(\sqrt{\dfrac{\sqrt{17}\mp1}{2\sqrt{17}}},\ \pm\sqrt{\dfrac{\sqrt{17}\pm1}{2\sqrt{17}}}\right)$

1.5 $\mathbf{A}^n=\sum_i\lambda_i^n\boldsymbol{a}_i\boldsymbol{a}_i^t$, $\mathbf{A}^{-1}=\sum_i(1/\lambda_i)\boldsymbol{a}_i\boldsymbol{a}_i^t$

1.6 $2\lambda^3-10\lambda^2+7\lambda+7=0$

1.7 最大値 $(c^2/6)(5+\sqrt{13})$，最小値 $(c^2/6)(5-\sqrt{13})$

1.8 $\boldsymbol{p}_j=\sum_{i=1}{}^3 B_{ij}\boldsymbol{e}_i$ とすると，基底 $\boldsymbol{p}_1, \boldsymbol{p}_2, \boldsymbol{p}_3$ で表される変換行列 $\widetilde{\mathbf{A}}$ の行列要素は $\widetilde{A}_{ij}=\boldsymbol{p}_i f(\boldsymbol{p}_j)=(\mathbf{BAB}^t)_{ij}$，したがって $\widetilde{\mathbf{A}}=\mathbf{BAB}^t$．ただし，$\mathbf{B}$ の行列要素は $B_{ij}=\boldsymbol{e}_i\boldsymbol{p}_j$ で与えられる．

1.9 $\omega=\sqrt{2-\sqrt{2}}\sqrt{k/m}$, $\omega=\sqrt{2}\sqrt{k/m}$, $\omega=\sqrt{2+\sqrt{2}}\sqrt{k/m}$

1.10 $\mathbf{A}\boldsymbol{a}=\lambda\boldsymbol{a}$, $\boldsymbol{b}=\mathbf{B}\boldsymbol{a}$ とすると，$\mathbf{A}\boldsymbol{b}=\mathbf{A}\mathbf{B}\boldsymbol{a}=\mathbf{B}\mathbf{A}\boldsymbol{a}=\lambda\mathbf{B}\boldsymbol{a}=\lambda\boldsymbol{b}$

1.11 一般の線形変換の行列 $\mathbf{A}=\begin{pmatrix} a, & b \\ c, & d \end{pmatrix}$，回転操作の行列 $\mathbf{R}=\begin{pmatrix} \cos\theta, & -\sin\theta \\ \sin\theta, & \cos\theta \end{pmatrix}$，対称変換の行列 $\mathbf{T}=\begin{pmatrix} \alpha, & \beta \\ \beta, & \gamma \end{pmatrix}$ として，$\mathbf{A}=\mathbf{RT}$ とかけたとすると，

$$\begin{pmatrix} \cos\theta, & \sin\theta \\ -\sin\theta, & \cos\theta \end{pmatrix}\begin{pmatrix} a, & b \\ c, & d \end{pmatrix}=\begin{pmatrix} \alpha, & \beta \\ \beta, & \gamma \end{pmatrix}$$

これより，$\beta=\cos\theta b+\sin\theta d=-\sin\theta a+\cos\theta c$.

したがって，$\tan\theta=(c-b)/(a+d)$ とすればよい．

2.1 単位元はゼロベクトル $(0, 0, \cdots, 0)$，$\boldsymbol{v}$ の逆元は $-\boldsymbol{v}$.

2.2 原点を通る法線を軸とする 90°，180°，270° の回転 C_4, C_4^2, C_4^3 および下図の空間に固定された直線 m_1, m_2, s_1, s_2 による鏡映（あるいは 180°回転，（裏と表を区別しない））乗積表は下記のとおり．

		右							
		e	C_4	C_4^2	C_4^3	m_1	m_2	s_1	s_2
左	e	e	C_4	C_4^2	C_4^3	m_1	m_2	s_1	s_2
	C_4	C_4	C_4^2	C_4^3	e	s_2	s_1	m_1	m_2
	C_4^2	C_4^2	C_4^3	e	C_4	m_2	m_1	s_2	s_1
	C_4^3	C_4^3	e	C_4	C_4^2	s_1	s_2	m_2	m_1
	m_1	m_1	s_1	m_2	s_2	e	C_4^2	C_4	C_4^3
	m_2	m_2	s_2	m_1	s_1	C_4^2	e	C_4^3	C_4
	s_1	s_1	m_2	s_2	m_1	C_4^3	C_4	e	C_4^2
	s_2	s_2	m_1	s_1	m_2	C_4	C_4^3	C_4^2	e

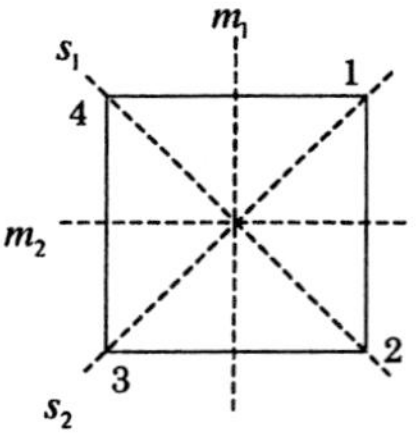

2.3 $2n$

2.4 略

2.5 略

2.6 a の位数を p とすると，$a^p=e$, $a^l\neq e\ (1\leq l\leq p)$, $b=gag^{-1}$ と書けるから，$b^p=e$. $b^l=e\ (l<p)$ とすると，$a^l=e$ となるので不合理．したがって，b の位数は p.

2.7 e を群 G_1 の単位元，a をその任意の元とし，$f(e), f(a)$ をそれらに対応する群 G_2 の元とする．このとき，$f(a)f(e)=f(ae)=f(a)$ であるから，$f(e)$ は群 G_2 の単位元である．また，$f(e)=f(aa^{-1})=f(a)f(a^{-1})$ だから，$f(a^{-1})$ は $f(a)$ の逆元である．

2.8 $(1, 2, 3, \cdots, n)=(1, n)\,(1, n-1)\cdots(1, 2)$ から明らか．

2.9 任意の置換は巡回置換の積で表されるから，任意の巡回置換 $(p_1, p_2, \cdots, p_r)$ が $(1, 2), \cdots(1, n)$ で書ければよい．ところが，

$$(p_1, p_2, \cdots, p_r)=(1, p_1)(2, p_r)\cdots(r, p_r)(1, 2, \cdots, r)\times(1, p_1)(2, p_2)\cdots(r, p_r)$$

$(1, 2, \cdots, r)$ は，問題 2.8 で $(1, 2), \cdots (1, r)$ でかける．また，$(r, p_r)=(1, r)(1, p_r)(1, r)$．以上により，すべての巡回置換は $(1, 2), \cdots (1, n)$ で表される．

2.10 この準同形写像を f とすると，$f(e)=f(c)=f(c^2)=\tilde{e}$，$f(R_a)=f(R_b)=f(R_c)=\widetilde{R}$ とすればよい．

2.11 正四面体の向かい合う辺の中心を結ぶ軸の回りに 180° 回転し，これを重ね合わせる操作のなす群と同じ．乗積表は下記のとおり

	e	a	b	c
e	e	a	b	c
a	a	e	c	b
b	b	c	e	a
c	c	b	a	e

2.12 正四面体群の任意の元を g とするとき，$g^{-1}ag, g^{-1}bg, g^{-1}cg$ は，x, y, z 軸が g で変換された軸 x', y', z' のまわりの 180° 回転である．x', y', z' は，x, y, z のある置換なので，集合 (x', y', z') は集合 (x, y, z) に等しい．したがって，題位の群を H とするとき，$g^{-1}Hg$ は常に H に等しい．

3.1 e, c, c^2, R_a, R_b, R_c の順に，以下の行列で与えられる．同形については，読者自ら確かめよ．

$$\begin{bmatrix} \mathbf{1}&0&0&0&0&0\\ 0&\mathbf{1}&0&0&0&0\\ 0&0&\mathbf{1}&0&0&0\\ 0&0&0&\mathbf{1}&0&0\\ 0&0&0&0&\mathbf{1}&0\\ 0&0&0&0&0&\mathbf{1} \end{bmatrix}, \begin{bmatrix} 0&\mathbf{1}&0&0&0&0\\ 0&0&\mathbf{1}&0&0&0\\ \mathbf{1}&0&0&0&0&0\\ 0&0&0&0&\mathbf{1}&0\\ 0&0&0&0&0&\mathbf{1}\\ 0&0&0&\mathbf{1}&0&0 \end{bmatrix}, \begin{bmatrix} 0&0&\mathbf{1}&0&0&0\\ \mathbf{1}&0&0&0&0&0\\ 0&\mathbf{1}&0&0&0&0\\ 0&0&0&0&0&\mathbf{1}\\ 0&0&0&\mathbf{1}&0&0\\ 0&0&0&0&\mathbf{1}&0 \end{bmatrix}, \begin{bmatrix} 0&0&0&\mathbf{1}&0&0\\ 0&0&0&0&0&\mathbf{1}\\ 0&0&0&0&\mathbf{1}&0\\ \mathbf{1}&0&0&0&0&0\\ 0&0&\mathbf{1}&0&0&0\\ 0&\mathbf{1}&0&0&0&0 \end{bmatrix}$$

$$\begin{bmatrix} 0&0&0&0&\mathbf{1}&0\\ 0&0&0&\mathbf{1}&0&0\\ 0&0&0&0&0&\mathbf{1}\\ 0&\mathbf{1}&0&0&0&0\\ \mathbf{1}&0&0&0&0&0\\ 0&0&\mathbf{1}&0&0&0 \end{bmatrix}, \begin{bmatrix} 0&0&0&0&0&\mathbf{1}\\ 0&0&0&0&\mathbf{1}&0\\ 0&0&0&\mathbf{1}&0&0\\ 0&0&\mathbf{1}&0&0&0\\ 0&\mathbf{1}&0&0&0&0\\ \mathbf{1}&0&0&0&0&0 \end{bmatrix}$$

3.2 $\mathbf{B}=\mathbf{U}^\dagger\mathbf{A}\mathbf{U}$ のとき

$$\mathrm{trace}\,\mathbf{B}=\sum_{i,s,t}(U^\dagger)_{is}A_{st}U_{ti}=\sum_{t,s}(\mathbf{U}\mathbf{U}^\dagger)_{ts}A_{st}=\sum_{t,s}\delta_{ts}A_{st}=\sum_{s}A_{ss}=\mathrm{trace}\,\mathbf{A}$$

から指標が一致するのは明らか．また，$|\mathbf{B}|=|\mathbf{U}^\dagger\mathbf{A}\mathbf{U}|=|\mathbf{U}^\dagger||\mathbf{A}||\mathbf{U}|=|\mathbf{A}|$ から，表現行列の行列式も一致する．

3.3 $E \rightarrow A_1+B_1$, $\Gamma_2 \rightarrow E+B_2$

3.4 i）分子の中心を通る分子面の法線を軸とする角度 $\pi/3\times n$ の回転 C_6^n $(n=1, 2, \cdots, 5)$，中心と 2 つの C—H 結合を含む分子面内の 3 つの軸のまわりの角度 π の回転

s_1, s_2, s_3，C 原子のなす六角形の向かい合う辺の中点を結ぶ 3 つの軸のまわりの角度 π の回転 (m_1, m_2, m_3)，分子面に関する鏡映，および単位元 e (何もしない操作).

ii) 共役類は，$E=\{e\}$, $C_6^3=\{C_6^3\}$, $2C_6=\{C_6, C_6^5\}$, $2C_6^2=\{C_6^2, C_6^4\}$, $3S=\{s_1, s_2, s_3\}$, $3M=\{m_1, m_2, m_3\}$ とこれらに中心に関する反転 I を乗じたもの，合計 12 種類.

iii)

	E,	C_6^3,	$2C_6$,	$2C_6^2$,	$3S$,	$3M$
A_1	1	1	1	1	1	1
A_2	1	1	1	1	−1	−1
B_1	1	−1	1	−1	1	−1
B_2	1	−1	1	−1	−1	1
E_1	2	−2	−1	1	0	0
E_2	2	2	−1	−1	0	0

4.1 $iL_x=-\sin\phi\frac{\partial}{\partial\theta}-\cos\phi\cot\theta\frac{\partial}{\partial\phi}$, $iL_y=\cos\phi\frac{\partial}{\partial\theta}-\sin\phi\cot\theta\frac{\partial}{\partial\phi}$, $iL_z=\frac{\partial}{\partial\phi}$

4.2 i) 直接確かめることもできるが，本文中 (4.81) 式で，$l=1, k=m$ とおいて得られる. ii) 略

4.3 問題 4.1 の L_x, L_y, L_z を用い

$$l^2=\hbar^2(L_x^2+L_y^2+L_z^2)=\hbar^2L_z^2+\frac{\hbar^2}{2}\{(L_x+iL_y)(L_x-iL_y)+(L_x-iL_y)(L_x+iL_y)\}$$

として，計算せよ.

4.4 $D(\phi, \theta, \psi)$ が (4.32) 式のように分解できることから，

$$D(\phi, \theta, \psi)\begin{bmatrix}\boldsymbol{e}_1\\ \boldsymbol{e}_2\\ \boldsymbol{e}_3\end{bmatrix}D^{-1}(\phi, \theta, \psi)$$

$$=D(0, 0, \psi)D(0, \theta, 0)D(0, 0, \phi)\begin{bmatrix}\boldsymbol{e}_1\\ \boldsymbol{e}_2\\ \boldsymbol{e}_3\end{bmatrix}D^{-1}(0, 0, \phi)D^{-1}(0, \theta, 0)D^{-1}(0, 0, \psi)$$

$$=D(0, 0, \psi)D(0, \theta, 0)A_z(\phi)\begin{bmatrix}\boldsymbol{e}_1\\ \boldsymbol{e}_2\\ \boldsymbol{e}_3\end{bmatrix}D^{-1}(0, \theta, 0)D^{-1}(0, 0, \psi)$$

$$=D(0, 0, \psi)A_z(\phi)A_y(\theta)\begin{bmatrix}\boldsymbol{e}_1\\ \boldsymbol{e}_2\\ \boldsymbol{e}_3\end{bmatrix}D^{-1}(0, 0, \psi)=A_z(\phi)A_y(\theta)A_z(\psi)\begin{bmatrix}\boldsymbol{e}_1\\ \boldsymbol{e}_2\\ \boldsymbol{e}_3\end{bmatrix}$$

ただし，

$$A_z(\psi)=\begin{bmatrix}\cos\psi, & -\sin\psi, & 0\\ \sin\psi, & \cos\psi, & 0\\ 0, & 0, & 1\end{bmatrix},\qquad A_y(\theta)=\begin{bmatrix}\cos\theta, & 0, & \sin\theta\\ 0, & 1, & 0\\ -\sin\theta & 0, & \cos\theta\end{bmatrix}$$

である．$A_z(\phi)A_y(\theta)A_z(\psi)$ は，証明すべき式の右辺に現れる行列である．

4.5 略

4.6

$$\psi'(\boldsymbol{x})=\psi(\boldsymbol{x}-\mathbf{D}\boldsymbol{x})\cong\psi(\boldsymbol{x})-(\mathbf{D}\boldsymbol{x})\nabla\psi$$

ここで，$\mathbf{D}x=\boldsymbol{\omega}\times x$ であることを用いると，

$$(\mathbf{D}x)\nabla\psi=(\boldsymbol{\omega}\times\boldsymbol{x})\cdot\nabla\psi=\boldsymbol{\omega}\cdot(\boldsymbol{x}\times\boldsymbol{v})\psi=\frac{i}{\hbar}\boldsymbol{\omega}\cdot\boldsymbol{l}\psi$$

5.1 $\mathrm{div}\ \boldsymbol{v}=3$ なので，$\iiint\mathrm{div}\ \boldsymbol{v}\ dv=3\times(4\pi R^3/3)=4\pi R^3$．一方，表面上の点 (x, y, z) での法線ベクトルは

$$n=\frac{1}{\sqrt{x^2+y^2+z^2}}(x, y, z)=\frac{\boldsymbol{v}}{R}$$

$$\iint\boldsymbol{v}\cdot\boldsymbol{n}dS=\iint\frac{v^2}{R}dS=R\iint dS=R\times4\pi R^2=4\pi R^3$$

となり，両者は一致する．

5.2 $\mathrm{rot}\ \boldsymbol{v}=(0, 0, -2)$ なので，$\iint\mathrm{rot}\ \boldsymbol{u}\ dS=-2\pi R^2$ 円柱座標で円周上の点を表すと，$\boldsymbol{v}=(R\sin\theta, -R\cos\theta, 0)$，$d\boldsymbol{l}=(-R\sin\theta, R\cos\theta, 0)d\theta$．したがって

$$\oint\boldsymbol{v}d\boldsymbol{l}=-R^2\int_0^{2\pi}d\theta=-2\pi R^2$$

5.3 $\boldsymbol{n}/\!/\left(\frac{x}{a^2}, \frac{y}{b^2}, \frac{z}{c^2}\right)$，$\boldsymbol{n}=\frac{1}{\sqrt{x^2/a^4+y^2/b^4+z^2/c^4}}\left(\frac{x}{a^2}, \frac{y}{b^2}, \frac{z}{c^2}\right)$

5.4 略

5.5 (5.46) 式の関係を球面上で用いれば，

$$\varphi(x, y, z)=\frac{1}{4\pi R}\oiint_{S_R}\frac{\partial\varphi}{\partial n}dS+\frac{1}{4\pi R^2}\oiint_{S_R}\varphi dS$$

右辺の第 1 項は，(5.44) 式によりゼロとなる．

5.6 (5.37)～(5.46) 式は 3 次元系についてのものであるが，

$$\iiint_V\cdots dv\to\iint_S\cdots dS,\qquad \oiint_S\cdots dS\to\oint_C\cdots dl,\qquad \frac{1}{4\pi r}\to\frac{1}{2\pi}\log\frac{1}{r}$$

と置き換えると，2 次元系の対応する式が得られる．特に，2 次元調和関数について

$$\varphi(x, y)=\oint_C\left\{\frac{1}{2\pi}\log\left(\frac{1}{r}\right)\frac{\partial\varphi}{\partial n}-\frac{\varphi}{2\pi}\frac{\partial}{\partial n}\log\frac{1}{r}\right\}dl$$

である．経路 C を点 (x, y) を中心とする半径 R の円 C_R をとると

$$\varphi(x,\, y)=\frac{1}{2\pi}\log\left(\frac{1}{R}\right)\oint_{C_R}\frac{\partial\varphi}{\partial r}dl+\frac{1}{2\pi R}\oint_{C_R}\varphi dl$$

右辺第1項は，(5.44) 式に対応する式によって，ゼロとなる．

5.7 (5.41) 式の左辺の被積分関数が，$|\nabla\varphi|^2$ となることを用いる．

6.1 半径 a の円柱上の点の座標を，円柱座標 $x=a\cos\theta,\, y=a\sin\theta,\, z$ で表すと，円柱上の曲線の線素 ds は，$ds^2=a^2d\theta^2+dz^2$ で与えられる．この曲線の長さは

$$L[\theta(z)]=\int_{z_0}^{z_1}\sqrt{a^2\left(\frac{d\theta}{dz}\right)^2+1}\,dz$$

で与えられるから，これを停留値にさせる条件は

$$\frac{d\theta}{dz}=\text{一定}$$

となる．すなわち，円筒上の測地線は任意のピッチのらせんである．

6.2 弦の位置 x における時刻 t の変位を $y(x,\, t)$ とおくと，弦の運動エネルギーと弾性エネルギーは，それぞれ

$$\frac{1}{2}\int_0^L\rho(x)\left(\frac{\partial y}{\partial t}\right)^2dx,\qquad T\int_0^L\left(\sqrt{1+\left(\frac{\partial y}{\partial x}\right)^2}-1\right)dx=\frac{T}{2}\int_0^L\left(\frac{\partial y}{\partial x}\right)^2dx$$

である．ただし，弦の端点を $x=0,\, L$ とした．したがって，ラグランジュアンは

$$L=\frac{1}{2}\int_0^L\left\{\rho(x)\left(\frac{\partial y}{\partial t}\right)^2-T\left(\frac{\partial y}{\partial x}\right)^2\right\}dx$$

となる．運動方程式は汎関数 $I[y(x,\, t)]=\int_{t_0}^{t_1}Ldt$ に極値を取らせる関数 $y(x,\, t)$ を定めるオイラー方程式である．これは，次のようになる．

$$T\frac{\partial^2 y}{\partial x^2}-\rho(x)\frac{\partial^2 y}{\partial t^2}=0$$

6.3 両端点を結ぶ直線を x 軸に選び，ひものなす曲線を $y(x)$ で表す．題意から $l=\int_0^a\sqrt{1+y'^2}\,dx$ の条件下で，$S=2\pi\int_0^a y\sqrt{1+y'^2}\,dx$ を最大にすればよい．$f=2\pi y\sqrt{1+y'^2}-\lambda\sqrt{1+y'^2}$ についてのオイラー方程式から，

$$y'f_{y'}-f=\frac{\lambda-2\pi y}{\sqrt{1+y'^2}}=C$$

を得る．この微分方程式の解は，両端の条件を考えて

$$y(x)=C\left\{\cosh\left(\frac{x-a/2}{C}\right)-\cosh\left(\frac{a}{2C}\right)\right\}$$

で与えられる．C はひもの長さの条件から決定される．

6.4 $l=\int_0^a\sqrt{1+y'^2}\,dx$ の条件下で，$V=\pi\int_0^a y^2dx$ を最大にする．$f=\pi y^2-\lambda\sqrt{1+y'^2}$ に関してオイラー方程式は次のようにする．

$$\frac{\lambda}{\sqrt{1+y'^2}}-\pi y^2=C$$

6.5 重力場を考慮したときのラグランジュアンは，g を重力加速度として

$$L=\int_0^l\left[\frac{1}{2}\left\{\rho(x)\left(\frac{\partial y}{\partial t}\right)^2-T\left(\frac{\partial y}{\partial x}\right)^2\right\}-g\rho(x)y\right]dx$$

これから運動方程式は，次のようになる．

$$T\frac{\partial^2 y}{\partial x^2}-\rho(x)\frac{\partial^2 y}{\partial t^2}=g\rho(x)$$

6.6 $T\left(\dfrac{\partial^2 z}{\partial x^2}+\dfrac{\partial^2 z}{\partial y^2}\right)=u(x, y)$

6.7 トーラス表面上の曲線の線素 ds は，$ds^2=a^2d\psi^2+(R+a\cos\psi)^2d\phi^2$ で与えられる．したがって，曲線の長さは

$$L[\psi(\phi)]=\int_{\phi_0}^{\phi_1}\sqrt{a^2\left(\frac{d\psi}{d\phi}\right)^2+(R+a\cos\psi)^2}\,d\phi$$

で与えられる．この汎関数が極値を取るのは，(6.46) 式により

$$\frac{(R+a\cos\psi)^2}{\sqrt{a^2(d\psi/d\phi)^2+(R+a\cos\psi)^2}}=C$$

これから，

$$\phi+C'=\int\frac{Cad\psi}{(R+a\cos\psi)\sqrt{(R+a\cos\psi)^2-C^2}}$$

となる．

6.8 独力変数を時刻 t，変数を粒子の座標 $x(t), y(t), z(t)$ にとる．(6.107) 式に対応する式は，作用積分

$$J[x, y, z]=\int_{t_0}^{t_1}\frac{m}{2}(\dot{x}^2+\dot{y}^2+\dot{z}^2)dt$$

である．被積分関数を f とおくと (6.109) 式により

$$u=m\dot{x},\qquad v=\dot{m}y,\qquad w=m\dot{z}$$

$$H=\dot{x}u+\dot{y}v+\dot{z}w-\frac{m}{2}(\dot{x}^2+\dot{y}^2+\dot{z}^2)=\frac{1}{2m}(u^2+v^2+w^2)$$

特性関数は

$$\frac{\partial W}{\partial t}+\frac{1}{2m}\left\{\left(\frac{\partial W}{\partial x}\right)^2+\left(\frac{\partial W}{\partial g}\right)^2+\left(\frac{\partial W}{\partial z}\right)^2\right\}=0$$

であるが，この解は

$$W=ux+vy+wz-Et$$

u, v, w は，$\dot{u}=\partial H/\partial x=0$ などにより定数である．特性関数は (u, v, w) を法線方向にもつ平面であるが，この法線は粒子の軌跡に平行である．

7.1 $\dfrac{\partial^2 z}{\partial t^2}-c^2\dfrac{\partial^2 z}{\partial x^2}=-4c^2$

7.2 一般解 $y+z=f(y+2x)$．$x=0$ で $z=e^y$ となる解 $z=2x+e^{y+2x}$.

7.3 $f^2=2xy-\phi\left(\dfrac{y^2}{x}\right)$. ただし，$\phi$ は任意関数.

7.4 特性曲線の満たす微分方程式は

$$\frac{d\boldsymbol{p}}{e\boldsymbol{F}}=\frac{d\boldsymbol{r}}{\boldsymbol{p}/m}=\frac{dt}{1}=\frac{df}{-(f-f_0)/\tau}$$

すなわち，特性曲線は $\dot{\boldsymbol{r}}=\dfrac{1}{m}\boldsymbol{P}, \dot{\boldsymbol{P}}=e\boldsymbol{F}$ で与えられる古典軌道であり，

$$f-f_0=C\exp\left(-\frac{t}{\tau}\right)$$

が成立する．C は運動の保存量の関数となる.

7.5 ハミルトン-ヤコビ方程式は，ハミルトニアン

$$H=\frac{p^2}{2m}+\frac{k}{2}x^2$$

に (7.67) 式を用いて

$$\frac{\partial W}{\partial t}+H\left(x, \frac{\partial W}{\partial x}\right)=\frac{\partial W}{\partial t}+\frac{kx^2}{2}+\frac{1}{2m}\left(\frac{\partial W}{\partial x}\right)^2=0$$

これを解くために，$W=S-Et$ とおくと

$$\frac{kx^2}{2}+\frac{1}{2m}\left(\frac{\partial S}{\partial x}\right)^2=E$$

これから，

$$W=\int\sqrt{2m\left(E-\frac{k}{2}x^2\right)}\,dx-Et, \qquad \frac{\partial W}{\partial E}=\int^x\frac{mdx}{\sqrt{2m\{E-(k^2/2)\}}}-t=\beta \quad (=\text{定数})$$

これを x について解くと

$$x=\sqrt{\frac{2E}{k}}\sin\sqrt{\frac{k}{m}}(t+\beta)$$

8.1 (8.6) 式に $\varphi(x)$ を乗じて，区間 (a, b) で積分すると

$$\int\{\varphi(p\varphi')'-q\varphi^2+\lambda\rho\varphi^2\}dx=-L[\varphi]+\lambda=0$$

ただし，$p(a)\varphi(a)\varphi'(a)=p(b)\varphi(b)\varphi'(b)=0$ を用いた.

8.2 $c_i=\int\varphi_i{}^*(x)f(x)dx$ とすると，$f(x)=\sum_{i=1}^{\infty}c_i\varphi_i(x)$ と展開できる．c_i を積分で表した式を代入すれば，

$$f(x)=\int\sum_i\varphi_i(x)\varphi_i{}^*(\xi)f(\xi)d\xi=\int\Gamma(x, \xi)f(\xi)d\xi$$

8.3 1) 略，2) 略，

3) λを実数とすると，常に

$$\|f-\lambda g\|^2=\|f\|^2-2\lambda \mathrm{Re}(f,g)+\lambda^2\|g\|^2\geq 0$$

λについての2次方程式の判別式から，$|\mathrm{Re}(f,g)|^2\leq\|f\|^2\|g\|^2$であるが，$\alpha$を$(f,g)$の偏角とし，$g$を$ge^{-i\alpha}$で置き換えると

$$|\mathrm{Re}(f,ge^{-i\alpha})|^2=|(f,g)|^2\leq\|f\|^2\|g\|^2$$

(8.32)式の証明：$\varphi=g-f,\ \psi=h-f,\ \chi=g-h$とおく．

$$\psi=\frac{(\varphi,\psi)}{\|\varphi\|^2}\varphi+\tilde{\psi},\qquad \chi=\frac{(\varphi,\chi)}{\|\varphi\|^2}\varphi+\tilde{\chi}$$

とすると$(\varphi,\tilde{\psi})=(\varphi,\tilde{\chi})=0$．したがって，

$$\|\psi\|+\|\chi\|\geq\frac{|(\varphi,\psi)|}{\|\varphi\|}+\frac{|(\varphi,\chi)|}{\|\varphi\|}\geq\frac{|(\varphi,\psi+\chi)|}{\|\varphi\|}=\|\varphi\|$$

8.4 与式において，$g=f$とおくと，$\|f\|^2=\sum_{i=1}^{\infty}|(\varphi_i,f)|^2$が常に成り立つので，$\{\varphi_i\}$は完全．逆に$\{\varphi_i\}$が完全とすれば，$f=\sum_{i=1}^{\infty}(\varphi_i,f)\varphi_i,\ g=\sum_{i=1}^{\infty}(\varphi_i,g)\varphi_i$．したがって，$(f,g)=\sum_{i=1}^{\infty}(f,\varphi_i)(\varphi_i,g)$

8.5 $p_0(x)=1,\ p_1(x)=x,\ p_2(x)=\frac{1}{2}(3x^2-1),\ p_3(x)=\frac{1}{2}(5x^3-3x)$

8.6 略

8.7 グルサの式を用いて(8.58)式を表すと

$$S_n{}^{\mu}(z)=\frac{e^z z^{-\mu}}{2\pi i}\oint_{z+}\frac{e^{-t}t^{\mu+n}}{(t-z)^{n+1}}dt$$ （積分路は，zのまわりを正の向きに1周する道）

$t=z/(1-\zeta)$によって，積分変数をζに変換すると，$t-z=z\zeta/(1-\zeta),\ dt=zd\zeta/(1-\zeta)^2$より

$$S_n{}^{\mu}(z)=\frac{z^{-\mu}}{2\pi i}\oint_{0+}\frac{e^{-z\zeta/(1-\zeta)}}{\left(\dfrac{z\zeta}{1-\zeta}\right)^{n+1}}\frac{z^{\mu+n}}{(1-\zeta)^{\mu+n}}\frac{zd\zeta}{(1-\zeta)^2}$$

$$=\frac{1}{2\pi i}\oint_{0+}\frac{e^{-z\zeta/(1-\zeta)}}{(1-\zeta)^{\mu+1}\zeta^{n+1}}d\zeta=\frac{1}{n!}D^n\frac{e^{-z\zeta/(1-\zeta)}}{(1-\zeta)^{\mu+1}}\bigg|_{\zeta=0}$$

（積分路は原点のまわりを正の向きに一周）

これから，

$$\frac{e^{-z\zeta/(1-\zeta)}}{(1-\zeta)^{\mu+1}}=\sum_{n=0}^{\infty}S_n{}^{\mu}(z)\zeta^n$$

8.8 略

8.9 $A_n=-b_n/n,\ B_n=a_n/n$

8.10 $\cosh x=\dfrac{\sinh x}{\pi}\displaystyle\sum_{n=-\infty}^{\infty}\frac{(-1)^n}{1+n^2}\cos(nx)$

9.1 i) $f(x)=\dfrac{i}{2\omega}e^{-i\omega|x-x_0|}$, ii) $f(x)=-\dfrac{1}{2\omega}e^{-\omega|x-x_0|}$

f のフーリエ変換を $F(x)=\int_{-\infty}^{\infty}f(x)e^{-ikx}dx$ とするとき，df/dx, d^2f/dx^2 のフーリエ変換は $ikF(k)$, $-k^2F(x)$ であることを用いよ．

9.2

$$\frac{1}{2\pi}\int_{-\infty}^{\infty}|F(k)|^2dk=\frac{1}{2\pi}\int_{-\infty}^{\infty}dk\left(\int_{-\infty}^{\infty}f(x)e^{-ikx}dx\int_{-\infty}^{\infty}f^*(\xi)e^{ik\xi}d\xi\right)$$
$$=\frac{1}{2\pi}\int_{-\infty}^{\infty}dx\int_{-\infty}^{\infty}d\xi f(x)f^*(\xi)\int_{-\infty}^{\infty}e^{ik(\xi-x)}dk$$
$$=\int_{-\infty}^{\infty}dx\int_{-\infty}^{\infty}d\xi f(x)f^*(\xi)\delta(x-\xi)=\int_{-\infty}^{\infty}|f(x)|^2dx$$

9.3 $\sqrt{\pi/a}\,e^{-k^2/4a}$

9.4

$$\int_{-\infty}^{\infty}e^{-ikx}\left(\int_{-\infty}^{\infty}f(x-\xi)g(\xi)d\xi\right)dx=\iint_{-\infty}^{\infty}e^{-ik(x-\xi)}f(x-\xi)e^{-ik\xi}g(\xi)d\xi dx=F(k)G(k)$$

ただし，$F(x)$, $G(x)$ はそれぞれ $f(x)$, $g(x)$ のフーリエ変換である．

9.5 $f(x)=(1/2\pi)\int_{-\infty}^{\infty}e^{ikx}F(k)dk$ とすると

$$\frac{d^nf(x)}{dx^n}=\frac{1}{2\pi}\int_{-\infty}^{\infty}e^{ikx}\{(ik)^nF(x)\}dk$$

したがって，$d^nf(x)/dx^n$ のフーリエ変換は $(ik)^nF(k)$.

9.6 i) $\frac{s}{s^2-a^2}$, ii) $\frac{a}{s^2+a^2}$, iii) $\frac{1}{(s+a)^2}$

9.7 i) $\frac{1}{b}e^{-at}\sin(bt)$, ii) $\frac{1}{\sqrt{5}}(e^{-(3-\sqrt{5})t/2}-e^{-(3+\sqrt{5})t/2})$

9.8 $x=\frac{4}{3}+\frac{2}{3}t-\frac{1}{3}e^t,\ y=-\frac{2}{3}-\frac{t}{3}+\frac{2}{3}e^t$

9.9 $x(t)=\frac{1}{12}e^{-t}-\frac{7}{36}e^t+\frac{1}{6}te^t+\frac{1}{9}\left(\cos(\sqrt{2}t)+\frac{1}{\sqrt{2}}\sin(\sqrt{2}t)\right)$

9.10 i) $f_1(t)*f_2(t)=\frac{e^{bt}-e^{at}}{b-a},\ L(f_1(t)*f_2(t))=\frac{1}{(s-a)(s-b)}$

ii) $L(f_1(t))=\frac{1}{s-a},\ L(f_2(t))=\frac{1}{s-b}$

9.11 $\hat{f}(s)$ の逆ラプラス変換は，$f(t)=(1/a^2)\{1-\cos(at)\}$,

$$\lim_{t\to+0}f(t)=0,\qquad \lim_{s\to\infty}\frac{s}{s(s^2+a^2)}=0$$

10.1

$$G(x,\xi)=\frac{1}{p_0(b-a)}\begin{cases}(b-\xi)(x-a) & (x\leq\xi)\\(b-x)(\xi-a) & (\xi\leq x)\end{cases}$$

10. 2

$$G(x,\xi)=\frac{1}{e^b-e^a}\begin{cases}(e^b-e^\xi)(e^x-e^a) & (x\leq\xi)\\(e^b-e^x)(e^\xi-e^a) & (\xi\leq x)\end{cases}$$

10. 3 $f_i=\int_a^b\varphi_i(x)f(x)dx,\ a_{ij}=\int_a^b\varphi_i(x)\varphi_j(x)dx$ を，それぞれ要素とするベクトルと行列を $F, \mathbf{A}$ とおき，ベクトル $\boldsymbol{C}=(\mathbf{1}-\lambda\mathbf{A})^{-1}\boldsymbol{F}$ の要素を $c_i\ (i=1,\cdots,N)$ とする．このとき，$1/\lambda$ が $\mathbf{A}$ の固有値でないなら方程式 (10.92) の解は，次式で与えられる．

$$u(x)=f(x)+\lambda\sum_{i=1}^N c_i\varphi_i(x)$$

10. 4 任意の実数 λ について，以下の関係が成立する．

$$\int_a^b\left(\int_a^b K(x,\xi)\phi(\xi)d\xi-\lambda\phi(x)\right)^2dx$$
$$=\lambda^2(\phi,\phi)-2\lambda\iint_a^b\phi(x)K(x,\xi)\phi(\xi)dxd\xi+\int_a^b\left(\int_a^b K(x,\xi)\phi(\xi)d\xi\right)^2dx$$
$$\geq 0$$

したがって，2 次方程式の判別式より

$$\left(\iint_a^b\phi(x)K(x,\xi)\phi(\xi)dxd\xi\right)^2\leq(\phi,\phi)\int_a^b\left(\int_a^b K(x,\xi)\phi(\xi)d\xi\right)^2dx \qquad ①$$

同様の議論を行って

$$\left(\int_a^b K(x,\xi)\phi(\xi)d\xi\right)^2\leq\int_a^b K^2(x,\xi)d\xi\times(\phi,\phi)$$

これを，区間 (a, b) で積分すると

$$\int_a^b\left(\int_a^b K(x,\xi)\phi(\xi)d\xi\right)^2dx\leq\iint_a^b K^2(x,\xi)dxd\xi\times(\phi,\phi)$$

10. 5 i) $G(x,\xi)=\dfrac{2(b-a)}{\pi^2}\displaystyle\sum_{n=1}^\infty\frac{1}{n^2}\sin\left(\frac{n\pi(x-a)}{b-a}\right)\sin\left(\frac{n\pi(\xi-a)}{b-a}\right)$

ii) 変位を $v(x)e^{i\omega t}$ とおくと

$$v(x)=\frac{2f_0}{(a-b)\rho_0}\sum_{n=1}^\infty\frac{1}{\lambda_n-\omega^2}\sin\left(\frac{n\pi(x-a)}{b-a}\right)\sin\left(\frac{n\pi(x_c-a)}{b-a}\right)$$

ただし，$\lambda_n=(n\pi)^2/(b-a)^2$

iii) 外力の振動数がある固有振動数に近づくと，$v(x)$ は非常に大きくなり，その形は対応する固有関数に近づく．

10. 6

$$\varphi(x)=f(x)+\frac{\lambda}{1-\lambda\pi}\left\{\left(\int_{-\pi}^\pi\cos xf(x)dx\right)\cos x+\left(\int_{-\pi}^\pi\sin xf(x)dx\right)\sin x\right\}$$

固有関数 $\cos x, \sin x$

10. 7 $\lambda=2$ と $\lambda=6$，対応する固有関数は 1，および $\sqrt{3}(2x-1)$.

10. 8 (10.93)，(10.94) 式から $\varphi(x)$ は $\{f_i\}$ の線形結合 $\varphi(x)=\sum_{i=1}^N C_if_i(x)$ として表さ

れる．上式を (10.94) に代入すると各 f_i の係数は等しいから，$C_i=\lambda\sum_{j=1}^{N}(f_i, f_j)C_j$ の関係が得られる．これは，$\boldsymbol{F}_{ij}=(f_i, f_j)$を行列要素とする行列の固有値問題に帰着する．

11.1 $u(x, t)=\cos(x-ct)$

11.2 初期条件は，$u(x, 0)=\Theta(a^2-x^2)$, $\dfrac{\partial u}{\partial t}(x, 0)=0$ (11.7) 式を用いると，

$$u(x, t)=\frac{1}{2}\Theta(a^2-(x-ct)^2)+\frac{1}{2}\Theta(a^2-(x+ct)^2)$$

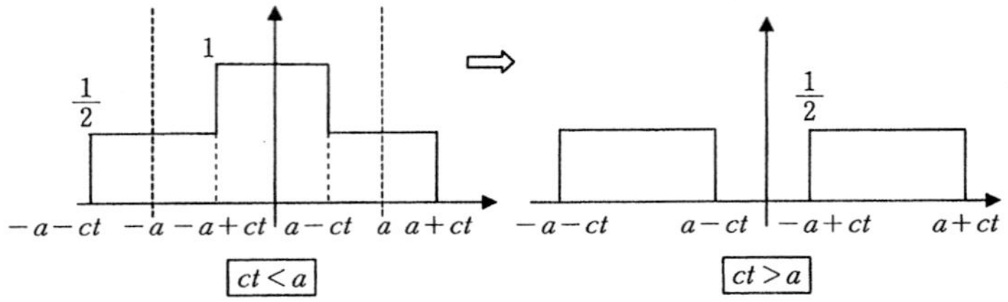

11.3 この場合には，$G(x)=F(2a-x)$ となる．

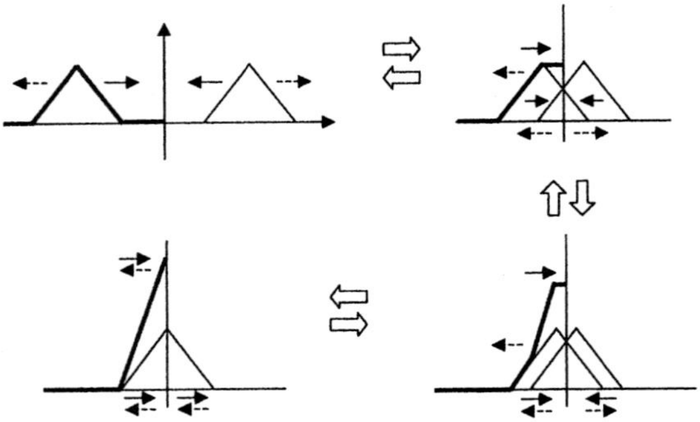

11.4

$$F(x-ct)=\sum_{n=1}^{\infty}a_n\sin\left(\frac{n\pi}{a}(x-ct)-\theta_n\right)$$

$$G(x+ct)=\sum_{n=1}^{\infty}a_n\sin\left(\frac{n\pi}{a}(x+ct)+\theta_n\right)$$

11.5 (11.59) 式によれば，$r_1=|\boldsymbol{x}-\boldsymbol{x}_1|$,　$r_2=|\boldsymbol{x}-\boldsymbol{x}_2|$ として

$$u(x, y, z, t)\cong\frac{2}{4\pi r_m}\sin\omega\left(t-\frac{r_m}{c}\right)\cos\left(\frac{\pi(r_1-r_2)}{\lambda}\right)\qquad\left(\gamma_m=\frac{1}{2}(r_1+r_2),\quad\lambda=\frac{2\pi c}{\omega}\right)$$

12.1 $y=(\tilde{R}\cos\phi, \tilde{R}\sin\phi)$ とすると

$$r=\{\rho^2+\tilde{R}^2-2\rho\tilde{R}\cos(\theta-\phi)\}^{1/2}, \qquad r'=\left\{\left(\frac{R^2}{\rho}\right)^2+\tilde{R}^2-2\frac{R^2\tilde{R}}{\rho}\cos(\theta-\phi)\right\}^{1/2}$$

となる．

$$\frac{\partial}{\partial n_y}G(x,y)=\frac{1}{2\pi}\left(-\frac{1}{r}\frac{\partial r}{\partial\tilde{R}}\bigg|_{\tilde{R}=R}+\frac{1}{r'}\frac{\partial r'}{\partial\tilde{R}}\bigg|_{\tilde{R}=R}\right)$$

に注目し，この結果を(12.34)式に代入すると与式が得られる．

12.2 $|\boldsymbol{y}|=\tilde{R}$，ベクトル $\boldsymbol{x}$ と $\boldsymbol{y}$ のなす角度を α とおくと

$$r=\{\rho^2+\tilde{R}^2-2\rho\tilde{R}\cos\alpha\}^{1/2}, \qquad r'=\left\{\left(\frac{R^2}{\rho}\right)^2+\tilde{R}^2-2\frac{R^2\tilde{R}}{\rho}\cos\alpha\right\}^{1/2}$$

である．

$$\frac{\partial G(\boldsymbol{x},\boldsymbol{y})}{\partial n_y}=\frac{1}{4\pi}\left(-\frac{1}{r^2}\frac{\partial r}{\partial\tilde{R}}\bigg|_{\tilde{R}=R}+\frac{R}{\rho r'^2}\frac{\partial r'}{\partial\tilde{R}}\bigg|_{\tilde{R}=R}\right)$$

を計算し，(12.34)式に代入すると与式を得る．

12.3 表面上の点 $P(\boldsymbol{x})$ と電荷のおかれた点 (a,θ,ϕ) との距離を r とするとき，$d\sigma=\boldsymbol{E}(\boldsymbol{x})\cdot d\boldsymbol{S}=(\partial\phi/\partial R)dS$ の関係から，$\dfrac{\partial\phi}{\partial R}=(R^2-a^2)/4\pi Rr^3$ が電荷密度分布を与える．

12.4 空間の点 $\boldsymbol{x}=(x,y,z)$ と点電荷との距離 $r=\sqrt{(x-a)^2+y^2+x^2}$，点電荷の鏡像点 $(-a,0,0)$ との距離 $r'=\sqrt{(x+a)^2+y^2+z^2}$ とするとき，電位は

$$\varphi(\boldsymbol{x})=(e/4\pi)\{(1/r)-(1/r')\}$$

で与えられる．

12.5 $G(x,y,x_0,y_0)=G(\boldsymbol{x},\boldsymbol{y})$ のフーリエ変換を $\hat{\phi}(k_x,k_y)=\hat{\phi}(\boldsymbol{k})$ とすると

$$\hat{\phi}(\boldsymbol{k})=\frac{e^{ikx_0}}{\boldsymbol{k}^2-\lambda}$$

したがって，

$$G(\boldsymbol{x},\boldsymbol{x}_0)=\frac{1}{(2\pi)^2}\cdot\frac{1}{2}\int_0^{2\pi}d\phi\int_{-\infty}^{\infty}\frac{e^{-ik'r\cos\phi}}{k'^2-\lambda}k'dk'$$

ただし，$r=|\boldsymbol{x}-\boldsymbol{x}_0|$ とする．$\lambda=k^2$ のとき複素 k' 面での積分路を図(a)のように選ぶと

$$G(\boldsymbol{x},\boldsymbol{x}_0)=\frac{i}{4}\cdot\frac{1}{2\pi}\int_0^{2\pi}e^{-i(k+i\eta)r\cos\phi}d\theta=\frac{i}{4}H_0^{(1)}(kr)$$

また，$\lambda=-k^2$ のときは積分路を図(b)のようにとって

$$G(\boldsymbol{x},\boldsymbol{x}_0)=\frac{1}{2\pi}K_0(kr)$$

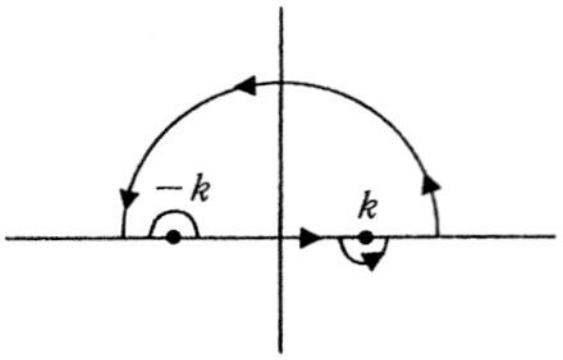

(a)

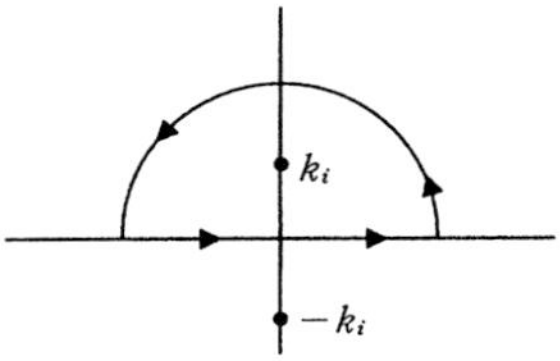

(b)

12.6 $|\boldsymbol{x}|=r$, $|\boldsymbol{x}'|=\rho$, $\boldsymbol{x}$ と $\boldsymbol{x}'$ のなす角 α とすれば

$$|\boldsymbol{x}-\boldsymbol{x}'|\simeq r-\rho\cos\alpha,\qquad \frac{e^{ik|\boldsymbol{x}-\boldsymbol{x}'|}}{|\boldsymbol{x}-\boldsymbol{x}'|}\simeq\frac{e^{ikr}}{r}e^{-ik\rho\cos\alpha}$$

したがって，

$$\int\frac{e^{ik|\boldsymbol{x}-\boldsymbol{x}'|}}{|\boldsymbol{x}-\boldsymbol{x}'|}V(\boldsymbol{x}')\phi(\boldsymbol{x}')d\boldsymbol{x}'\simeq\frac{e^{ikr}}{r}\int e^{-ik\rho\cos\alpha}V(\boldsymbol{x}')\phi(\boldsymbol{x}')d\boldsymbol{x}'$$

ここで，

$$k\rho\cos\alpha=k\frac{\boldsymbol{x}'\boldsymbol{x}}{|\boldsymbol{x}|}=\frac{k\boldsymbol{x}}{|\boldsymbol{x}|}\boldsymbol{x}'=\boldsymbol{k}'\boldsymbol{x}'$$

1 次摂動近似の範囲で $\phi(\boldsymbol{x})=e^{i\boldsymbol{k}\boldsymbol{x}}$ に注意すれば，(12.60) 式の $f(\theta,\phi)$ の式として (12.61) 式が得られる．

13.1 ラグランジュの未定乗数法により

$$H[\varphi\,;\,\lambda]=\iiint_V|\nabla\varphi|^2dx-\lambda\left(\iiint_V|\varphi|^2dx-1\right)$$

を φ と λ に対して，極値を取るようにすればよい．オイラー方程式は，$\Delta\varphi=-\lambda\varphi$ となる．この式の両辺に φ を乗じて V の内部で積分すれば，

$$\iiint_V\varphi\Delta\varphi d\boldsymbol{x}=-\iiint_V|\nabla\varphi|^2d\boldsymbol{x}=-\lambda\iiint|\varphi|^2d\boldsymbol{x}$$

これから問題に与えられた λ の式が得られる．

13.2 長方形の周上で 0 となる任意の関数 $f(x,y)$ について

$$f(x,y)=\lim_{N\to\infty}\sum_{m=1}^{N}\sum_{n=1}^{N}C_{mn}\phi_{m,n}(x,y)$$

と展開することが可能である．ただし，展開係数 C_{mn} は

$$C_{mn}=\int_0^b\int_0^a\phi^*_{m,n}(x,y)f(x,y)dxdy$$

と与えられる．したがって

$$S_N(x,y\,;\,\xi,\eta)=\sum_{m=1}^{N}\sum_{n=1}^{N}\phi_{m,n}(x,y)\phi^*_{m,n}(\xi,\eta)$$

とおくと，$\lim_{N\to\infty}\int_0^b\int_0^a S_N(x,y\,;\,\xi,\eta)f(\xi,\eta)d\xi d\eta=f(x,y)$ となる．

13.3 略

13.4 2つの関数 φ, ψ の内積を

$$(\varphi, \psi)=\int_0^1 x\varphi(x)\psi(x)dx$$

と定義すると，$(f_i, f_j)=\delta_{i,j}$．したがって，

$$c_n=(f_n, \varphi)=\frac{\sqrt{2}}{J_{m+1}(k_{m,n})}\int_0^1 x\varphi(x)J_m(k_{m,n}x)dx$$

13.5 $Y_3^{\pm 3}\sim(x\pm iy)^3$,　$Y_3^{\pm 2}\sim(x\pm iy)^2z$,　$Y_3^{\pm 1}\sim(x\pm iy)(r^2-5z^2)$,　$Y_3^0\sim 5z^3-3zr^2$, ただし $r^2=x^2+y^2+z^2$

13.6 $\phi(x, y, t)=\varphi(x, y)e^{i\omega t}$ とおくと，φ は固有方程式

$$\left(\frac{\partial^2}{\partial x^2}+\frac{\partial^2}{\partial y^2}\right)\varphi+\frac{\omega^2}{c^2}\varphi=0$$

の解である．これらの固有関数は，(13.44) 式で与えられる．固有振動数は，$\omega_{m,n}=\dfrac{c}{a}k_{m,n}$ (a は膜の半径，$k_{m,n}$ $(n=1, 2, \cdots)$ は $J_m(x)$ の n 番目の零点) である．
など．

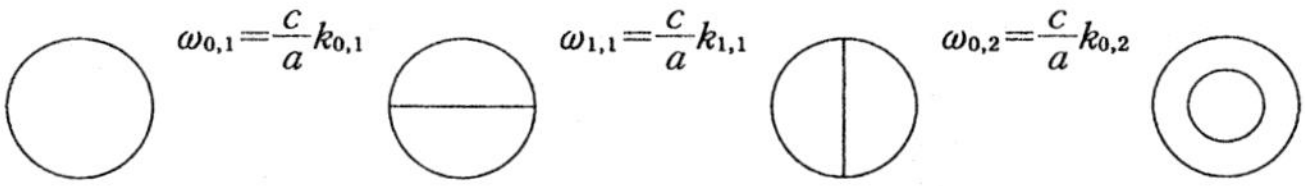

索　　引

サ　行

タ　行

ナ　行

ハ　行

マ 行

ヤ 行

ラ 行

ワ 行

著者略歴

塚田　捷（つかだ・まさる）

1943年　上海に生まれる
1970年　東京大学大学院理学系研究科物理学専攻博士課程修了
　　　　分子科学研究所助教授，東京大学理学部・大学院理学研究科教授を経て
現　在　早稲田大学理工学術院客員教授（2004年より）
　　　　東北大学原子分子材料科学高等研究機構主任研究員（2007年より）
　　　　理学博士

基礎物理学シリーズ4
物理数学 II
— 対称性と振動・波動・場の記述 —　　定価はカバーに表示

2003年11月20日　初版第1刷
2015年 6 月25日　　第6刷

著　者　塚　田　　捷
発行者　朝　倉　邦　造
発行所　株式会社　朝　倉　書　店
東京都新宿区新小川町 6－29
郵便番号　162－8707
電　話　03（3260）0141
FAX　03（3260）0180
http://www.asakura.co.jp

〈検印省略〉

新日本印刷・渡辺製本

ISBN 978-4-254-13704-0 C3342　Printed in Japan